Protel DXP

Protel DXP
2004
基础实例教程
附微课视频

◎林凤涛 贾雪艳 编著

人民邮电出版社
北京

图书在版编目（ＣＩＰ）数据

Protel DXP 2004基础实例教程：附微课视频 / 林
凤涛，贾雪艳编著. -- 北京：人民邮电出版社，
2017.1
ISBN 978-7-115-43841-6

Ⅰ．①P… Ⅱ．①林… ②贾… Ⅲ．①印刷电路－计算
机辅助设计－应用软件－教材 Ⅳ．①TN410.2

中国版本图书馆CIP数据核字(2016)第250461号

内 容 提 要

本书以 Protel DXP 2004 为平台，介绍了电路设计的方法和技巧，主要内容包括操作基础、原理
图设计、原理图绘制、原理图的后续处理、高级原理图绘制、原理图编辑中的高级操作、PCB 设计
基础知识、PCB 的布局设计、PCB 的布线设计、创建元件库及元件封装，最后通过 U 盘电路设计实
例、电动车报警电路设计实例、大功率开关电源电路设计实例、汉字显示屏电路设计实例，让读者
在掌握电路绘图技术的基础上学会电路设计的一般方法和技巧。

本书可作为 Protel DXP 2004 初学者的入门教材，也可作为电路设计及相关行业工程技术人员、
各院校相关专业学生的学习参考书。

◆ 编　著　林凤涛　贾雪艳
　　责任编辑　税梦玲
　　责任印制　沈　蓉　彭志环

◆ 人民邮电出版社出版发行　　北京市丰台区成寿寺路 11 号
　　邮编　100164　电子邮件　315@ptpress.com.cn
　　网址　http://www.ptpress.com.cn
　　北京九州迅驰传媒文化有限公司印刷

◆ 开本：787×1092　1/16
　　印张：18.5　　　　　　2017 年 1 月第 1 版
　　字数：486 千字　　　 2024 年 8 月北京第 12 次印刷

定价：49.80 元（附光盘）

读者服务热线：**(010)81055256**　印装质量热线：**(010)81055316**
反盗版热线：**(010)81055315**

电子设计自动化（Electronic Design Automation，EDA）技术是现代电子工程领域的一门新技术，它提供了基于计算机和信息技术的电路系统设计方法。Protel DXP 2004 是电子设计自动化比较杰出的一个软件，主要应用于电路及 PCB 设计，是第一套具有完整的板卡级设计系统的电气软件，真正实现了电气设计在单个应用程序中的集成，并广泛应用于电子电路实验教学和电气线路板设计。

随着电子市场竞争越来越激烈，市场上对电气设计人才的专业要求也越来越高。Protel DXP 2004 丰富的设计功能和人性化的设计环境，吸引了大批学习和使用的人群，如高等院校及大中专院校中的电气专业师生、电气设计工作者及对电气设计有兴趣的用户。Protel DXP 2004 操作简单、实用性强，适合电气设计初学者使用。为了帮助广大读者更快地掌握该软件，编者结合多年的设计经验，精心编写了这本书。

本书旨在培养读者的实际操作能力，富有实战性，易于读者快速掌握 Protel DXP 2004。本书的 3 大特点如下。

1．内容全面，讲解细致

为了保证零基础的读者易于上手，本书全面细致地讲解了基础概念，简要介绍了 Protel DXP 2004 操作环境和工程管理等基础知识，讲解了原理图设计和 PCB 设计的相关知识。书稿内容由浅入深，并结合编者多年的开发经验及教学心得，适当给出总结和相关提示，可帮助读者牢靠地掌握所学知识。

2．精选实例，步步为营

本书尽量避免空洞的介绍和描述，为了使读者快速且牢固地掌握软件功能，书中采用电子设计实例一一讲解知识点：有用于知识点讲解的小实例，有将几个知识点或全章知识点联系起来的综合实例，有帮助读者练习提高的上机实例，有完整实用的工程案例，还有用于课后练习的课程设计题目。例如，3.3.3 小节的课堂练习是对 3.3 节的知识点的练习，3.4 节的课堂案例是对第 3 章所有知识点的应用，3.5 节的课后习题是对第 3 章知识点的巩固练习；第 11～14 章综合实例是对全书所有知识进行全面的综合应用；最后一章的课程设计则是让读者对学习本书的知识做一个全面的检测和巩固。

3．提供微课视频及光盘

为了帮助读者更快更好地学习 Protel DXP 2004 软件，本书附赠光盘中包含全书所有实例的源文件和微课视频，读者也可通过扫描书中案例对应的二维码，随时随地在线观看微课视频。除此之外，光盘中还提供了教学 PPT、考试模拟试卷等资料。

本书由华东交通大学的林凤涛和贾雪艳编著，其中林凤涛编写了第 1～8 章，贾雪艳编写了第 9～14 章。华东交通大学的槐创锋、沈晓玲、涂嘉等参与了部分章节的内容整理，石家庄三维书屋文化传播有限公司的胡仁喜博士对全书进行了审校，在此对他们的付出表示真诚的感谢。

读者在学习过程中，若发现错误，请登录 www.sjzswsw.com 进行反馈或联系 win760520@126.com，编者将不胜感激，也欢迎加入三维书屋图书学习交流群 QQ：379090620 交流探讨。

编　者

2016 年 6 月

目 录

第 1 章　操作基础

内容指南

本章将从 Protel DXP 2004 的功能特点讲起，介绍 Protel DXP 2004 的界面环境及基本操作方式，使读者从总体上了解和熟悉该软件的基本结构和操作流程。

知识重点

📖 Protel DXP 2004 的主要特点

📖 Protel DXP 2004 的主窗口

📖 Protel DXP 2004 的文件管理系统

1.1　Protel DXP 2004 的主要特点

Protel DXP 2004 是第一套完整的板卡级设计系统，真正实现了在单个应用程序中的集成，能够满足从概念到完成板卡设计项目的所有功能要求，其集成程度超过了早期的 Protel 99 SE 版本。

使用 Protel DXP 2004 进行板卡设计，包含许多高效的新特性和增强功能，它能够将整个设计过程统一起来。新特性主要包括：分级线路图进入、Spice 3f5 混合电路模拟、完全支持线路图基础上的 FPGA 设计、设计前和设计后的信号线传输效应分析、规则驱动的板卡设计和编辑、自动布线、完整 CAM 输出能力。

Protel DXP 2004 增强了交互式布线功能特性，提高了 PCB 图形系统的性能和效率，实现了制造规则检查等功能，这一系列改进都能提高用户的效率。此外 Protel DXP 2004 还在以下方面进行了功能增强。

1．系统方面的更新

（1）支持原理图的图形比较和 PCB 文件的图形比较。

（2）升级的版本控制功能增加了对 CVS 的支持。

（3）文档履历管理实现了一个内部的版本履历管理系统，可与 VCS 一起使用，提供一个完整的、面向团队的文档管理系统。

（4）Protel DXP 2004 平台可以安装简体中文、日语、德语、法语等多种语言。全部的菜单项和大多数对话框文本通过选择，可以表示为其中的任意一种语言。

（5）添加过滤器面板，在面板中显示被选择对象列表，使查询对象的筛选更容易。

（6）增加检查器的 4 项功能。

① 可直接编辑参数值。

② 可增加参数。

③ 允许在原理图和 PCB 编辑器里通过检查器的超文本在一组元件和元件的注解/标识符之间双向移动。

④ 改善列表视图，升级为新的显示模式，检查器可在观察模式或编辑模式之间切换。

（7）简化项目管理面板。

（8）升级 ECO 系统，能更好地诊断处理和交叉探测 ECO 对象。

（9）增加新的库查找工具，允许基于参数的和基于查询的查找。Protel DXP 2004 可以在进行其他任务的同时进行查找，在使用查找工具时还可以浏览和放置结果。

（10）改善元件库编辑环境，包括以下 3 个方面内容。

① 增加新的编辑元件/封装的命令。

② 允许根据库（集成的或其他）建立文档。

③ 增加根据项目生成集成库命令。

（11）增加对 VBScript 和 Jscript 脚本语言的支持。

（12）改善脚本系统。

（13）改善与上下文相关联的帮助系统。

2. PCB 方面的更新

（1）改善网络分析器速度。

（2）PCB 编辑器支持用 WMF 格式从 PCB 文档复制内容到 Windows 剪贴板，使板级设计文档化更容易。

（3）剪贴板支持在原理图、PCB 编辑器中实现多重复制和粘贴操作。

（4）追加拓扑逻辑自动布线命令。

（5）增加 PCB 拼版能力，允许生成由一个单板的多种情况或不同板拼版组成的面板视图。

（6）增加实心的敷铜区灌铜选项，通过改变敷铜的模式使重灌铜能够被容易地转换为实心敷铜。

（7）在 PCB 设计环境追加区域图元。

（8）将排列对象的工具扩展到涵盖全部设计对象。

（9）增加围绕电路板布置元件的命令。

（10）改善 Room 空间定义和放置的能力。

3. 原理图相关的更新

（1）原理图编辑器增加了智能型单击鼠标右键时的上下文相关弹出式菜单。

（2）在复杂的元件中增加了锁定子元件。

（3）原理图注释工具增加更新更多的选项来处理复杂的多重零件元件和改进注释的速度。

（4）原理图库编辑器增加了基于列表的原理图编辑。

（5）原理图编辑器增加了屏蔽对原理图区域的编译处理。

（6）原理图增加了定义网络和元件类。

（7）原理图网格系统允许用户设定自己的网格测量单位。

（8）图纸入口和图纸符号增加了以下 5 项新功能。

① 将组图标入口从一边移动到另一边。

② 复制和粘贴图表入口组。

③ 自动改变图表符号的尺寸。

④ 当保持图表入口绝对位置时从顶向下改变图表符号尺寸。

⑤ 选择一组图表入口并固定它们指定的位置和 I/O 设置。

（9）在图表内直接粘贴文本和图形。

4．FPGA 方面的更新

（1）支持 Verilog 语言文档，在文本编辑器里建立 Verilog 文件，使用完全的语法支持、语法分析及编译文件。

（2）支持 Actel ProASIC Plus 器件，使 FPGA 内的 IP 更加安全。

（3）智能型分级进行 HDL 设计。在 FPGA 设计中使用 VHDL 或 Verilog 时，系统将自动确定 HDL 文件的顺序和层次，并且在项目面板里反映嵌套的 HDL 文件的层次。

（4）用于显示 HDL 仿真信息和显示虚拟逻辑分析仪的输出的数字化波形观察器在以下 3 个方面进行了改进。

① 可记忆各个仿真阶段的设置，信号和显示格式。

② 加入打印预览功能。

③ 可复制波形到剪贴板。

1.2 Protel DXP 2004 的主窗口

Protel DXP 2004 启动后便可进入主窗口，如图 1-1 所示。用户可以在该窗口中进行项目文件的操作，如创建新项目、打开文件等。

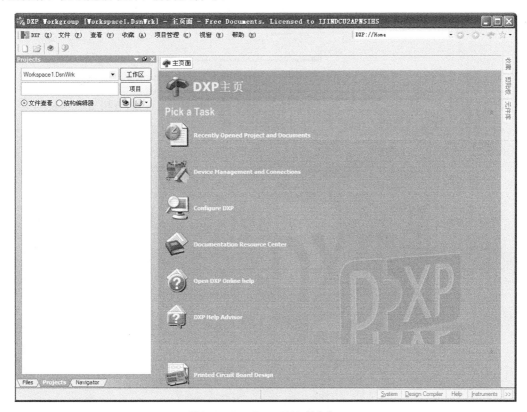

图 1-1 Protel DXP 2004 的主窗口

主窗口类似于 Windows 的界面风格，主要包括菜单栏、工具栏、工作窗口、工作面板、状态栏及导航栏 6 个部分。

1.2.1　菜单栏

菜单栏包括一个用户配置按钮 DXP、文件、查看、收藏、项目管理、视窗和帮助这 7 个菜单。

1. "用户配置按钮 DXP"菜单

单击该配置按钮会弹出图 1-2 所示的配置菜单，该菜单包含一些用户配置命令。

☑ "用户自定义"命令：用于自定义用户界面，如移动、删除、修改菜单栏或菜单选项，创建或修改快捷键等。单击该命令弹出的 "Customizing PickATask Editor（定制原理图编辑器）" 对话框如图 1-3 所示。

图 1-2　配置菜单

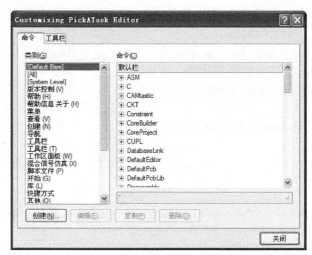

图 1-3　"Customizing PickATask Editor（定制原理图编辑器）"对话框

☑ "优先设定"命令：用于设置 Protel DXP 2004 的系统参数，包括资料备份和自动保存设置、字体设置、项目面板的显示、环境参数设置等。单击该命令，将弹出图 1-4 所示的"优先设定"对话框。

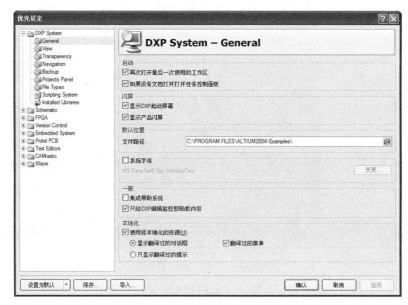

图 1-4　"优先设定"对话框

☑"系统信息"命令：叙述了 Protel DXP 2004 安装的服务器信息。单击该命令弹出的"EDA
服务器"对话框，如图 1-5 所示。

图1-5 "EDA服务器"对话框

☑"运行进程"命令：提供了以命令行方式启动某个进程的功能，可以启动系统提供的任
何进程。单击该命令弹出"运行进程"对话框，单击其中的"浏览"按钮弹出"进程浏览器"
对话框如图 1-6 所示。

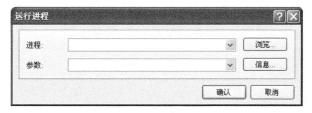

(a)"运行进程"对话框

(b)"运行浏览器"对话框

图1-6

☑ "使用许可管理"命令：用于显示许可证文件的加载状态，如图 1-7 所示。

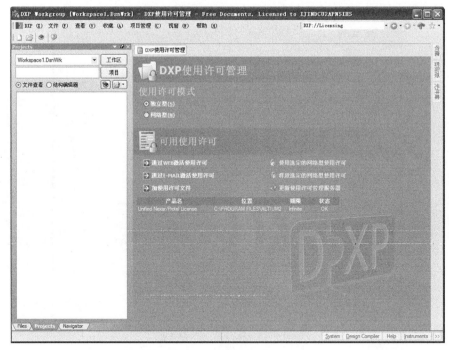

图 1-7　许可证加载状态

☑ "执行脚本"命令：用于执行各种脚本文件，如用 Delphi、VB、Java 等语言编写的脚本文件。

2. "文件"菜单

"文件"菜单主要用于文件的新建、打开和保存等，如图 1-8 所示。下面详细介绍"文件"菜单中的各命令及其功能。

☑ "创建"命令：用于新建一个文件，其子菜单如图 1-8 所示。

☑ "打开"命令：用于打开已有的 Protel DXP 2004 可以识别的各种文件。

☑ "打开项目"命令：用于打开各种项目文件。

☑ "打开设计工作区"命令：用于打开设计工作区。

☑ "保存项目"命令：用于保存当前的项目文件。

☑ "另存项目为"命令：用于另存当前的项目文件。

☑ "保存设计工作区"命令：用于保存当前的设计工作区。

☑ "另存设计工作区为"命令：用于另存当前的设计工作区。

☑ "全部保存"命令：用于保存所有文件。

图 1-8　"文件"菜单

☑ "99 SE 导入向导器"命令：用于将其他 EDA 软件的设计文档及库文件导入 Protel 99 SE 设计软件生成的设计文件。

☑ "最近使用的文档"命令：用于列出最近打开过的文件。

☑ "最近使用的项目"命令：用于列出最近打开过的项目文件。

☑ "最近使用的工作区"命令：用于列出最近打开过的设计工作区。

☑ "退出"命令：用于退出 Protel DXP 2004。

3. "查看"菜单

"查看"菜单主要用于工具栏、工作区面板、命令行及状态栏的显示和隐藏，如图 1-9 所示。

（1）"工具栏"命令：用于控制工具栏的显示和隐藏。

（2）"工作区面板"命令：用于控制工作区面板的打开与关闭，其子菜单如图 1-10 所示。

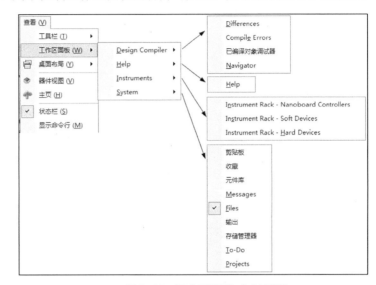

图 1-9 "查看"菜单   图 1-10 "工作区面板"命令子菜单

☑ "Design Compiler（设计编译器）"命令：用于控制设计编译器相关面板的打开与关闭，包括编译过程中的差异、编译错误信息、编译对象调试器及编译导航等面板。

☑ "Help（帮助）"命令：用于控制帮助面板的打开与关闭。

☑ "Instruments（设备）"命令：用于控制设备机架面板的打开与关闭，其中包括 Nanoboard 控制器、软件设备和硬件设备 3 个部分。

☑ "System（系统）"命令：用于控制系统工作区面板的打开和隐藏。其中，"元件库""Messages（信息）""Files（文件）"和"Projects（项目）"工作区面板比较常用，后面章节将详细介绍。

（3）"桌面布局"命令：用于控制桌面的显示布局，其子菜单如图 1-11 所示。

☑ "Default（默认）"命令：用于设置 Protel DXP 2004 为默认桌面布局。

☑ "Startup（启动）"命令：用于设置当前保存的桌面布局。

☑ "Load layout（载入布局）"命令：用于从布局配置文件中打开一个 Protel DXP 2004 已有的桌面布局。

☑ "Save layout（保存布局）"命令：用于保存当前的桌面布局。

图 1-11 "桌面布局"命令子菜单

（4）"器件视图"命令：用于打开设备视图窗口，如图 1-12 所示。

（5）"主页"命令：用于打开主页窗口，一般与默认的窗口布局相同。

（6）"状态栏"命令：用于控制工作窗口下方状态栏上标签的显示与隐藏。

（7）"显示命令行"命令：用于控制命令行的显示与隐藏。

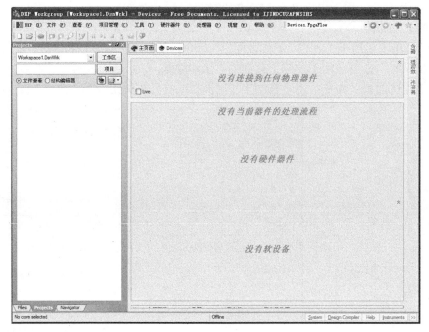

图 1-12 设备视图窗口

4."收藏"菜单

"收藏"菜单主要用于项目文件的收藏，如图 1-13 所示。

5."项目管理"菜单

"项目管理"菜单主要用于项目文件的管理，包括项目文件的编译、添加、删除、显示项目文件的差异和版本控制等命令，如图 1-14 所示。这里主要介绍"显示不同点"和"版本控制"两个命令。

图 1-13 "收藏"菜单　　　　　　　　　　　　　　　　图 1-14 "项目管理"菜单

☑ "显示不同点"命令：单击该命令将弹出图 1-15 所示的"选择文件进行比较"对话框。勾选"高级模式"复选框，可以进行文件之间、文件与项目之间、项目之间的比较。

☑ "版本控制"命令：单击该命令可以查看版本信息，可以将文件添加到"版本控制"数据库中，并对数据库中的各种文件进行管理。

6."视窗"菜单

"视窗"菜单用于对窗口进行纵向排列、横向排列、打开、隐藏及关闭等操作。

7."帮助"菜单

"帮助"菜单用于打开各种帮助信息。

1.2.2 工具栏

工具栏中只有 □ ☞ ◆ ◑ 4 个按钮，分别用于新建文件、打开已存在的文件、打开设备视图和打开顾问式帮助。

1.2.3 工作窗口

打开 Protel DXP 2004，工作窗口显示的是"主页"页面，完全打开的页面如图 1-16 所示。

图 1-15 "选择文件进行比较"对话框

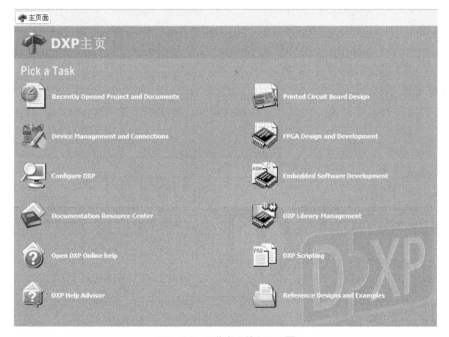

图 1-16 工作窗口的主页页面

Home（主页）页面中包含一系列快速启动图标。

☑ ▨（Recently Opened Project and Documents，最近打开的项目和文件）：用于列出最近打开的项目或文件。

☑ ▨（Device Management and Connections，设备管理和连接）：用于对设备进行管理和连接。

☑ ▨（Configure DXP，配置 DXP）：用于 DXP 配置。

☑ ▨（Documentation Resource Center，文档资源中心）：用于打开文档资源。

☑ ▨（Open DXP Online help，在线帮助）：用于打开 DXP 在线帮助。

☑ ▨（DXP Help Advisor，帮助版本）：用于显示、设置 DXP 帮助版本。

☑ ▨（Printed Circuit Board Design，印制电路板设计）：用于设计印制电路板。

☑ （FPAG Design and Development，FPAG 设计和开发）：用于 FPGA 设计与开发。

☑ （Embedded Software Development，嵌入式软件开发）：用于开发嵌入式软件。

☑ （DXP Library Management，库管理）：用于 DXP 库的管理。

☑ （DXP Script，DXP 脚本）：用于开发脚本程序。

☑ "Reference Designs and Examples"用于打开各种电气项目实例。

1.2.4 工作面板

在 Protel DXP 2004 中，可以使用系统型面板和编辑器面板两种类型的面板。系统型面板在任何时候都可以使用，而编辑器面板只有在相应的文件被打开时才可以使用。

使用工作面板是为了便于设计过程中的快捷操作。Protel DXP 2004 被启动后，系统将自动激活"Files（文件）"面板、"Projects（项目）"面板和"Navigator（导航）"面板，单击面板底部的标签可以在不同的面板之间切换。下面简单介绍"Files（文件）"面板，其余的面板将在随后的原理图设计和 PCB 设计中详细讲解。展开的"Files"面板如图 1-17 所示。

图 1-17 "Files（文件）"面板

"Files（文件）"面板主要用于打开、新建各种文件和项目，分为 Open a document（打开文档）、Open a project（打开项目）、New（新建）、New from existing file（根据存在文件新建）和 New from template（从模板新建）5 个选项栏。单击每一部分右上角的双箭头按钮即可打开或隐藏里面的各项命令。

工作面板有自动隐藏显示、浮动显示和锁定显示 3 种显示方式。在每个面板的右上角都有 3 个按钮，▼按钮用于在各种面板之间进行切换操作，按钮用于改变面板的显示方式，×按钮用于关闭当前面板。

1.3 Protel DXP 2004 的文件管理系统

对于一个成功的企业，技术是核心，健全的管理体制是关键。同样，评价一个软件的好坏，文件的管理系统也是很重要的一个方面。Protel DXP 2004 的"Projects（项目）"面板提供了两种文件——项目文件和设计时生成的自由文件。设计时生成的文件可以放在项目文件中，也可以放在自由文件中。下面简单介绍这两种文件类型。

1.3.1 项目文件

Protel DXP 2004 支持项目级别的文件管理，在一个项目文件里包括设计中生成的一切文件。例如，要设计一个收音机电路板，可以将收音机的电路图文件、PCB 图文件、设计中生成的各种报表文件及元件的集成库文件等放在一个项目文件中，这样非常便于文件管理。一个项目文件类似于 Windows 系统中的"文件夹"，在项目文件中可以执行对文件的各种操作，如新建、打开、关闭、复制与删除等。但需要注意的是，项目文件只负责管理，在保存文件时，项目中各个文件是以单个文件的形式保存的。

图 1-18 所示为任意打开的一个 ".PrjPcb" 项目文件。从该图可以看出,该项目文件包含了与整个设计相关的所有文件。其中文件右侧灰色的图标表示打开但没有进行过任何操作或已保存好的文件,红色的图标表示编辑过但还没有保存的文件。

1.3.2　课堂练习——创建项目文件

启动 Protel DXP 2004,建立名为 NEWPRO 的文件夹,并在文件夹中建立名为 NEWPRO 的项目文件。

课堂练习——创建项目文件

操作提示

(1)单击桌面上的 Protel DXP 2004 快捷图标,进入 Protel DXP 2004 设计环境。

(2)选择菜单栏中的"文件"→"创建"→"项目"→"PCB 项目"命令,"Projects"(项目)面板中将出现一个新的 PCB 项目文件,"PCB Project1"为新建 PCB 文件的缺省名字,系统自动将其保存在已打开的项目文件中。

图 1-18　项目文件

(3)执行菜单中的"另存项目为",则弹出项目保存对话框。选择保存路径并键入项目名 "NEWPRO.PrjPcb",单击保存按钮后,即可建立自己的 PCB 项目 NEWPRO 的文件夹。

1.3.3　自由文件

自由文件是指独立于项目文件之外的文件,Protel DXP 2004 通常将这些文件存放在唯一的 "Free Document(自由文件)"文件夹中。自由文件有以下两个来源。

(1)当将某文件从项目文件夹中删除时,该文件并没有从"Project(项目)"面板中消失,而是出现在"Free Document(自由文件)"中,成为自由文件。

(2)打开 Protel DXP 2004 的存盘文件(非项目文件)时,该文件将出现在"Free Document(自由文件)"中而成为自由文件。

自由文件的存在方便了设计的进行,将文件从自由文档文件夹中删除时,文件将会彻底被删除。

自由文件在存盘时,是以单个文件的形式存入,而不是以项目文件的形式整体存盘,所以也被称为存盘文件。

1.4　课后习题

1. 用什么方法可以快速打开最近打开过的文件?
2. 简述 Protel DXP 2004 的启动方法?
3. 如何创建项目文件?
4. 项目文件包括几种?创建方法有何异同?
5. 工作窗口的切换方式有哪些?

内容指南

在整个电子电路设计过程中，电路原理图的设计是最重要的基础工作。同样，在 Protel DXP 2004 中，只有先设计出符合需要和规则的电路原理图，才能顺利地对其进行仿真分析，最终变为可以用于生产的 PCB（印制电路板）设计文件。

本章将详细介绍原理图设计的基础知识，具体包括原理图的组成、原理图编辑器界面的介绍、原理图图纸设置、设置原理图工作环境、加载元件库、放置元件等。

知识重点

📖 原理图编辑器的界面

📖 图纸设置

📖 放置元件

2.1 原理图的组成

原理图，即电路板工作原理的逻辑表示，它主要由一系列具有电气特性的符号构成。图 2-1 所示是一张用 Protel DXP 2004 绘制的原理图，在原理图上用符号表示了 PCB 的所有组成部分。

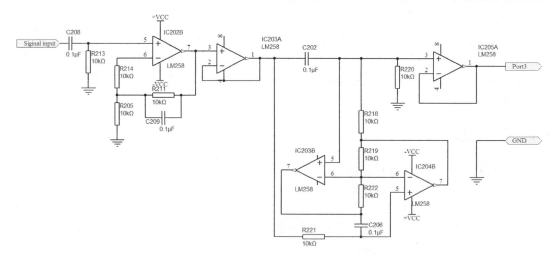

图 2-1 用 Protel DXP 2004 绘制的原理图

PCB 各个组成部分与原理图上电气符号的对应关系如下。

1．Component（元件）

在原理图设计中，元件以元件符号的形式出现。元件符号主要由元件引脚和边框组成，其中元件引脚需要和实际元件一一对应。

图 2-2 所示为图 2-1 采用的一个元件符号，该符号在 PCB 上对应的是一个运算放大器。

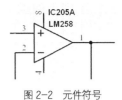

图 2-2 元件符号

2．Copper（铜箔）

在原理图设计中，铜箔有以下几种表示。

☑ 导线：原理图设计中的导线也有自己的符号，它以线段的形式出现。在 Protel DXP 2004 中还提供了总线，用于表示一组信号，它在 PCB 上对应的是一组由铜箔组成的有时序关系的导线。

☑ 焊盘：元件的引脚对应 PCB 上的焊盘。

☑ 过孔：原理图上不涉及 PCB 的布线，因此没有过孔。

☑ 覆铜：原理图上不涉及 PCB 的覆铜，因此没有敷铜的对应符号。

3．Silkscreen Level（丝印层）

丝印层是 PCB 上元件的说明文字，对应于原理图上元件的说明文字。

4．Port（端口）

在原理图编辑器中引入的端口不是指硬件端口，而是为了建立跨原理图电气连接而引入的具有电气特性的符号。原理图中采用了一个端口，该端口就可以和其他原理图中同名的端口建立一个跨原理图的电气连接。

5．Net Label（网络标签）

网络标签和端口类似，通过网络标签也可以建立电气连接。原理图中网络标签必须附加在导线、总线或元件引脚上。

6．Supply（电源符号）

这里的电源符号只是用于标注原理图上的电源网络，并非实际的供电元件。

总之，绘制的原理图由各种元件组成，它们通过导线建立电气连接。在原理图上除了元件之外，还有一系列其他组成部分辅助建立正确的电气连接，使整个原理图能够和实际的 PCB 对应起来。

2.2 原理图编辑器界面简介

在打开一个原理图设计文件或创建一个新原理图文件时，Protel DXP 2004 的原理图编辑器将被启动，即打开了原理图的编辑环境，如图 2-3 所示。

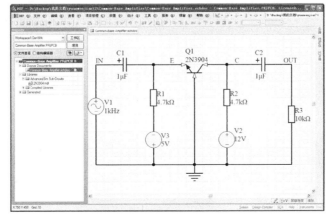

图 2-3 原理图的编辑环境

下面简单介绍该编辑环境的主要组成部分。

2.2.1 菜单栏

在 Protel DXP 2004 设计系统中对不同类型的文件进行操作时，菜单栏的内容会发生相应的改变。在原理图的编辑环境中，菜单栏如图 2-4 所示。在设计过程中，对原理图的各种编辑操作都可以通过菜单栏中的相应命令来完成。

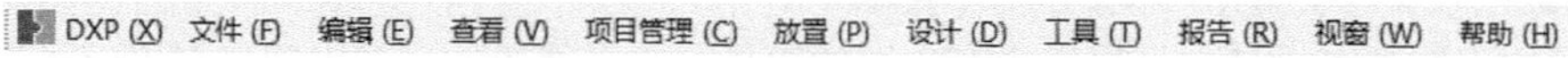

DXP (X) 文件 (F) 编辑 (E) 查看 (V) 项目管理 (C) 放置 (P) 设计 (D) 工具 (T) 报告 (R) 视窗 (W) 帮助 (H)

图 2-4 原理图编辑环境中的菜单栏

☑ "文件"菜单：用于执行文件的新建、打开、关闭、保存和打印等操作。

☑ "编辑"菜单：用于执行对象的选取、复制、粘贴、删除和查找等操作。

☑ "查看"菜单：用于执行视图的管理操作，如工作窗口的放大与缩小，各种工具、面板、状态栏及节点的显示与隐藏等。

☑ "项目管理"菜单：用于执行与项目有关的各种操作，如项目文件的建立、打开、保存与关闭、工程项目的编译及比较等。

☑ "放置"菜单：用于放置原理图的各种组成部分。

☑ "设计"菜单：用于对元件库进行操作、生成网络报表等操作。

☑ "工具"菜单：用于为原理图设计提供各种操作工具，如元件快速定位等操作。

☑ "报告"菜单：用于执行生成原理图各种报表的操作。

☑ "视窗"菜单：用于对窗口进行各种操作。

☑ "帮助"菜单：用于打开帮助菜单。

2.2.2 工具栏

选择菜单栏中的"查看"→"工具栏"→"用户自定义"命令，系统将弹出图 2-5 所示的"Customizing Sch Editor（定制原理图编辑器）"对话框。在该对话框中可以对工具栏中的功能按钮进行设置，以便用户创建自己的个性工具栏。

图 2-5 "Customizing Sch Editor（定制原理图编辑器）"对话框

在原理图的设计界面中，Protel DXP 2004 提供了丰富的工具栏，其中绘制原理图常用的工具栏介绍如下。

1. 标准工具栏

标准工具栏中为用户提供了一些常用的文件操作快捷方式，如打印、缩放、复制、粘贴等，以按钮图标的形式表示出来，如图 2-6 所示。如果将光标悬停在某个按钮图标上，则该图标按钮所要完成的功能就会在图标下方显示出来，便于用户操作。

图 2-6　原理图编辑环境中的标准工具栏

2. 配线工具栏

配线工具栏主要用于放置原理图中的元件、电源、接地、端口、图纸符号、图纸入口等，同时完成连线操作，如图 2-7 所示。

图 2-7　原理图编辑环境中的配线工具栏

3. 绘图工具栏

绘图工具栏用于在原理图中绘制所需要的标注信息，不代表电气连接，如图 2-8 所示。

用户可以尝试操作其他的工具栏。总之，在"查看"菜单下"工具栏"命令的子菜单中列出了所有原理图设计中的工具栏，在工具栏名称左侧有"√"标记则表示该工具栏已经被打开了，否则该工具栏是被关闭的，如图 2-9 所示。

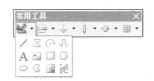

图 2-8　原理图编辑环境中的绘图工具栏

图 2-9　"工具栏"命令子菜单

2.2.3　工作窗口和工作面板

工作窗口是进行电路原理图设计的工作平台。在该窗口中，用户可以新绘制一个原理图，也可以对现有的原理图进行编辑和修改。

在原理图设计中经常用到的工作面板有"Projects（项目）"面板、"元件库"面板及"Navigator（导航）"面板。

1. Projects（项目）面板

"Projects（项目）"面板如图 2-10 所示。在该面板中列出了当前打开项目的文件列表及所有的临时文件，提供了所有关于项目的操作功能，如打开、关闭和新建各种文件，以及在项目中导入文件、比较项目中的文件等。

2. "元件库"面板

"元件库"面板如图 2-11 所示。这是一个浮动面板，当光标移动到其标签上时，就会显示该面板，也可以通过单击标签在几个浮动面板间进行切换。在该面板中可以浏览当前加载的所有元件库，可以在原理图上放置元件，还可以对元件的封装、3D 模型、SPICE 模型和 SI 模型进行预览，同时还能够查看元件供应商、单价、生产厂商等信息。

图 2-10 "Projects（项目）"面板

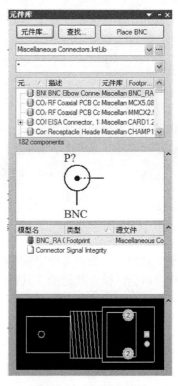

图 2-11 "元件库"面板

3. Navigator（导航）面板

"Navigator（导航）"面板能够在分析和编译原理图后提供关于原理图的所有信息，通常用于检查原理图。

2.3 原理图图纸设置

原理图设计是电路设计的第一步，是制板、仿真等后续步骤的基础。因此，一幅原理图正确与否，直接关系到整个设计的成功与失败。另外，为了方便自己和他人读图，原理图的美观、清晰和规范也是十分重要的。

2.3.1 原理图设计的步骤

Protel DXP 2004 的原理图设计大致可分为 9 个步骤，如图 2-12 所示。

在原理图的绘制过程中，可以根据所要设计的电路图的复杂程度，先对图纸进行设置。虽然在进入电路原理图的编辑环境时，Protel DXP 2004 系统会自动给出相关的图纸默认参数，但是在大多数情况下，这些默认参数不一定适合用户的需求，尤其是图纸尺寸。用户可以根据设计对象的复杂程度来对图纸的尺寸及其他相关参数进行重新定义。

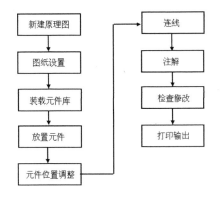

图 2-12　原理图设计的步骤

2.3.2　图纸设置

选择菜单栏中的"设计"→"文档选项"命令，或在编辑窗口中单击鼠标右键，在弹出的右键快捷菜单中单击"选项"→"文档选项"命令，或按\<D\>+\<O\>组合键，系统将弹出"文档选项"对话框，如图 2-13 所示。

图 2-13　"文档选项"对话框

1．设置图纸尺寸

单击"图纸选项"选项卡，这个选项卡的右半部分为图纸尺寸的设置区域。Protel DXP 2004给出了两种图纸尺寸的设置方式。一种是"标准风格"，单击其右侧的 ⌄ 按钮，在下拉列表框中可以选择已定义好的图纸标准尺寸，包括公制图纸尺寸（A0～A4）、英制图纸尺寸（A～E）、CAD 标准尺寸（CAD A～CAD E）及其他格式（Letter、Legal、Tabloid 等）的尺寸。然后，单击对话框右下方的"从标准更新"按钮，对目前编辑窗口中的图纸尺寸进行更新。

另一种是自定义风格，勾选"使用自定义风格"复选框，则自定义功能被激活，在"自定义宽度""自定义高度""X 区域数""Y 区域数"及"边沿宽度"5 个文本框中可以分别输入自定义的图纸尺寸。

用户可以根据设计需要进行选择这两种设置方式，默认的格式为标准样式。

在设计过程中，除了对图纸的尺寸进行设置外，往往还需要对图纸的其他选项进行设置，如图纸的方向、标题栏样式和图纸的颜色等。这些设置可以在图 2-13 所示左侧的"选项"选项组中完成。

2．设置图纸方向

图纸方向可通过"方向"下拉列表框设置，可以设置为水平方向（Landscape）即横向，也可以设置为垂直方向（Portrait）即纵向。一般在绘制和显示时设为横向，在打印输出时可根据需要设为横向或纵向。

3．设置图纸标题栏

图纸标题栏（明细表）是对设计图纸的附加说明，可以在该标题栏中对图纸进行简单的描述，也可以作为以后图纸标准化时的信息。在 Protel DXP 2004 中提供了两种预先定义好的标题栏格式，即 Standard（标准格式）和 ANSI（美国国家标准格式）。勾选"图纸明细表"复选框，即可进行格式设计，相应的图纸编号功能被激活，可以对图纸进行编号。

4．设置图纸参考说明区域

在"图纸选项"选项卡中，通过"显示参考区"复选框可以设置是否显示参考说明区域。勾选该复选框表示显示参考说明区域，否则不显示参考说明区域。一般情况下应该选择显示参考说明区域。

5．设置图纸边框

在"图纸选项"选项卡中，通过"显示边界"复选框可以设置是否显示边框。勾选该复选框表示显示边框，否则不显示边框。

6．设置显示模板图形

在"图纸选项"选项卡中，勾选"显示模板图形"复选框可以设置是否显示模板图形。勾选该复选框表示显示模板图形，否则表示不显示模板图形。所谓显示模板图形，就是显示模板内的文字、图形、专用字符串等，如自己定义的标志区块或者公司标志。

7．设置边框颜色

在"图纸选项"选项卡中，单击"边缘色"显示框，然后在弹出的"选择颜色"对话框中选择边框的颜色，如图 2-14 所示，单击"确认"按钮即可完成修改。

8．设置图纸颜色

在"图纸选项"选项卡中，单击"图纸颜色"显示框，然后在弹出的"选择颜色"对话框中选择图纸的颜色，如图 2-14 所示，单击"确认"按钮即可完成修改。

9．设置图纸网格点

进入原理图编辑环境后，编辑窗口的背景是网格型的，这种网格就是可视网格，是可以改变的。网格为元件的放置和线路的连接带来了极大的方便，使用户可以轻松地排列元件、整齐地走线。Protel DXP 2004 提供了"捕获""可视"和"电气网格"3 种网格。

在"文档选项"对话框中，"网格"和"电气网格"选项组用于对网格进行具体设置，如图 2-15 所示。

☑"捕获"复选框：用于控制是否启用捕获网格。所谓捕获网格，就是光标每次移动的距离大小。勾选该复选框后，光标移动时，以右侧文本框的设置值为基本单位，系统默认值为 10 个像素点，用户可根据设计的要求输入新的数值来改变光标每次移动的最小间隔距离。

☑"可视"复选框：用于控制是否启用可视网格，即在图纸上是否可以看到网格。勾选该复选框后，可以对图纸上网格间的距离进行设置，系统默认值为 10 个像素点。若不勾选该复选框，则表示在图纸上将不显示网格。

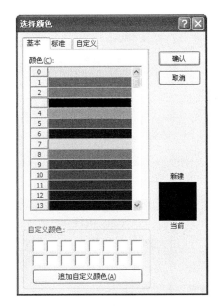

图 2-14 "选择颜色"对话框

图 2-15 网格设置

☑ "有效"复选框：如果勾选了该复选框，则在绘制连线时，系统会以光标所在位置为中心，以"网格范围"文本框中的设置值为半径，向四周搜索电气节点。如果在搜索半径内有电气节点，则光标将自动移到该节点上，并在该节点上显示一个圆亮点，搜索半径的数值可以自行设定。如果不勾选该复选框，则取消了系统自动寻找电气节点的功能。

选择菜单栏中的"查看"→"网格"命令，其子菜单中有用于切换 3 种网格启用状态的命令，如图 2-16 所示。单击其中的"设定捕获网格"命令，系统将弹出图 2-17 所示的"Choose a snap grid size（选择捕获网格尺寸）"对话框。在该对话框中可以输入捕获网格的参数值。

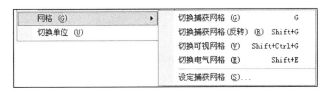

图 2-16 "网格"命令子菜单

图 2-17 "Choose a snap grid size（选择捕获网格尺寸）"对话框

10. 设置图纸所用字体

在"图纸选项"选项卡中，单击"改变系统字体"按钮，系统将弹出图 2-18 所示的"字体"对话框。在该对话框中对字体进行设置，将会改变整个原理图中的所有文字，包括原理图中的元件引脚文字和原理图的注释文字等。通常字体采用默认设置即可。

11. 设置图纸参数信息

图纸的参数信息记录了电路原理图的参数信息和更新记录。这项功能可以使用户更系统、更有效地对自己设计的图纸进行管理。

图 2-18 "字体"对话框

建议用户对此项进行设置。当设计项目中包含很多的图纸时，图纸参数信息就显得非常有用了。

在"文档选项"对话框中，单击"参数"选项卡，即可对图纸参数信息进行设置，如图 2-19 所示。

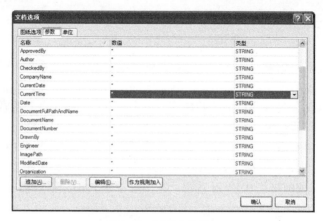

图 2-19 "参数"选项卡

在要填写或修改的参数上双击或选中要修改的参数后单击"编辑"按钮，系统会弹出相应的参数属性对话框，用户可以在该对话框中修改各个设定值。图 2-20 所示是"ModifiedDate（修改日期）"参数的"参数属性"对话框，在"Value（数值）"选项组中填入修改日期后，单击"确认"按钮，即可完成该参数的设置。

图 2-20 "参数属性"对话框

完成图纸设置后，单击"文档选项"对话框中的"确认"按钮，进入原理图绘制的编辑环境。

2.3.3 课堂练习——创建新图纸

设置原理图的图纸尺寸为 B，去掉可视栅格，去掉标题栏。

操作提示

（1）在原理图设计环境中，选择"设计"→"文档选项"菜单命令，在弹出的窗口中选择"文档选项"页面，在页面右上角的"标准风格"下拉框中选择 B。

（2）取消"网格"栏"捕获"复选框的选择即可去掉捕获网格。

（3）取消"选项"栏"图纸明细表"复选框的选择，就可以去掉标题栏。

2.4 设置原理图工作环境

在原理图的绘制过程中，其效率和正确性，往往与环境参数的设置有着密切的关系。参数设置的合理与否，直接影响到设计过程中软件的功能是否能得到充分的发挥。

在 Protel DXP 2004 电路设计软件中，原理图编辑器工作环境的设置是通过原理图的"优先设定"对话框来完成的。

选择菜单栏中的"工具"→"原理图优先设定"命令，或在编辑窗口中右击，在弹出的右键快捷菜单中单击"选项"→"原理图优先设定"命令，或按⟨T⟩+⟨P⟩组合键，系统将弹出"优先设定"对话框。

在"优先设定"对话框中主要有 9 个标签页，即 General（常规设置）、Graphical Editing（图形编辑）、Compiler（编译器）、AutoFocus（自动获得焦点）、Grids（网格）、Break Wire（断开连线）、Default Units（默认单位）、Default Primitives（默认图元）和 Orcad（tm）（Orcad 端口操作）。

电路原理图的常规环境参数设置通过"General（常规设置）"标签页来实现，如图 2-21 所示。

图 2-21 "General（常规设置）"标签页

1."选项"选项组

☑ "正交方向拖动"复选框：勾选该复选框后，在原理图上拖动元件时，与元件相连接的导线只能保持直角。若不勾选该复选框，则与元件相连接的导线可以呈现任意的角度。

☑ "优化导线及总线"复选框：勾选该复选框后，在进行导线和总线的连接时，系统将自动选择最优路径，并且可以避免各种电气连线和非电气连线的相互重叠。此时，下面的"元件剪断导线"复选框也呈现可选状态。若不勾选该复选框，则用户可以自己选择连线路径。

☑ "元件剪断导线"复选框：勾选该复选框后，会启动元件分割导线的功能。即当放置一个元件时，若元件的两个引脚同时落在一根导线上，则该导线将被分割成两段，两个端点分别自动与元件的两个引脚相连。

☑ "放置后编辑有效"复选框：勾选该复选框后，在选中原理图中的文本对象时，如元件的序号、标注等，双击后可以直接进行编辑、修改，而不必打开相应的对话框。

☑ "CTRL+双击打开图纸"复选框：勾选该复选框后，按<Ctrl>键的同时双击原理图文档图标即可打开该原理图。

☑ "转换交叉节点"复选框：勾选该复选框后，用户在绘制导线时，在相交的导线处自动连接并产生节点，同时终止本次操作。若没有勾选该复选框，则用户可以任意覆盖已经存在的连线，并可以继续进行绘制导线的操作。

☑ "显示横跨"复选框：勾选该复选框后，非电气连线的交叉点会以半圆弧显示，表示交叉跨越状态。

☑ "引脚方向"复选框：勾选该复选框后，单击元件某一引脚时，会自动显示该引脚的编号及输入输出特性等。

☑ "图纸入口方向"复选框：勾选该复选框后，在顶层原理图的图纸符号中会根据子图中设置的端口属性显示输出端口、输入端口或其他性质的端口。图纸符号中相互连接的端口部分不随此项设置的改变而改变。

☑ "端口方向"复选框：勾选该复选框后，端口的样式会根据用户设置的端口属性显示输出端口、输入端口或其他性质的端口。

☑ "未连接的从左到右"复选框：勾选该复选框后，由子图生成顶层原理图时，左右可以不进行物理连接。

2. "剪贴板和打印时包括"选项组

☑ "非 ERC 标记"复选框：勾选该复选框后，在复制、剪切到剪贴板或打印时，均包含图纸的忽略 ERC 符号。

☑ "参数组"复选框：勾选该复选框后，使用剪贴板进行复制操作或打印时，包含元件的参数信息。

3. "放置时自动增量"选项组

该选项组用于设置元件标识序号及引脚号的自动增量数。

☑ "主增量"文本框：用于设定在原理图上连续放置同一种元件时，元件标识序号的自动增量数，系统默认值为 1。

☑ "次增量"文本框：用于设定创建原理图符号时，引脚号的自动增量数，系统默认值为 1。

4. "默认"选项组

该选项组用于设置默认的模板文件。可以单击右侧的"浏览"按钮来选择模板文件，选择后，模板文件名称将出现在"模板"文本框中。每次创建一个新文件时，系统将自动套用该模板。也可以单击"清除"按钮来清除已经选择的模板文件。如果不需要模板文件，则"模板"文本框中显示"No Default Template File（没有默认的模板文件）"。

5. "字母/数字后缀" 选项组

该选项组用于设置某些元件中包含多个相同子部件的标识后缀，每个子部件都具有独立的物理功能。在放置这种复合元件时，其内部的多个子部件通常采用"元件标识：后缀"的形式来加以区别。

- ☑ "字母"单选钮：勾选该单选钮，子部件的后缀以字母表示，如 U：A，U：B 等。
- ☑ "数字"单选钮：勾选该单选钮，子部件的后缀以数字表示，如 U：1，U：2 等。

6. "引脚间距" 选项组

- ☑ "名称"文本框：用于设置元件的引脚名称与元件符号边缘之间的距离，系统默认值为5mil。
- ☑ "编号"文本框：用于设置元件的引脚编号与元件符号边缘之间的距离，系统默认值为8mil。

7. "默认电源元件名" 选项组

- ☑ "电源地"文本框：用于设置电源地的网络标签名称，系统默认为"GND"。
- ☑ "信号地"文本框：用于设置信号地的网络标签名称，系统默认为"SGND"。
- ☑ "接地"文本框：用于设置大地的网络标签名称，系统默认为"EARTH"。

8. "用于过滤和选择的文档范围" 选项组

该选项组中的下拉列表框用于设置过滤器和执行选择功能时默认的文件范围，包含以下两个选项。

- ☑ "Current Document（当前文档）"选项：表示仅在当前打开的文档中使用。
- ☑ "Open Document（打开文档）"选项：表示在所有打开的文档中都可以使用。

9. "默认空白图纸尺寸" 选项组

该选项组用于设置默认空白原理图的尺寸，可以从下拉列表框中选择适当的选项，并在旁边给出了相应尺寸的具体绘图区域范围，以帮助用户进行设置。

其他参数的设置读者可以参照帮助文档，这里不再赘述。

2.5 加载元件库

在绘制电路原理图的过程中，首先要在图纸上放置需要的元件符号。Protel DXP 2004 作为一个专业的电子电路计算机辅助设计软件，一般常用的电子元件符号都可以在它的元件库中找到，用户只需在 Protel DXP 2004 元件库中查找所需的元件符号，并将其放置在图纸适当的位置即可。

2.5.1 元件库的分类

Protel DXP 2004 元件库中的元件数量庞大，分类明确。Protel DXP 2004 元件库采用下面两级分类方法。

- ☑ 一级分类：以元件制造厂商的名称分类。
- ☑ 二级分类：在厂商分类下面又以元件的种类（如模拟电路、逻辑电路、微控制器、A/D转换芯片等）进行分类。

对于特定的设计项目，用户可以只调用几个元件厂商中的二级分类库，这样可以减轻系统运行的负担，提高运行效率。用户若要在 Protel DXP 2004 的元件库中调用一个所需要的元件，首先应该知道该元件的制造厂商和该元件的分类，以便在调用该元件之前把包含该元件的元件库载入系统。

2.5.2 打开"元件库"面板

打开"元件库"面板的方法如下。

☑ 将光标箭头放置在工作窗口右侧的"元件库"标签上，此时会自动弹出"元件库"面板，如图 2-22 所示。

☑ 如果在工作窗口右侧没有"元件库"标签，只要单击底部面板控制栏中的"System（系统）/元件库"，在工作窗口右侧就会出现"元件库"标签，并自动弹出"元件库"面板。可以看到，在"元件库"面板中，Protel DXP 2004 系统已经加载了两个默认的元件库，即通用元件库（Miscellaneous Devices.IntLib）和通用接插件库（Miscellaneous Connectors. IntLib）。

2.5.3 加载和卸载元件库

（1）选择菜单栏中的"设计"→"追加/删除元件库"命令，或者在"元件库"面板左上角中单击"元件库"按钮，系统将弹出图 2-23 所示的"可用元件库"对话框。

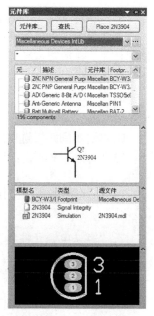

图 2-22 "元件库"面板

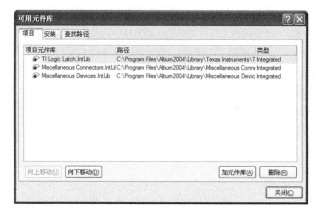

图 2-23 "可用元件库"对话框

可以看到此时系统已经装入的元件库，包括通用元件库（Miscellaneous Devices.IntLib）和通用接插件库（Miscellaneous Connectors. IntLib）。

在"可用元件库"对话框中，"向上移动"和"向下移动"按钮是用来改变元件库排列顺序的。

（2）加载绘图所需的元件库。在"可用元件库"对话框中有 3 个选项卡。"Project（项目）"选项卡列出的是用户为当前项目自行创建的库文件，"安装"选项卡列出的是系统中可用的库文件。

在"安装"选项卡中，单击右下角的"安装"按钮，系统将弹出图 2-24 所示的"打开"对话框。在该对话框中选择特定的库文件夹，然后选择相应的库文件，单击"打开"按钮，所选中的库文件就会出现在"可用元件库"对话框中。

重复上述操作就可以把所需的各种库文件添加到系统中，作为当前可用的库文件。加载完毕后，单击"关闭"按钮，关闭"可用元件库"对话框。这时所有加载的元件库都显示在"元件库"面板中，用户可以选择使用。

（3）在"可用元件库"对话框中选中一个库文件，单击"删除"按钮，即可将该元件库卸载。

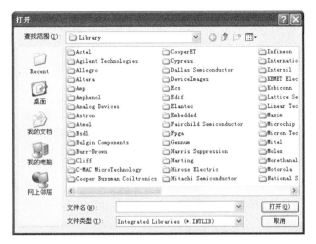

图 2-24 "打开"对话框

2.5.4 课堂练习——加载仿真元件库

在元件库中加载仿真模型元件库。

操作提示

在元件库中选择文件路径，加载"Simulation Sources.IntLib"库文件。

课堂练习——加载仿
真元件库

2.6 放置元件

原理图有两个基本要素，即元件符号和线路连接。绘制原理图的主要操作就是将元件符号放置在原理图图纸上，然后用线将元件符号中的引脚连接起来，建立正确的电气连接。在放置元件符号前，需要知道元件符号在哪一个元件库中，并载入该元件库。

2.6.1 搜索元件

以上叙述的加载元件库的操作有一个前提，就是用户已经知道了需要的元件符号在哪个元件库中，而实际情况可能并非如此。此外，当用户面对的是一个庞大的元件库时，逐个寻找列表中的所有元件，直到找到自己想要的元件为止，会是一件非常麻烦的事情，而且工作效率会很低。Protel DXP 2004 提供了强大的元件搜索能力，帮助用户轻松地在元件库中定位元件。

1. 查找元件

选择菜单栏中的"工具"→"查找元件"命令，或在"元件库"面板中单击"查找"按钮，或按<T>+<O>组合键，系统将弹出图 2-25 所示的"元件库查找"对话框。在该对话框中用户可以搜索需要的元件。搜索元件需要设置的参数如下。

（1）"查找类型"下拉列表框：用于选择查找类型。有 Components（元件）、Protel Footprints（PCB 封装）和 3D Models（3D 模型）3 种查找类型。

（2）若选择"可用元件库"单选钮，系统会在已经加载的元件库中查找；若选择"路径中的库"单选钮，系统会按照设置的路径进行查找。

（3）"路径"选项组：用于设置查找元件的路径。只有在选择"路径中的库"单选钮时才有效。单击"路径"文本框右侧的 ⬚ 按钮，系统将弹出"浏览文件夹"对话框，供用户设置搜索路径。若勾选"包含子目录"复选框，则包含在指定目录中的子目录也会被搜索。"文件屏蔽"文本框用于设定查找元件的文件匹配符，"*"表示匹配任意字符串。

2．显示找到的元件及其所属元件库

查找到元件后的"元件库"面板如图 2-26 所示。可以看到，符合搜索条件的元件名、描述、所属库文件及封装形式在该面板上被一一列出，供用户浏览参考。

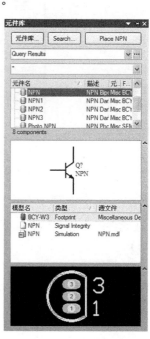

图 2-25 "元件库查找"对话框　　　　　　图 2-26 查找到元件后的"元件库"面板

3．加载找到元件的所属元件库

选中需要的元件（不在系统当前可用的库文件中），单击鼠标右键，在弹出的右键快捷菜单中选择放置元件命令，或者单击"元件库"面板右上方的按钮，系统会弹出图 2-27 所示的是否加载库文件确认框。

图 2-27 是否加载库文件确认框

单击"是"按钮，则元件所在的库文件被加载。单击"否"按钮，则只使用该元件而不加载其元件库。

2.6.2 课堂练习——查找过零调功电路元件

按照图 2-28 所示的过零调功电路，练习查找元件。

课堂练习——查找过零调功电路元件

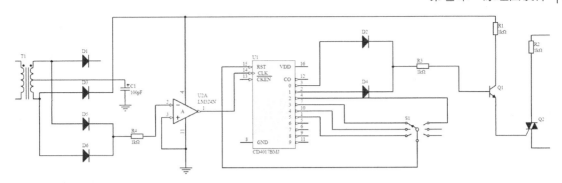

图 2-28 过零调功电路

操作提示

根据原理图中元件的名称在"元件库"中进行搜索，找到元件所在元件库。

2.6.3 放置元件

在元件库中找到元件后，加载该元件库，以后就可以在原理图上放置该元件了。在这里，原理图中共需要放置四个电阻、两个电容、两个三极管和一个连接器。其中，电阻、电容和三极管用于产生多谐振荡，在元件库"Miscellaneous Devices.IntLib"中可以找到。连接器用于给整个电路供电，在元件库"Miscellaneous Connectors.IntLib"中可以找到。

在 Protel DXP 2004 中有两种元件放置方法，分别是通过"元件库"面板放置和菜单放置。

在放置元件之前，应该首先选择所需元件，并且确认所需元件所在的库文件已经被装载。若没有装载库文件，请先按照前面介绍的方法进行装载，否则系统会提示所需要的元件不存在。

1．通过"元件库"面板放置元件

（1）打开"元件库"面板，载入所要放置元件所属的库文件。在这里，需要的元件全部在元件库"Miscellaneous Devices.IntLib"和"Miscellaneous Connectors.IntLib"中，加载这两个元件库。

（2）选择想要放置元件所在的元件库。其实，所要放置的元件三极管 2N3904 在元件库"Miscellaneous Devices.IntLib"中。在下拉列表框中选择该文件，该元件库出现在文本框中，这时可以放置其中含有的元件。在后面的浏览器中将显示库中所有的元件。

（3）在浏览器中选中所要放置的元件，该元件将以高亮显示，此时可以放置该元件的符号。"Miscellaneous Devices.IntLib"元件库中的元件很多，为了快速定位元件，可以在上面的文本框中输入所要放置元件的名称或元件名称的一部分，包含输入内容的元件会以列表的形式出现在浏览器中。这里所要放置的元件为 2N3904，因此输入"*3904*"字样。在元件库"Miscellaneous Devices.IntLib"中只有元件 2N3904 包含输入字样，它将出现在浏览器中，单击选中该元件。

（4）选中元件后，在"元件库"面板中将显示元件符号和元件模型的预览。确定该元件是所要放置的元件后，单击该面板上方的按钮，光标将变成十字形状并附带着元件 2N3904 的符号出现在工作窗口中，如图 2-29 所示。

（5）移动光标到合适的位置，单击鼠标左键，元件将被放置在光标停留的位置。此时系统仍处于放置元件的状态，可以继续放置该元件。在完成选中元件的放置后，右击或者按<Esc>键退出元件放置的状态，结束元件的放置。

（6）完成多个元件的放置后，可以对元件的位置进行调整，设置这些元件的属性。然后重复刚才的步骤，放置其他元件。

2. 通过菜单命令放置元件

选择菜单栏中的"放置"→"元件"命令，系统将弹出图 2-30 所示的"放置元件"对话框。在该对话框中，可以设置放置元件的有关属性。通过菜单命令放置元件的操作步骤如下。

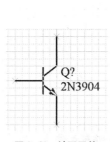

图 2-29 放置元件

图 2-30 "放置元件"对话框

在"放置元件"对话框中，单击"库参考"下拉列表框右侧的 按钮，系统将弹出图 2-31 所示的"浏览元件库"对话框。

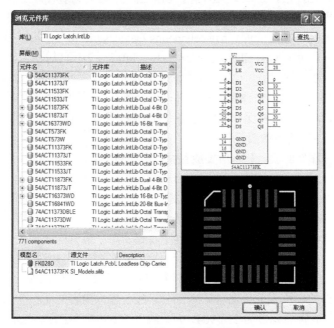

图 2-31 "浏览元件库"对话框

（1）单击"确认"按钮，在"放置元件"对话框中将显示选中的内容。此时，在该对话框中还显示了被放置元件的部分属性。

☑ "库参考"文本框：用于设置该元件在库中的名称。

☑ "标识符"文本框：用于设置被放置元件在原理图中的标号。这里放置的元件为三极管，因此采用"Q"作为元件标号。

☑ "注释"文本框：用于设置被放置元件的说明。

☑ "封装"下拉列表框：用于选择被放置元件的封装。如果元件所在的元件库为集成元件库，则显示集成元件库中该元件对应的封装，否则用户还需要另外给该元件设置封装信息。当前被放置元件不需设置封装。

（2）完成设置后，单击"确认"按钮，后面的步骤和通过"元件库"面板放置元件的步骤完全相同，这里不再赘述。

课堂练习——AD 转换电路元件放置

2.6.4 课堂练习——AD 转换电路元件放置

设计图 2-32 所示的 AD 转换电路的元件放置。

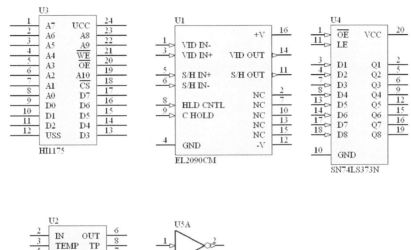

图 2-32 AD 转换电路主要元件

💡 **操作提示**

该电路中 EL2090CM 的元件库为 Elantec Video Amplifier.IntLib，SN74LS373N 的元件库为 TI Logic Latch.IntLib，AD680AN 的元件库为 AD PowerMgt Voltage Reference.IntLib，SN74LS04N 的元件库为 TI LogicGate2.IntLib。

2.6.5 调整元件位置

每个元件被放置时，其初始位置并不是很准确。在进行连线前，需要根据原理图的整体布局对元件的位置进行调整。这样不仅便于布线，也使绘制的电路原理图清晰、美观。

元件位置的调整实际上就是利用各种命令将元件移动到图纸上指定的位置，并将元件旋转为指定的方向。

1. 元件的移动

在 Protel DXP 2004 中，元件的移动有两种情况，一种是在同一平面内移动，称为"平移"；另一种是，当一个元件把另一个元件遮住时，需要移动位置来调整它们之间的上下关系，这种元件间的上下移动称为"层移"。

对于元件的移动，系统提供了相应的菜单命令。选择菜单栏中的"编辑"→"移动"命令，其子菜单如图 2-33 所示。

除了使用菜单命令移动元件外，在实际原理图的绘制过程中，最常用的方法是直接使用鼠标来实现元件的移动。

拖动 (D)	
移动 (M)	
移动选定的对象 (S)	
拖动选定对象 (R)	
移动到描画堆栈前部 (V)	
旋转选择对象 (E)	Space
顺时针方向旋转选择对象 (L)	Shift+Space
移到重叠对象堆栈的头部 (F)	
移到重叠对象堆栈的尾部 (B)	
移到指定对象之前 (Q)	
移到指定对象之后 (T)	
Flip Selected Sheet Symbols Along X	
Flip Selected Sheet Symbols Along Y	
Toggle All Sheet Entries IO Type In Selected Sheet Symbol	
反转选择的图纸入口顺序 (V)	
Toggle Selected Sheet Entries IO Type	
Swap Selected Sheet Entries Side	

图 2-33 "移动"命令子菜单

（1）使用鼠标移动未选中的单个元件。将光标指向需要移动的元件（不需要选中），按住鼠标左键不放，此时光标会自动滑到元件的电气节点上。拖动鼠标，元件会随之一起移动。到达合适的位置后，释放鼠标左键，元件即被移动到当前光标的位置。

（2）使用鼠标移动已选中的单个元件。如果需要移动的元件已经处于选中状态，则将光标指向该元件，同时按住鼠标左键不放，拖动元件到指定位置后，释放鼠标左键，元件即被移动到当前光标的位置。

（3）使用鼠标移动多个元件。需要同时移动多个元件时，首先应将要移动的元件全部选中，然后在其中任意一个元件上按住鼠标左键并拖动，到达合适的位置后，释放鼠标左键，则所有选中的元件都移动到了当前光标所在的位置。

（4）使用 ⊕（移动选中的元件）按钮移动元件。对于单个或多个已经选中的元件，单击"原理图标准"工具栏中的 ⊕（移动选中的元件）按钮后，光标变成十字形，移动光标到已经选中的元件附近，单击鼠标左键，所有已经选中的元件将随光标一起移动，到达合适的位置后，再次单击鼠标左键，完成移动。

（5）使用键盘移动元件。元件在被选中的状态下，可以使用键盘组合键来移动元件。

☑ ⟨Ctrl⟩+⟨Left⟩组合键：每按一次，元件左移 1 个网格单元。

☑ ⟨Ctrl⟩+⟨Right⟩组合键：每按一次，元件右移 1 个网格单元。

☑ ⟨Ctrl⟩+⟨Up⟩组合键：每按一次，元件上移 1 个网格单元。

☑ ⟨Ctrl⟩+⟨Down⟩组合键：每按一次，元件下移 1 个网格单元。

☑ ⟨Shift⟩+⟨Ctrl⟩+⟨Left⟩组合键：每按一次，元件左移 10 个网格单元。

☑ ⟨Shift⟩+⟨Ctrl⟩+⟨Right⟩组合键：每按一次，元件右移 10 个网格单元。

☑ ⟨Shift⟩+⟨Ctrl⟩+⟨Up⟩组合键：每按一次，元件上移 10 个网格单元。

☑ ⟨Shift⟩+⟨Ctrl⟩+⟨Down⟩组合键：每按一次，元件下移 10 个网格单元。

2. 元件的旋转

（1）单个元件的旋转。单击要旋转的元件并按住鼠标左键不放，将出现十字光标，此时，按下面的功能键，即可实现旋转。旋转至合适的位置后放开鼠标左键，即可完成元件的旋转。

☑ ⟨Space⟩键：每按一次，被选中的元件逆时针旋转 90°。

☑〈Shift〉+〈Space〉组合键：每按一次，被选中的元件顺时针旋转 90°。

☑〈X〉键：被选中的元件左右对调。

☑〈Y〉键：被选中的元件上下对调。

（2）多个元件的旋转。在 Protel DXP 2004 中，还可以将多个元件同时旋转。其方法是：先选定要旋转的元件，然后单击其中任何一个元件并按住鼠标左键不放，再按功能键，即可将选定的元件旋转，放开鼠标左键完成操作。

课堂练习——AD 转换电路布局

2.6.6　课堂练习——AD 转换电路布局

设计图 2-34 所示的 AD 转换电路的元件放置与布局。

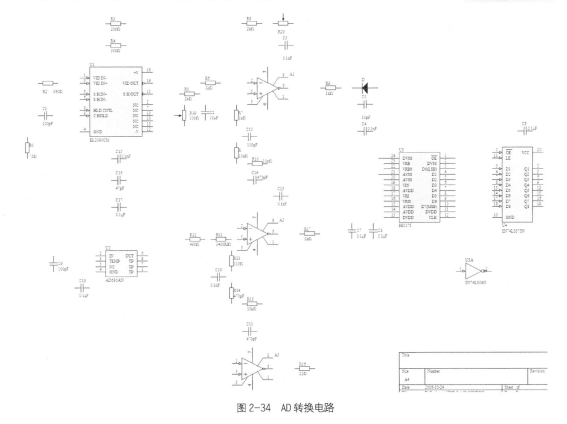

图 2-34　AD 转换电路

操作提示

该电路中其他的电阻、电容元件在 Miscellaneous Devices.IntLib 元件库中可以找到。一些系统元件库中无法查找的元件放置在 AD.SchLib 中。

2.6.7　元件的属性设置

在原理图上放置的所有元件都具有自身的特定属性，在放置好每一个元件后，应该对其属性进行正确的编辑和设置，以免使后面网络报表的生成及 PCB 的制作产生错误。

通过对元件的属性进行设置，一方面可以确定后面生成的网络报表的部分内容，另一方面也可以设置元件在图纸上的摆放效果。此外，在 Protel DXP 2004 中还可以设置部分布线规则，编辑元件的所有引脚。元件属性设置具体包含元件的基本属性设置、元件的外观属性设置、元件的扩展属性设置、元件的模型设置、元件引脚的编辑 5 个方面的内容。

双击原理图中的元件，或者选择菜单栏中的"编辑"→"变更"命令，在原理图的编辑窗口中，光标变成十字形，将光标移到需要设置属性的元件上单击，系统会弹出相应的属性设置对话框。图 2-35 所示是"元件属性"设置对话框。

用户可以根据自己的实际情况进行设置，完成后，单击"确认"按钮。

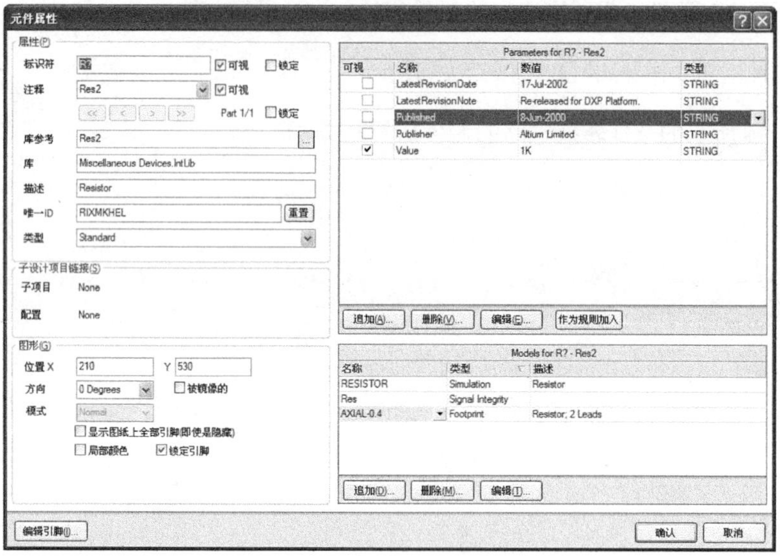

图 2-35 "元件属性"设置对话框

删除多余的元件有以下两种方法。

☑ 选中元件，按<Delete>键即可删除该元件。

☑ 选择菜单栏中的"编辑"→"删除"命令，或者按<E>+<D>组合键进入删除操作状态，光标箭头上会悬浮一个十字叉，将光标箭头移至要删除元件的中心，单击即可删除该元件。

2.7 课堂案例——开关电源电路设计

本实例主要介绍原理图设计中经常遇到的一些知识点。包括查找元件及其对应元件库的加载和卸载、基本元件的编辑和原理图的布局和布线。

课堂案例——开关电源电路设计

1. 设置工作环境

在 Protel DXP 2004 主界面中，选择菜单栏中的"文件"→"创建"→"项目"→"PCB 项目"（印制电路板工程）菜单命令，然后单击鼠标右键选择"另存项目为"菜单命令，将新建的工程文件保存为"NE555 开关电源电路.PrjPcb"。

选择菜单栏中的"文件"→"创建"→"原理图"命令，然后单击鼠标右键选择"另存为"菜单命令，将新建的原理图文件保存为"NE555 开关电源电路.SchDoc"。

2. 元件库管理

元件库操作包括加载元件库和卸载元件库。

在知道元件所在元件库的情况下，通过"元件库"对话框加载该库。SN74LS373N 是 TI Logic Latch.IntLib 元件库中的元件，现以 SN74LS373N 为例来介绍元件库的加载。

（1）在"元件库"面板中单击"元件库"按钮，弹出"可用元件库"对话框。在"可用元件库"对话框的元件库列表中，选定其中的元件库，单击"上移"按钮，则该元件库可以向上移动一行；单击"下移"按钮，则该元件库可以向下移动一行；单击"删除"按钮，则系统卸载该元件库。

（2）在"可用元件库"对话框中，单击 加元件库(A) 按钮，系统弹出加载 Protel DXP 2004 元件库的文件列表，如图 2-36 所示。

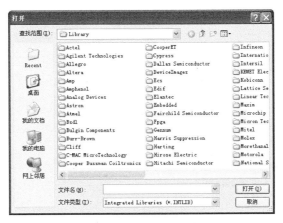

图 2-36 元件库文件列表

（3）在元件库文件列表中双击选择"Texas Instruments"，在 Texas Instruments 公司的所有元件库列表中选择"TI Logic Latch.IntLib"元件库并单击 打开(O) 按钮，则系统将该元件库加载到当前编辑环境下，同时会显示该库的地址。单击 关闭(C) 按钮，回到原理图绘制工作界面，此时就可以放置所需的元件了。

3. 查找元件

（1）在"元件库"面板中单击 Search... 按钮，弹出图 2-37 所示的对话框。

（2）在文本框输入元件名"NE555N"，单击 查找(S) 按钮，系统将在设置的搜索范围内查找元件。查找结果如图 2-38 所示，单击 Place NE555N 按钮，可以将该元件放置在原理图中。

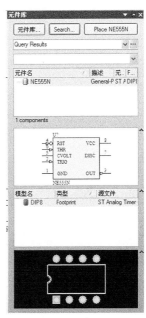

图 2-37 "元件库查找"对话框   图 2-38 元件查找结果

4. 原理图图纸设置

选择菜单栏中的"设计"→"文档选项"命令，或者在编辑区内单击鼠标右键，并在弹出的快捷菜单中选择"选项"→"文档选项"菜单命令，弹出图 2-39 所示的"文档选项"对话框，在该对话框中可以对图纸进行设置。

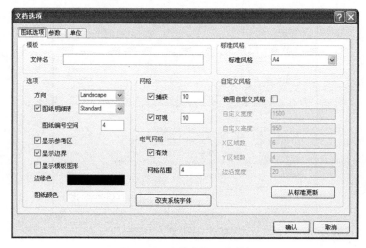

图 2-39 "文档选项"对话框

5. 原理图设计

（1）放置元件。打开"元件库"面板，在当前元件库下拉列表中选择"Miscellaneous Devices.IntLib"元件库，然后在元件过滤栏的文本框中输入"Inductor"，在元件列表中查找电感，并将查找所得电感放入原理图中，选择"ST Analog Timer Circuit.IntLib"元件库，在元件过滤栏中的文本框中输入"NE555N"，并将查找所得元件放入原理图中，其他元件依次放入。放置元件后的图纸如图 2-40 所示。

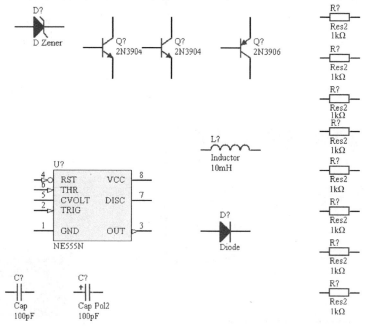

图 2-40 放置元件后的图纸

（2）元件属性设置及元件布局。双击元件"NE555N"，在弹出的"元件属性"对话框中，分别对元件的编号、封装形式等进行设置，同样的方法可以对电容、电感和电阻值的设置。设置好的元件属性如表 2-1 所示。

表 2-1　　　　　　　　　　　　　　元件属性

编号	注释/参数值	封装形式
C1	0.01μF	RAD-0.3
C2	47μF	POLAR0.8
D1	D Zener	DIODE-0.7
D2	Diode	DSO-C2/X3.3
L1	1mH	INDC1005-0402
R1	10kΩ	AXIAL-0.4
R2	10kΩ	AXIAL-0.4
R3	4.7kΩ	AXIAL-0.4
R4	1kΩ	AXIAL-0.4
R5	4.7kΩ	AXIAL-0.4
R6	270Ω	AXIAL-0.4
R7	120Ω	AXIAL-0.4
U1	NE555N	DIP8
VT1	2N3904	BCY-W3/E4
VT2	2N3904	BCY-W3/E4
VT3	2N3906	BCY-W3/E4

根据电路图合理地放置元件，以达到美观地绘制电路原理图。设置好元件属性后的电路原理图图纸如图 2-41 所示。

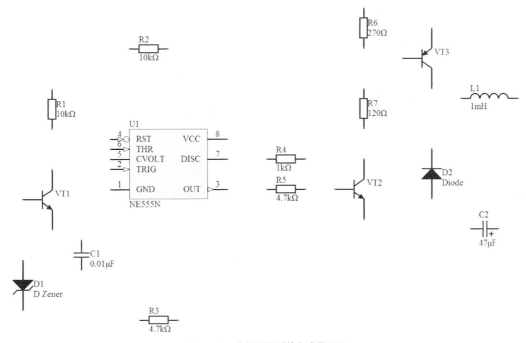

图 2-41　布局元件后的电路原理图

2.8 课后习题

1. 熟悉电路原理图的编辑环境，并试着设置编辑器工作环境参数。

2. 设置图纸大小、图纸名称及图纸日期。

3. 元件有几种打开方式？

4. 元件库的路径如何设置？

5. 元件的搜索中如何设置搜索参数？

6. 元件库的加载分几种，分别有何不同？

习题 9

7. 在原理图编辑区内放置一个元器件，并对其进行选取、移动、旋转等操作。

8. 简述绘制电路原理图的具体步骤。

9. 按照电路原理图的绘制步骤，绘制图 2-42 的控制器电路原理图。

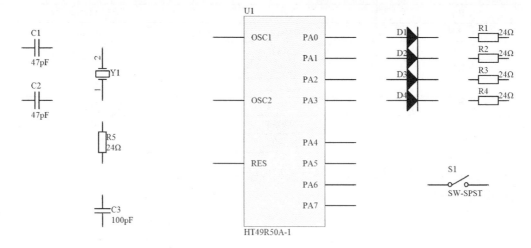

图 2-42　控制器电路原理图

10. 按照电路原理图的绘制步骤，绘制图 2-43 的广告彩灯电路原理图。

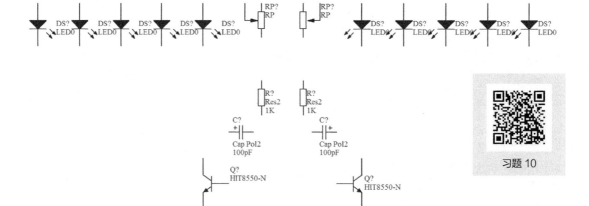
习题 10

图 2-43　广告彩灯电路

内容指南

在图纸上放置好电路设计所需要的各种元件,并对它们的属性进行相应的设置后,根据电路设计的具体要求,将各个元件连接起来,从而建立并实现电路的实际连通性。这里所说的连接,指的是具有电气意义的连接,即电气连接。

电气连接有两种实现方式,一种是"物理连接",即直接使用导线将各个元件连接起来;另一种是"逻辑连接",即不需要实际的连线操作,而是通过设置网络标签使元件之间具有电气连接关系。

知识重点

📖 原理图连接工具

📖 元件的电气连接

📖 使用绘图工具绘图

3.1 原理图连接工具

Protel DXP 2004 提供了 3 种对原理图进行连接的操作方法。下面简单介绍这 3 种方法。

1. 使用菜单命令

菜单栏中的"放置"菜单就是原理图连接工具菜单,如图 3-1 所示。在该菜单中,提供了放置各种元件的命令,也包括对总线(Bus)、总线入口(Bus Entry)、导线(Wire)、网络标签(Net Label)等连接工具的放置命令。其中,"指示符"子菜单如图 3-2 所示,经常使用的有"忽略 ERC 检查"命令、"PCB 布局"命令等。

图 3-1 "放置"菜单   图 3-2 "指示符"子菜单

2．使用"配线"工具栏

在"放置"菜单中，各项命令分别与"配线"工具栏中的按钮一一对应，直接单击该工具栏中的相应按钮，即可完成相同的功能操作。

3．使用快捷键

上述各项命令都有相应的快捷键。例如，设置网络标签的组合键是〈P〉+〈N〉，绘制总线入口的组合键是〈P〉+〈U〉。使用组合键可以大大提高操作速度。

3.2 元件的电气连接

元件之间电气连接的主要方式是通过导线来连接。导线是电路原理图中最重要也是用得最多的图元，它具有电气连接的意义，不同于一般的绘图工具。绘图工具没有电气连接的意义。

3.2.1 放置导线

导线是电气连接中最基本的组成单位，放置导线的操作步骤如下。

（1）选择菜单栏中的"放置"→"导线"命令，或单击"配线"工具栏中的 ≈ （放置导线）按钮，或按〈P〉+〈W〉组合键，此时光标变成十字形状并附加一个交叉符号。

（2）将光标移动到想要完成电气连接的元件的引脚上，单击放置导线的起点。由于启用了自动捕捉电气节点的功能，因此，电气连接很容易完成。出现红色的符号表示电气连接成功。移动光标，多次单击可以确定多个固定点，最后放置导线的终点，完成两个元件之间的电气连接。此时光标仍处于放置导线的状态，重复上述操作可以继续放置其他的导线。

（3）导线的拐弯模式。如果要连接的两个引脚不在同一水平线或同一垂直线上，则在放置导线的过程中需要单击确定导线的拐弯位置，并且可以通过按〈Shift〉+〈Space〉组合键来切换导线的拐弯模式。有直角、45°角和任意角度3种拐弯模式，如图3-3所示。导线放置完毕，右击或按〈Esc〉键即可退出该操作。

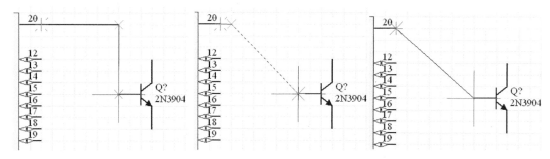

图 3-3　导线的拐弯模式

（4）设置导线的属性。任何一个建立起来的电气连接都被称为一个网络（Net），每个网络都有自己唯一的名称。系统为每一个网络设置默认的名称，用户也可以自行设置。原理图完成并编译结束后，在导航栏中即可看到各种网络的名称。在放置导线的过程中，用户可以对导线的属性进行设置。双击导线或在光标处于放置导线的状态时按〈Tab〉键，弹出图3-4所示的"导线"对话框，在该对话框中可以对导线的颜色、线宽参数进行设置。

☑ 颜色：单击该颜色显示框，系统将弹出图3-5所示的"选择颜色"对话框。在该对话框中可以选择并设置需要的导线颜色。系统默认为深蓝色。

☑ 导线宽：在该下拉列表框中有 Smallest（最小）、Small（小）、Medium（中等）和 Large

（大）4 个选项可供用户选择。系统默认为 Small（小）。在实际中应该参照与其相连的元件引脚线的宽度进行选择。

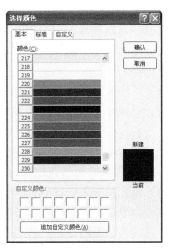

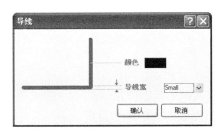

图 3-4　"导线"对话框　　　　　　　　　　图 3-5　"选择颜色"对话框

3.2.2　放置总线

总线是一组具有相同性质的并行信号线的组合，如数据总线、地址总线、控制总线等的组合。在大规模的原理图设计，尤其是数字电路的设计中，如果只用导线来完成各元件之间的电气连接，那么整个原理图的连线就会显得杂乱而繁琐。而总线的运用可以大大简化原理图的连线操作，使原理图更加整洁、美观。

原理图编辑环境下的总线没有任何实质的电气连接意义，仅仅是为了绘图和读图方便而采取的一种简化连线的表现形式。

总线的放置与导线的放置基本相同，其操作步骤如下。

（1）选择菜单栏中的"放置"→"总线"命令，或单击"配线"工具栏中的 ⊤（放置总线）按钮，或按<P>+<B>组合键，此时光标变成十字形状。

（2）将光标移动到想要放置总线的起点位置，单击确定总线的起点。然后拖动光标，单击确定多个固定点，最后确定终点，如图 3-6 所示。总线的放置不必与元件的引脚相连，它只是为了方便接下来对总线分支线的绘制而设定的。

（3）设置总线的属性。在放置总线的过程中，用户可以对总线的属性进行设置。双击总线或在光标处于放置总线的状态时按<Tab>键，弹出图 3-7 所示的"总线"对话框，在该对话框中可以对总线的属性进行设置。

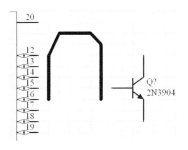

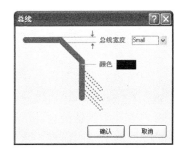

图 3-6　放置总线　　　　　　　　　　图 3-7　"总线"对话框

3.2.3 放置总线入口

总线入口是单一导线与总线的连接线。使用总线入口把总线和具有电气特性的导线连接起来，可以使电路原理图更为美观、清晰，且具有专业水准。与总线一样，总线入口也不具有任何电气连接的意义，而且它的存在也不是必须的。即使不通过总线入口，直接把导线与总线连接也是正确的。

放置总线入口的操作步骤如下。

（1）选择菜单栏中的"放置"→"总线入口"命令，或单击"配线"工具栏中的 ╲ （放置总线入口）按钮，或按<P>+<U>组合键，此时光标变成十字形状。

（2）在导线与总线之间单击，即可放置一段总线入口分支线。同时在该命令状态下，按<Space>键可以调整总线入口分支线的方向，如图 3-8 所示。

（3）设置总线入口的属性。在放置总线入口分支线的过程中，用户可以对总线入口分支线的属性进行设置。双击总线入口或在光标处于放置总线入口的状态时按<Tab>键，弹出图 3-9 所示的"总线入口"对话框，在该对话框中可以对总线分支线的属性进行设置。

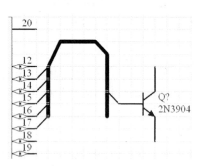

图 3-8　调整总线入口分支线的方向

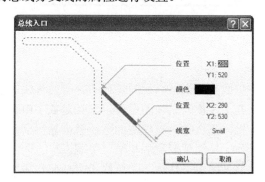

图 3-9　"总线入口"对话框

3.2.4 手动连接

在 Protel DXP 2004 中，默认情况下，系统会在导线的 T 形交叉点处自动放置电气节点，表示所画线路在电气意义上是连接的。但在其他情况下，如十字交叉点处，由于系统无法判断导线是否连接，因此不会自动放置电气节点。如果导线确实是相互连接的，就需要用户自己手动放置电气节点。

手动放置电气节点的操作步骤如下。

（1）选择菜单栏中的"放置"→"手工放置节点"命令，或按<P>+<J>组合键，此时光标变成十字形状，并带有一个电气节点符号。

（2）移动光标到需要放置电气节点的地方，单击鼠标左键即可完成放置。此时光标仍处于放置电气节点的状态，重复操作即可放置其他节点。

（3）设置电气节点的属性。在放置电气节点的过程中，用户可以对电气节点的属性进行设置。双击电气节点或者在光标处于放置电气节点的状态时按<Tab>键，弹出图 3-10 所示的"节点"对话框，在该对话框中可以对电气节点的属性进行设置。

系统存在着一个默认的自动放置节点的属性，用户也可以按照自己的习惯进行改变。选择菜单栏中的"工具"→"原理图优先设定"命令，弹出"优先设定"对话框，选择"Schematic（原理图）"→"Compiler（编译器）"标签页即可对各类节点进行设置，如图 3-11 所示。

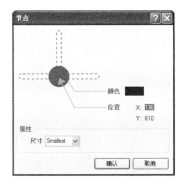

图 3-10　"节点"对话框

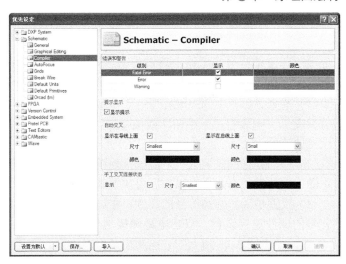

图 3-11　"Compiler（编译器）"标签页

①"自动交叉"选项组。

☑"显示在导线上面"复选框：勾选该复选框，则显示在导线上自动设置的节点，系统默认为勾选状态。在下面的"尺寸"下拉列表框和"颜色"颜色显示框中可以对节点的大小和颜色进行设置。

☑"显示在总线上面"复选框：勾选该复选框，则显示在总线上自动设置的节点，系统默认为勾选状态。在下面的"尺寸"下拉列表框和"颜色"颜色显示框中可以对节点的大小和颜色进行设置。

②"手动交叉连接状态"选项组。

"显示"复选框、"尺寸"下拉列表框和"颜色"颜色显示框分别控制节点的显示、大小和颜色，用户可以自行设置。

③导线相交时的导线模式。

选择"Schematic（原理图）"→"General（常规设置）"标签页，如图 3-12 所示。勾选"显示横跨"复选框，可以改变原理图中的交叉导线显示。系统的默认设置为勾选该复选框。

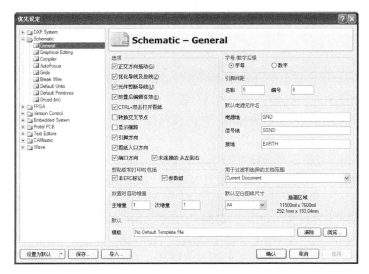

图 3-12　"General"标签页

3.2.5　放置电源和地符号

电源和接地符号是电路原理图中必不可少的组成部分。放置电源和接地符号的操作步骤如下。

（1）选择菜单栏中的"放置"→"电源端口"命令，或单击"配线"工具栏中的 ⏚（接地符号）或 Ⴘ（电源符号）按钮，或按<P>+<O>组合键，此时光标变成十字形状，并带有一个电源或接地符号。

（2）移动光标到需要放置电源或接地符号的地方，单击即可完成放置。此时光标仍处于放置电源或接地的状态，重复操作即可放置其他的电源或接地符号。

（3）设置电源和接地符号的属性。在放置电源和接地符号的过程中，用户可以对电源和接地符号的属性进行设置。双击电源和接地符号或在光标处于放置电源和接地符号的状态时按<Tab>键，弹出图 3-13 所示的"电源端口"对话框，在该对话框中可以对电源或接地符号的颜色、风格、位置、旋转角度及所在网络等属性进行设置。

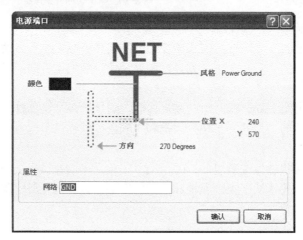

图 3-13　"电源端口"对话框

3.2.6　放置网络标签

在原理图的绘制过程中，元件之间的电气连接除了使用导线外，还可以通过设置网络标签的方法来实现。

1. 以放置电源网络标签为例介绍网络标签放置的操作步骤

（1）选择菜单栏中的"放置"→"网络标签"命令，或单击"配线"工具栏中的 Net（放置网络标签）按钮，或按<P>+<N>组合键，此时光标变成十字形状，并带有一个初始标号"Net Label1"。

（2）移动光标到需要放置网络标签的导线上，当出现红色交叉标志时，单击即可完成放置。此时光标仍处于放置网络标签的状态，重复操作即可放置其他的网络标签。右击或者按<Esc>键即可退出操作。

（3）设置网络标签的属性。在放置网络标签的过程中，用户可以对其属性进行设置。双击网络标签或者在光标处于放置网络标签的状态时按<Tab>键，弹出图 3-14 所示的"网络标签"对话框，在该对话框中可以对网络标签的颜色、位置、旋转角度、名称及字体等属性进行设置。

2. 用户也可以在工作窗口中直接改变"网络"的名称

（1）选择菜单栏中的"工具"→"原理图优先设定"命令，弹出"优先设定"对话框，选择"Schematic（原理图）"→"General（常规设置）"标签。勾选"放置后编辑有效"复选框（系统默认即为勾选状态）。

（2）此时在工作窗口中单击网络标签的名称，过一段时间后再次单击网络标签的名称即可对该网络标签的名称进行编辑。

图 3-14 "网络标签"对话框

3.2.7 课堂练习——绘制触发器电路

设计图 3-15 所示的电路图。

操作提示

（1）放置原理图元件。

（2）通过总线分支连接总线。

（3）添加网络标签。

课堂练习——绘制触发器电路

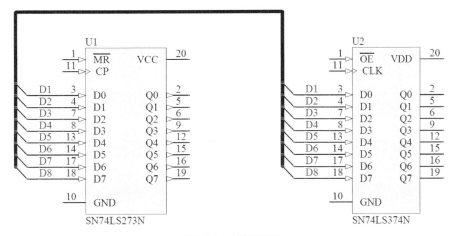

图 3-15 电路原理图

3.2.8 放置输入/输出端口

通过前面的学习我们知道，在设计原理图时，两点之间的电气连接，可以直接使用导线连接，也可以通过设置相同的网络标签来完成。还有一种方法，就是使用电路的输入/输出端口。相同名称的输入/输出端口在电气关系上是连接在一起的。一般情况下，在一张图纸中是不使用端口连接的，但在层次电路原理图的绘制过程中经常用到这种电气连接方式。放置输入/输出端口的操作步骤如下。

（1）选择菜单栏中的"放置"→"端口"命令，或单击"配线"工具栏中的 （放置端口）按钮，或按<P>+<R>组合键，此时光标变成十字形状，并带有一个输入/输出端口符号。

（2）移动光标到需要放置输入/输出端口的元件引脚末端或导线上，当出现红色交叉标志时，单击确定端口一端的位置。然后拖动光标使端口的大小合适，再次单击确定端口另一端的位置，即可完成输入/输出端口的一次放置。此时光标仍处于放置输入/输出端口的状态，重复操作即可放置其他的输入/输出端口。

（3）设置输入/输出端口的属性。在放置输入/输出端口的过程中，用户可以对输入/输出端口的属性进行设置。双击输入/输出端口或者在光标处于放置状态时按<Tab>键，弹出图3-16所示的"端口属性"对话框，在该对话框中可以对输入/输出端口的属性进行设置。

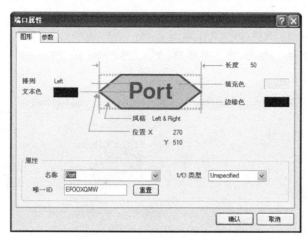

图 3-16 "端口属性"对话框

其中各选项的说明如下。

☑ 排列：用于设置端口名称的位置，有 Center（居中）、Left（靠左）和 Right（靠右）3种选择。

☑ 文本色：用于设置文本颜色。

☑ 长度：用于设置端口宽度。

☑ 填充色：用于设置端口内填充的颜色。

☑ 边缘色：用于设置边框颜色。

☑ 风格：用于设置端口外观风格，包括 None（Horizontal）（水平）、Left（左）、Right（右）、Left & Right（左和右）、None（Vertical）（垂直）、Top（顶）、Bottom（底）、Top & Bottom（顶和底）8 种选择。

☑ 位置：用于设置端口位置。可以设置 x、y 坐标值。

☑ 名称：用于设置端口名称。这是端口最重要的属性之一，具有相同名称的端口在电气上是连通的。

☑ 唯一 ID：唯一的识别符。用户一般不需要改动此项，保留默认设置。

☑ I/O 类型（输入/输出端口的类型）：用于设置端口的电气特性，对后面的电气规则检查提供一定的依据。有 Unspecified（未指明或不确定）、Output（输出）、Input（输入）和 Bidirectional（双向型）4 种类型。

3.2.9 放置忽略 ERC 测试点

在电路设计过程中，系统进行电气规则检查（ERC）时，有时会产生一些不希望产生的错误报告。例如，由于电路设计的需要，一些元件的个别输入引脚有可能被悬空，但在系统默认情况下，所有的输入引脚都必须进行连接，这样在 ERC 时，系统会认为悬空的输入引脚使用错误，并在引脚处放置一个错误标记。

为了避免用户为检查这种"错误"而浪费时间，可以使用忽略 ERC 测试符号，让系统忽略对此处的 ERC 测试, 不再产生错误报告。放置忽略 ERC 测试点的操作步骤如下。

（1）选择菜单栏中的 "放置" → "指示符" → "忽略 ERC 检查" 命令, 或单击 "配线" 工具栏中的 × (放置忽略 ERC 测试点) 按钮, 或按<P>+<V>+<N>组合键, 此时光标变成十字形状, 并带有一个红色的交叉符号。

（2）移动光标到需要放置忽略 ERC 测试点的位置处, 单击即可完成放置。此时光标仍处于放置忽略 ERC 测试点的状态, 重复操作即可放置其他的忽略 ERC 测试点。右击或按<Esc>键即可退出操作。

（3）设置忽略 ERC 测试点的属性。在放置忽略 ERC 测试点的过程中, 用户可以对忽略 ERC 测试点的属性进行设置。双击忽略 ERC 测试点或在光标处于放置忽略 ERC 测试点的状态时按<Tab>键, 弹出图 3-17 所示的 "No ERC (忽略 ERC 检查)" 对话框。在该对话框中可以对忽略 ERC 测试点的颜色及位置属性进行设置。

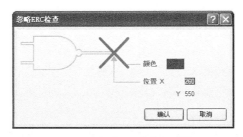

图 3-17 "忽略 ERC 检查" 对话框

课堂练习——绘制 LED 电路

3.2.10 课堂练习——绘制 LED 电路

设计出图 3-18 所示的电路图。

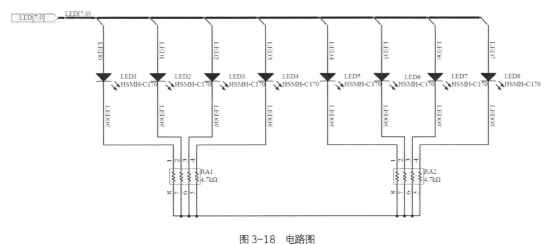

图 3-18 电路图

操作提示

（1）放置原理图元件。

（2）通过总线分支连接总线。

（3）添加网络标签。

（4）添加电路端口。

3.2.11 放置 PCB 布线指示

用户绘制原理图的时候，可以在电路的某些位置放置 PCB 布线指示，以便预先规划和指定该处的 PCB 布线规则，包括铜箔的宽度、布线的策略、布线优先级及布线板层等。这样，在由原理图创建 PCB 的过程中，系统就会自动引入这些特殊的设计规则。放置 PCB 布线指示的步骤如下。

（1）选择菜单栏中的"放置"→"指示符"→"PCB 布局"命令，或按<P>+<V>+<P>组合键，此时光标变成十字形状，并带有一个 PCB 布线指示符号。

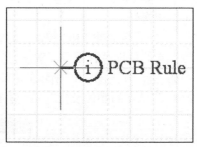

（2）移动光标到需要放置 PCB 布线指示的位置处，单击即可完成放置，如图 3-19 所示。此时光标仍处于放置 PCB 布线指示的状态，重复操作即可放置其他的 PCB 布线指示符号。右击或者按<Esc>键即可退出操作。

（3）设置 PCB 布线指示的属性。在放置 PCB 布线指示

图 3-19 放置 PCB 布线指示

符号的过程中，用户可以对 PCB 布线指示符号的属性进行设置。双击 PCB 布线指示符号或在光标处于放置 PCB 布线指示符号的状态时按<Tab>键，弹出图 3-20 所示的"参数"对话框。在该对话框中可以对 PCB 布线指示符号的名称、位置、旋转角度及布线规则等属性进行设置。

图 3-20 "Parameters"对话框

☑ "名称"文本框：用于输入 PCB 布线指示符号的名称。

☑ "方向"文本框：用于设定 PCB 布线指示符号在原理图上的放置方向。有"0 Degrees"（0°）、"90 Degrees"（90°）、"180 Degrees"（180°）和"270 Degrees"（270°）4 个选项。

☑ "X 位置"和"Y 位置"文本框：用于设定 PCB 布线指示符号在原理图上的 X 轴和 Y 轴坐标。

☑ 参数坐标窗口：该窗口中列出了该 PCB 布线指示的相关参数，包括名称、数值及类型。选中任一参数值，单击"编辑"按钮，系统弹出图 3-21 所示的"参数属性"对话框。

在该对话框中单击"编辑规则值"按钮，系统将弹出图 3-22 所示的"选择设计规则类型"对话框，在该对话框中列出了 PCB 布线时用到的所有类型的规则供用户选择。

图 3-21 "参数属性"对话框

选中了"Width Constraint（导线宽度约束规则）"选项，单击"确认"按钮后，则弹出相应的导线宽度设置对话框，如图 3-23 所示。该对话框分为两部分，上面是图形显示部分，下面是列表显示部分，均可用于设置导线的宽度。

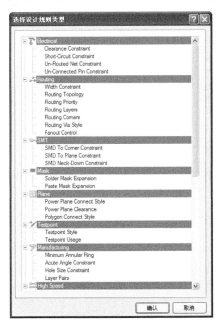

图 3-22 "选择设计规则类型"对话框

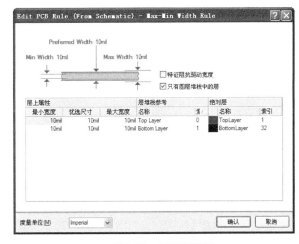

图 3-23 设置导线宽度

属性设置完毕后，单击"确认"按钮即可关闭该对话框。

3.2.12 课堂练习——绘制电源电路

设计图 3-24 所示的电源电路图。

操作提示

（1）在电路中按照一定的布局原理布置元件。

（2）导线连接元件。

（3）添加接地符号。

课堂练习——绘制电源电路

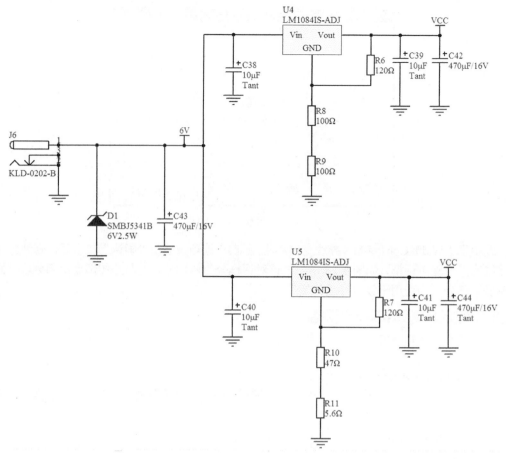

图 3-24   电源电路图

3.3   使用绘图工具绘图

在原理图编辑环境中，与"配线"工具栏相对应的，还有一个"实用工具"工具栏，用于在原理图中绘制各种标注信息，使电路原理图更清晰，数据更完整，可读性更强。该"实用工具"工具栏中的各种图元均不具有电气连接特性，所以系统在进行 ERC 及转换成网络表时，它们不会产生任何影响，也不会被添加到网络表数据中。

3.3.1   绘图工具

单击 ⊠ · （实用工具）按钮，各种绘图工具如图 3-25 所示，与"放置"菜单下"描画工具"命令子菜单中的各项命令具有对应关系。其中各按钮的功能如下。

☑ ╱：绘制直线（Line）。

☑ ⊠：绘制多边形（Polygon）。

☑ ⌒：绘制椭圆弧线（Elliptical Arc）。

☑ ⋀：绘制贝塞尔曲线（Bezier）。

☑ A：添加说明文字。

☑ ▦：放置文本框。

- ☑ ▢：绘制矩形（Rectangle）。
- ☑ ▢：绘制圆角矩形（Round Rectangle）。
- ☑ ◯：绘制椭圆（Ellipse）。
- ☑ ◔：绘制扇形（Pie Chart）。
- ☑ 🖼：在原理图上粘贴图片（Graphic）。
- ☑ ⊞：用于设置阵列对象。

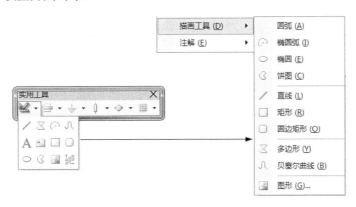

图 3-25　绘图工具

3.3.2　绘制直线

在原理图中，可以用直线来绘制一些注释性的图形，如表格、箭头、虚线等，或者在编辑元件时绘制元件的外形。直线在功能上完全不同于前面介绍的导线，它不具有电气连接特性，不会影响到电路的电气连接结构。

绘制直线的操作步骤如下。

（1）选择菜单栏中的"放置"→"描画工具"→"直线"命令，或单击"实用工具"工具栏中的 ╱（绘制直线）按钮，或按<P>+<D>+<L>组合键，此时光标变成十字形状。

（2）移动光标到需要放置直线的位置处，单击确定直线的起点，多次单击确定多个固定点。一条直线绘制完毕后，单击鼠标右键即可退出该操作。

（3）此时光标仍处于绘制直线的状态，重复步骤（2）的操作即可绘制其他的直线。

在直线绘制过程中，需要拐弯时，可以单击确定拐弯的位置，同时通过按<Shift>+<Space>组合键来切换拐弯的模式。在 T 形交叉点处，系统不会自动添加节点。单击鼠标右键或按<Esc>键即可退出操作。

（4）设置直线属性。双击需要设置属性的直线或在绘制状态时按<Tab>键，系统将弹出相应的直线属性设置对话框，如图 3-26 所示。

在该对话框中可以对直线的属性进行设置，其中各属性的说明如下。

☑ 线宽：用于设置直线的线宽。有 Smallest（最小）、Small（小）、Medium（中等）和 Large（大）4 种线宽供用户选择。

☑ 线风格：用于设置直线的线型。有 Solid（实线）、

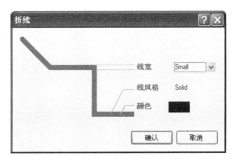

图 3-26　设置直线属性

Dashed（虚线）和 Dotted（点划线）3 种线型可供选择。

☑ 颜色：用于设置直线的颜色。

其他图形工具的使用方法与"绘制直线"工具类似，这里不再赘述。

3.3.3 课堂练习——电源电路添加注释

在图 3-24 所示的电源电路图中添加图 3-27 所示的说明。

> 从 TI Databook\TI TTL Logic 1988(Commercial.lib)元件库中
> 取出 74LS273 和 74LS373，按照图中所示电路，练习放置总线接口、
> 总线和网络标记。
>
> 提示：需要使用放置工具箱上的总线接口、总线和网络标记。

图 3-27　原理图说明

 操作提示

在"放置"子菜单中选择"文本框"命令，输入说明文字。

3.4　课堂案例——单片机原理图

通过前面章节的学习，用户对 Protel DXP 2004 原理图编辑环境、原理图编辑器的使用有了初步的了解，并且能够完成简单电路原理图的绘制。本节将从实际操作的角度出发，通过一个具体的实例来说明怎样使用原理图编辑器来完成电路的设计工作。目前绝大多数的电子应用设计脱离不了单片机系统。下面使用 Protel DXP 2004 来绘制一个单片机最小应用系统的组成原理图。其主要的操作步骤如下。

（1）启动 Protel DXP 2004，打开"Files（文件）"面板，在"新建"选项栏中单击"Blank Project（PCB）（空白项目文件）"选项，则在"Projects（项目）"面板中出现新建的项目文件，系统提供的默认文件名为"PCB_Project1.PrjPCB"，如图 3-28 所示。

（2）在项目文件"PCB_Project1.PrjPCB"上右击，在弹出的右键快捷菜单中单击"另存项目为"命令，在弹出的保存文件对话框中输入文件名"MCU"，并保存在指定的文件夹中。此时，在"Projects（项目）"面板中，项目文件名变为"MCU.PRJPCB"，如图 3-29 所示。该项目中没有任何内容，可以根据设计的需要添加各种设计文档。

图 3-28　新建项目文件

图 3-29　创建新原理图文件

（3）在项目文件"MCU.PRJPCB"上单击鼠标右键，在弹出的快捷菜单中单击"追加新文件到项目中"→"Schematic（原理图）"命令。在该项目文件中新建一个电路原理图文件，系统默认文件名为"Sheet1.SchDoc"。在该文件上右击，在弹出的右键快捷菜单中单击"另存为"命令，在弹出的保存文件对话框中输入文件名"MCU Circuit.SchDoc"。此时，在"Projects（项目）"面板中，原理图文件名变为"MCU Circuit.SchDoc"。在创建原理图文件的同时，也就进入了原理图设计系统环境。

（4）在编辑窗口中单击鼠标右键，在弹出的快捷菜单中单击"选项"→"文档选项"或"文档参数"或"图纸"命令，系统将弹出图 3-30 所示的"文档选项"对话框，对图纸参数进行设置。

图 3-30　"文档选项"对话框

将图纸的尺寸及标准风格设置为"A4"，放置方向设置为"Landscape（水平）"，图纸明细表设置为"Standard（标准）"，单击对话框中的"改变系统字体"按钮，系统将弹出"字体"对话框。在该对话框中，设置字体为"Arial"，设置字形为"常规"，大小设置为"10"，单击"确定"按钮。其他选项均采用系统默认设置。

（5）创建原理图文件后，系统已默认为该文件加载了一个集成元件库"Miscellaneous Devices.IntLib（常用分立元件库）"。这里我们使用 Philips 公司的单片机 P89C51RC2HFBD，来构建单片机最小应用系统。为此需要先加载 Philips 公司元件库，其所在的库文件为"Philips Microcontroller 8-bit.IntLib"。

（6）在"元件库"面板中单击"元件库"按钮，系统将弹出图 3-31 所示的"可用元件库"对话框。在该对话框中单击"加元件库"按钮，打开相应的选择库文件对话框，在该对话框中选择确定的库文件夹"Philips"，选择相应的库文件"Philips Microcontroller 8-Bit.IntLib"，单击"打开"按钮，关闭该对话框。

在绘制原理图的过程中，放置元件的基本原则是根据信号的流向放置，从左到右，或从上到下。首先应该放置电路中的关键元件，然后放置电阻、电容等外围元件。

在本例中，设定图纸上信号的流向是从左到右，关键元件包括单片机芯片、地址锁存芯片、扩展数据存储器。

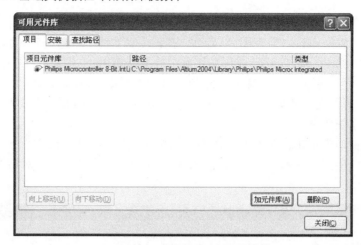

图 3-31 "可用元件库"对话框

（7）放置单片机芯片。打开"元件库"面板，在当前元件库名称栏选择"Philips Microcontroller 8-Bit.IntLib"，在过滤框条件文本框中输入"P89C51RC2HFBD"，如图 3-33 所示。单击"Place P89C51RC2HFBD（放置 P89C51RC2HFBD）"按钮，将选择的单片机芯片放置在原理图纸上。

（8）放置地址锁存器。这里使用的地址锁存器是 TI 公司的"SN74LS373N"，该芯片所在的库文件为"TI Logic Latch.IntLib"，按照与上面相同的方法进行加载。

打开"元件库"面板，在当前元件库名称栏中选择"TI Logic Latch.IntLib"，在元件列表中选择"SN74LS373N"，如图 3-33 所示。单击"Place SN74LS373N（放置 SN74LS373N）"按钮，将选择的地址锁存器芯片放置在原理图纸上。

（9）放置扩展数据存储器。这里使用的是 Motorola 公司的 MCM6264P 作为扩展的 8KB 数据存储器，该芯片所在的库文件为"Motorola Memory Static RAM.IntLib"，按照与上面相同的方法进行加载。打开"元件库"面板，在当前元件库名称栏中选择"Motorola Memory Static RAM.IntLib"，在元件列表中选择"MCM6264P"，如图 3-34 所示。单击"Place MCM6264P"（放置 MCM6264P）按钮，将选择的外扩数据存储器芯片放置在原理图纸上。

（10）放置外围元件。在单片机的应用系统中，时钟电路和复位电路是必不可少的。在本例中，我们采用一个石英晶振和两个匹配电容构成单片机的时钟电路，晶振频率是 20MHz。复位电路采用上电复位加手动复位的方式，由一个 RC 延迟电路构成上电复位电路，在延迟电路的两端跨接一个开关构成手动复位电路。因此，需要放置的外围元件包括两个电容、两个电阻、1个极性电容、1 个晶振、1 个复位键，这些元件都在库文件"Miscellaneous Devices.IntLib"中。打开"元件库"面板，在当前元件库名称栏中选择"Miscellaneous Devices.IntLib"，在元件列表中选择电容"Cap"、电阻"Res2"、极性电容"Cap Pol2"、晶振"XTAL"、复位键"SW-PB"，对它们一一进行放置。

（11）设置元件属性。在图纸上放置好元件之后，再对各个元件的属性进行设置，包括元件的标识、序号、型号、封装形式等。双击元件打开"元件属性"设置对话框，图 3-35 所示为单片机属性设置对话框。其他元件的属性设置可以参考前面章节，这里不再赘述。设置好元件属性后的原理图如图 3-36 所示。

（12）放置电源和接地符号。单击"配线"工具栏中的（电源符号）按钮，放置电源，本例共需要 4 个电源。单击"配线"工具栏中的（接地符号）按钮，放置接地符号，本例共需要 9 个接地。由于都是数字地，使用统一的符号表示即可。

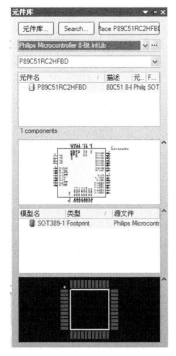

图 3-32 选择单片机芯片

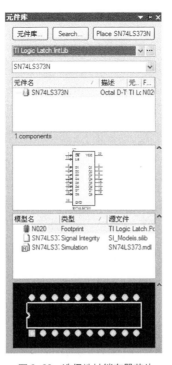

图 3-33 选择地址锁存器芯片

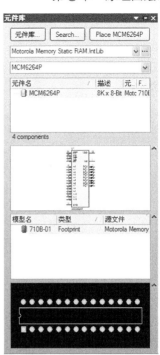

图 3-34 数据存储器芯片

图 3-35 设置单片机属性

（13）连接导线。在放置好各个元件并设置好相应的属性后，下面应根据电路设计的要求把各个元件连接起来。单击"配线"工具栏中的 ≋ （放置导线）按钮、 ⤵ （放置总线）按钮和 ⤤ （放置总线分支线）按钮，完成元件之间的端口及引脚的电气连接。在必需的位置上通过选择菜单栏中的"放置"→"手工放置节点"命令放置电气节点。

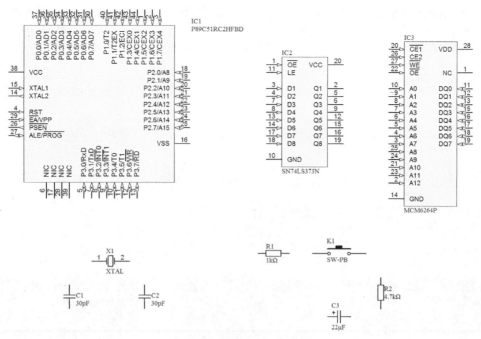

图 3-36 设置好元件属性后的原理图

（14）放置网络标签。对于难以用导线连接的元件，应该采用设置网络标签的方法，这样可以使原理图结构清晰，易读易修改。在本例中，单片机与复位电路的连接，以及单片机与外扩数据存储器之间读、写控制线的连接采用了网络标签的方法。

（15）放置忽略 ERC 测试点。对于用不到的、悬空的引脚，可以放置忽略 ERC 测试点，让系统忽略对此处的 ERC，不会产生错误报告。

绘制完成的单片机最小应用系统电路原理图如图 3-37 所示。

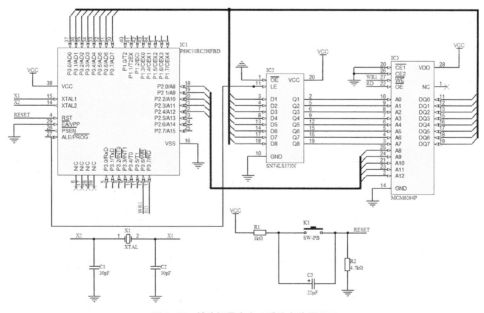

图 3-37 单片机最小应用系统电路原理图

至此，原理图的设计工作暂时告一段落。如果需要进行 PCB 的设计制作，还需要对设计好的电路进行电气规则检查和对原理图进行编译，这将在后面的章节中通过实例进行详细介绍。

3.5 课后习题

1. 元件的连接方式有几种？分别是哪些？
2. 导线与总线在连接时有什么区别？
3. 如何设置网络标签？
4. 如何设置电源网络值？
5. 对比导线、总线和分支线。
6. 对比网络标签、电路端口。
7. 对比接地符号、电源符号。
8. 什么是电路端口？
9. 网络标签与电路端口有什么区别？
10. 如何添加手动连接？
11. 按照电路原理图的绘制步骤，绘制图 3-38 的手指控制电路原理图。

习题 11

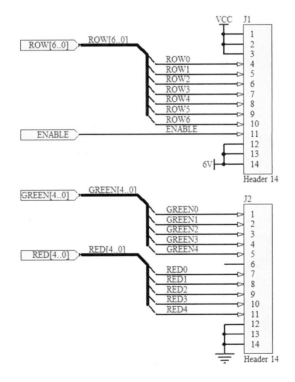

图 3-38 手指控制原理图

第 **4** 章 原理图的后续处理

内容指南

前面介绍了原理图的绘制方法和技巧，本章将介绍原理图中的常用操作和报表输出。

知识重点

📖 原理图中的查找与替换操作

📖 报表输出

4.1 原理图中的常用操作

本节将详细介绍原理图中的常用操作，包括高级粘贴、文本的查找、替换和相似对象的查找。

4.1.1 高级粘贴

在原理图中，某些同类型元件可能有很多个，如电阻、电容等，它们具有大致相同的属性。如果一个个地放置它们、设置它们的属性，不仅工作量大而且繁琐。Protel DXP 2004 提供了高级粘贴功能——阵列粘贴，大大简化了粘贴操作。

阵列粘贴是一种特殊的粘贴方式，能够一次性地按照指定间距将同一个元件或元件组重复地粘贴到原理图图纸上。当原理图中需要放置多个相同对象时，阵列粘贴会产生很大效果。

（1）复制或剪切某个对象，使 Windows 的剪切板中有内容。

（2）选择菜单栏中的"编辑"→"粘贴队列"命令，系统弹出图 4-1 所示的"设定粘贴队列"对话框。

（3）在"设定粘贴队列"对话框中，可以对要粘贴的内容进行适当设置，然后再执行粘贴操作。其中各选项组的功能如下。

图 4-1 "设定粘贴队列"对话框

☑"放置变量"选项组：用于选择要粘贴对象的数量。

☑"间隔"选项组：用于设置每个粘贴对象的间隔，包括水平间隔与垂直间隔。

设置完毕后，单击"确认"按钮，将光标移动到合适位置单击即可。阵列粘贴的效果如图 4-2 所示。

4.1.2　查找文本

查找文本命令用于在电路图中查找指定的文本，通过此命令可以迅速找到包含某一文字标识的图元。下面介绍查找文本命令的使用方法。

（1）选择菜单栏中的"编辑"→"查找文本"命令，或者按<Ctrl>+<F>组合键，系统将弹出图 4-3 所示的"查找文本"对话框。

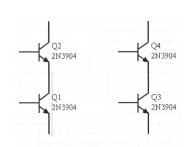

图 4-2　阵列粘贴的效果

图 4-3　"查找文本"对话框

（2）"查找文本"对话框中各选项的功能如下。

☑ "查找文本"文本框：用于输入需要查找的文本。

☑ "范围"选项组：包含"图纸范围"和"选择对象"两个下拉列表框。

➤ "图纸范围"下拉列表框用于设置所要查找的电路图范围，包含 Current Document（当前文档）、Project Document（项目文档）、Open Document（已打开的文档）和 Document On Path（选定路径中的文档）4 个选项。

➤ "选择对象"下拉列表框用于设置需要查找的文本对象的范围，包含 All Objects（所有对象）、Selected Objects（选择的对象）和 Deselected Objects（未选择的对象）3 个选项。

♦ All Objects（所有对象）表示对所有的文本对象进行查找。

♦ Selected Objects（选择的对象）表示对选中的文本对象进行查找。

♦ Deselected Objects（未选择的对象）表示对没有选中的文本对象进行查找。

☑ "选项"选项组：用于匹配查找对象所具有的特殊属性，包含"大小写敏感"和"限制为网络标识符"两个复选框。

➤ 勾选"大小写敏感"复选框表示查找时要注意大小写的区别。

➤ 勾选"限制为网络标识符"复选框表示只查找与整个单词匹配的文本，要查找的网络标识包含的内容有网络标签、电源端口、I/O 端口和方块电路 I/O 端口。

用户按照自己的实际情况设置完对话框的内容后，单击"确认"按钮开始查找。

4.1.3　替换文本

替换文本命令用于将新的文本替换电路图中指定文本，该操作在需要将多处相同文本修改成另一文本时起到显著效果。

选择菜单栏中的"编辑"→"置换文本"命令，或按<Ctrl>+<H>组合键，系统将弹出图 4-4 所示的"查找并置换文本"对话框。

☑ "置换为" 文本框：用于输入替换原文本的新文本。

☑ "置换提示" 复选框：用于设置是否显示确认替换提示对话框。如果勾选该复选框，表示在进行替换之前，显示确认替换提示对话框，反之不显示。

图 4-4 "查找并置换文本" 对话框

4.1.4 查找相似对象

在原理图编辑器中提供了查找相似对象的功能。具体的操作步骤如下。

（1）选择菜单栏中的 "编辑" → "查找相似对象" 命令，光标将变成十字形状出现在工作窗口中。

（2）移动光标到某个对象上，单击鼠标左键，系统将弹出图 4-5 所示的 "查找相似对象" 对话框，在该对话框中列出了该对象的一系列属性。通过对各项属性进行匹配程度的设置，可决定搜索的结果。

☑ "Kind（种类）" 选项组：显示对象类型。

☑ "Design（设计）" 选项组：显示对象所在的文档。

☑ "Graphical（图形）" 选项组：显示对象图形属性。

➢ X1：X1 坐标值。

➢ Y1：Y1 坐标值。

➢ Orientation（方向）：放置方向。

➢ Locked（锁定）：确定是否锁定。

➢ Mirrored（镜像）：确定是否镜像显示。

➢ Show Hidden Pins（显示隐藏引脚）：确定是否显示隐藏引脚。

➢ Show Designator（显示标号）：确定是否显示标号。

➢ Selected（选中对象）：确定是否显示选中对象。

☑ "Object Specific（对象特性）" 选项组：显示对象特性。

➢ Description（描述）：对象的基本描述。

➢ Lock Designator（锁定标号）：确定是否锁定标号。

➢ Lock Part ID（锁定元件 ID）：确定是否锁定元件 ID。

➢ Pins Locked（引脚锁定）：锁定的引脚。

➢ File Name (文件名称)：文件名称。

➢ Configuration (配置)：文件配置。

➢ Library (元件库)：库文件。

➢ Library Reference (符号参考)：符号参考说明。

➢ Component Designator (组成标号)：对象所在的元件标号。

➢ Current Part (当前元件)：对象当前包含的元件。

➢ Part Comment (元件注释)：关于元件的说明。

➢ Current Footprint (当前封装)：当前元件封装。

➢ Component Type (成分类型)：元件成分类型。

☑ "Parameters (因素) 选项组：显示对象因素。

➢ Database Document (数据库表文件)：数据库表文件。

➢ Package Document (数据包文件)：当前对象所在的数据包文件。

➢ Package Reference (数据包参考)：当前对象对应的数据包参考。

➢ Publisher (发行人)：当前对象对应的发行人。

➢ Code_JEDEC (JEDEC 代码)：当前对象的 JEDEC 代码。

图 4-5 "查找相似对象"对话框

（3）在选中元件的每一栏属性后都另有一栏，在该栏上单击将弹出下拉列表框，在下拉列表框中可以选择搜索时对象和被选择的对象在该项属性上的匹配程度，包含以下 3 个选项。

☑ Same (相同)：被查找对象的该项属性必须与当前对象相同。

☑ Different (不同)：被查找对象的该项属性必须与当前对象不同。

☑ Any（忽略）：查找时忽略该项属性。

（4）单击"适用"按钮，在工作窗口中将屏蔽所有不符合搜索条件的对象，并跳转到最近的一个符合要求的对象上。此时可以逐个查看这些相似的对象。

4.1.5 课堂练习——设置 LED 元件属性

课堂练习——设置
LED 元件属性

设置图 4-6 所示的电路图 LED 元件属性。

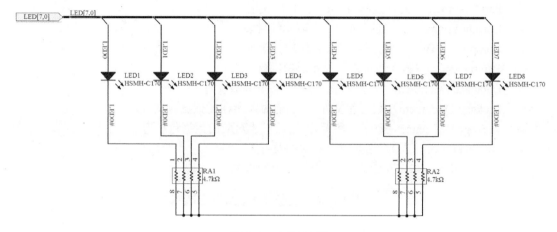

图 4-6　电路原理图

 操作提示

在该电路图中包括 8 个 LED 元件，利用查找 LED 相似对象的命令，搜索的目的是找到所有和 LED 有相同取值和相同封装的元件。

在设置匹配程度时在"Part Comment（元件注释）"和"Current Footprint（当前封装）"属性上设置为"Same（相同）"，其余保持默认设置即可。选择编辑对象属性，相比注意修改元件属性，节省时间与步骤。

4.2　报表输出

原理图设计完成后，经常需要输出一些数据或图纸。本节将介绍 Protel DXP 2004 原理图的报表输出。

Protel DXP 2004 具有丰富的报表功能，可以方便地生成各种不同类型的报表。当电路原理图设计完成并且经过编译检查之后，应该充分利用系统所提供的这种功能来创建各种原理图的报表文件。借助于这些报表，用户能够从不同的角度，更好地掌握整个项目的设计信息，以便为下一步的设计工作做好充足的准备。

4.2.1 网络表选项

在由原理图生成的各种报表中，网络表是最为重要的。所谓网络，指的是彼此连接在一起的一组元件引脚，一个电路实际上就是由若干网络组成的。

选择菜单栏中的"项目管理"→"项目管理选项"命令，弹出项目管理选项对话框。单击"Options（选项）"选项卡，如图 4-7 所示。其中各选项的功能如下。

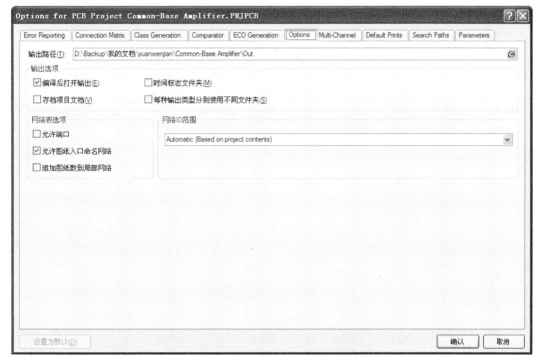

图 4-7　"Options（选项）"选项卡

（1）"输出路径"文本框：用于设置各种报表（包括网络表）的输出路径，系统会根据当前项目所在的文件夹自动创建默认路径。例如，在图 4-7 中，系统创建的默认路径为"D:\Backup\我的文档\yuanwenjian\Common-Base Amplifier\Out"。单击右侧的 ◎（打开）图标，可以对默认路径进行更改。

（2）"输出选项"选项组：用于设置网络表的输出选项，一般保持默认设置即可。

（3）"网络表选项"选项组：用于设置创建网络表的条件。

☑ "允许端口"复选框：用于设置是否允许用系统产生的网络名代替与电路输入/输出端口相关联的网络名。如果所设计的项目只是普通的原理图文件，不包含层次关系，可勾选该复选框。

☑ "允许图纸入口命名网络"复选框：用于设置是否允许用系统生成的网络名代替与图纸入口相关联的网络名，系统默认勾选。

☑ "追加图纸数到局部网络"复选框：用于设置生成网络表时，是否允许系统自动将图纸号添加到各个网络名称中。当一个项目中包含多个原理图文档时，勾选该复选框，便于查找错误。

4.2.2　创建项目网络表

而网络表就是对电路或者电路原理图的一个完整描述，描述的内容包括两个方面：一是电路原理图中所有元件的信息（包括元件标识、元件引脚和 PCB 封装形式等）；二是网络的连接信息（包括网络名称、网络节点等），这些都是进行 PCB 布线、设计 PCB（印制电路板）不可缺少的依据。

（1）具体来说，网络表包括两种，一种是基于单个原理图文件的网络表，另一种是基于整个项目的网络表。

若该项目只有一个原理图文件，则基于原理图文件的网络表".NET"与基于整个项目的网络表".NET"虽然名称不同，但所包含的内容却是完全相同的。

（2）选择菜单栏中的"设计"→"设计项目的网络表"→"Protel（生成项目网络表）"命令。系统自动生成了当前项目的网络表文件".NET"，并存放在当前项目下的"Generated \Netlist Files"文件夹中。双击打开该项目网络表文件".NET"，结果如图4-8所示。

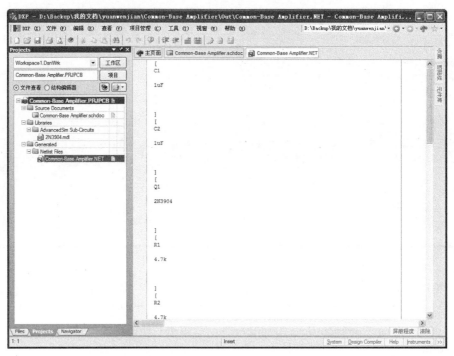

图4-8　打开项目网络表文件

该网络表是一个简单的 ASCII 码文本文件，由多行文本组成。内容分成了两大部分，一部分是元件的信息，另一部分是网络信息。

（3）元件信息由若干小段组成，每一个元件的信息为一小段，用方括号分隔，由元件标识、元件封装形式、元件型号和数值等组成，如图4-9所示。空行则是由系统自动生成的。

（4）网络信息同样由若干小段组成，每一个网络的信息为一小段，用圆括号分隔，由网络名称和网络中所有具有电气连接关系的元件序号及引脚组成，如图4-10所示。

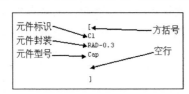

图4-9　一个元件的信息组成

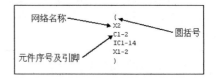

图4-10　一个网络的信息组成

4.2.3　生成元件报表

元件报表主要用来列出当前项目中用到的所有元件标识、封装形式、元件库中的名称等，相当于一份元件清单。依据这份报表，用户可以详细查看项目中元件的各类信息，同时在制作印制电路板时，也可以作为元件采购的参考。

1. 元件报表的选项设置

（1）选择菜单栏中的"报告"→"Bill of Materials（元件清单）"命令，系统弹出相应的元件报表对话框，如图 4-11 所示。在该对话框中，可以对要创建的元件报表的选项进行设置。左侧有两个列表框，它们的功能如下。

☑ "分组的列"列表框：用于设置元件的归类标准。如果将该列表框中的某一属性信息拖到该列表框中，则系统将以该属性信息为标准，对元件进行归类，显示在元件报表中。

☑ "其他列"列表框：用于列出系统提供的所有元件属性信息，如 Description（元件描述信息）、Component Kind（元件种类）等。对于需要查看的有用信息，勾选右侧与之对应的复选框，即可在元件报表中显示出来。

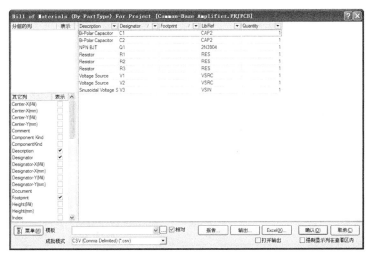

图 4-11　设置元件报表

（2）勾选了"其他列"列表框中的"Description（描述）"复选框，将该选项拖到"分组的列"列表框中。此时，所有描述信息相同的元件被归为一类，显示在右侧的元件列表中，如图 4-12 所示。

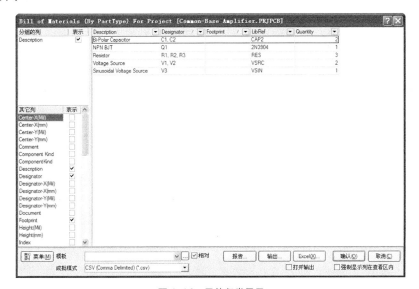

图 4-12　元件归类显示

另外，在右侧元件列表的各栏中，都有一个下拉按钮，单击该按钮，同样可以设置元件列表的显示内容。

（3）单击元件列表中"Description（描述）"栏的下拉按钮▼，系统会弹出图 4-13 所示的下拉列表框。

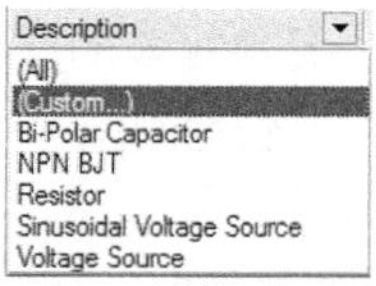

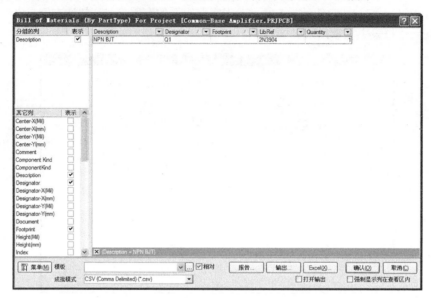

图 4-13　"Description"下拉列表框

（4）在该下拉列表框中，可以选择"All（显示全部元件）"选项，也可以选择"Custom（定制方式显示）"选项，还可以只显示具有某一具体描述信息的元件。选择了单独的某个元件类型选项，则相应的元件列表如图 4-14 所示。

图 4-14　只显示描述信息为"NPN BJT"的元件

在列表框的下方，还有若干选项和按钮，其功能如下。

☑"成批模式"下拉列表框：用于为元件报表设置文件输出格式。单击右侧的下拉按钮▼，可以选择不同的文件输出格式，如 CVS 格式、Excel 格式、PDF 格式、html 格式、文本格式、XML 格式等。

☑"打开输出"复选框：若勾选该复选框，则系统在创建了元件报表以后，会自动以相应的格式打开。

☑"模板"下拉列表框：用于为元件报表设置显示模板。单击右侧的下拉按钮▼，可以使用曾经用过的模板文件，也可以单击┄按钮重新选择。选择时，如果模板文件与元件报表在同一目录下，则可以勾选下面的"相对"复选框，使用相对路径搜索，否则应该使用绝对路径搜索。

☑"菜单"按钮：单击该按钮，弹出图 4-15 所示的"菜单"菜单。由于该菜单中的各项命令比较简单，在此不一一介绍，用户可以自己练习操作。

☑"输出"按钮：单击该按钮，可以将元件报表保存到指定的文件夹中。

设置好元件报表的相应选项后，就可以进行元件报表的创建、显示及输出了。元件报表可以以多种格式输出，但一般选择 Excel 格式。

2. 元件报表的创建

（1）单击"菜单"按钮，在"菜单"菜单中单击"建立报告"命令，系统将弹出"报告预览"对话框，如图 4-16 所示。

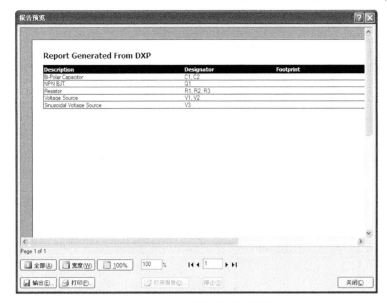

图 4-15 "菜单"菜单

图 4-16 "报告预览"对话框

（2）单击"输出"按钮，可以将该报告进行保存，默认文件名为".xls"，是一个 Excel 文件；单击"打开报告"按钮，可以将该报告打开；单击"打印"按钮，可以将该报告打印输出。

（3）在元件报表对话框中，单击⋯按钮，在"X:\Program Files\Altium 2004\Template"目录下，选择系统自带的元件报表模板文件"BOM Default Template.XLT"，如图 4-17 所示。

（4）单击"打开"按钮后，返回"报告预览"对话框。单击"关闭"按钮，退出该对话框。

图 4-17 选择元件报表模板

4.2.4 简单元件报表

Protel DXP 2004 提供了推荐的元件报表，用户不需要设置即可产生元件报表。选择菜单栏中的"报告"→"Simple BOM（简单元件清单报表）"命令，系统同时产生".BOM"和".CSV"两个文件，并加入到项目中，如图 4-18 所示。

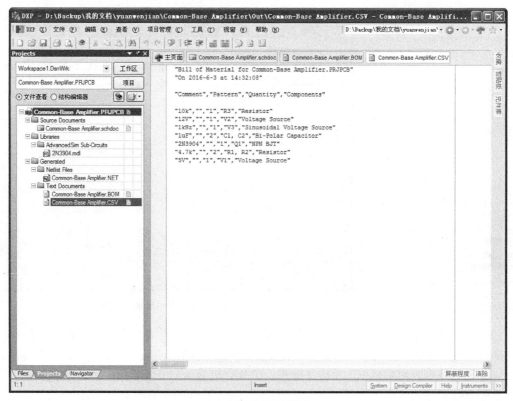

图 4-18　简易元件报表

4.3　课堂案例——A/D 转换电路设计

课堂案例——AD 转
换电路设计

　　本例设计的是一个与 PC 并行口相连接的 A/D 转换电路，如图 4-19 所示。在该电路中采用的 A/D 芯片是 National Semiconductor 制造的 ADC0804LCN，接口器件是 25 针脚的并行口插座。

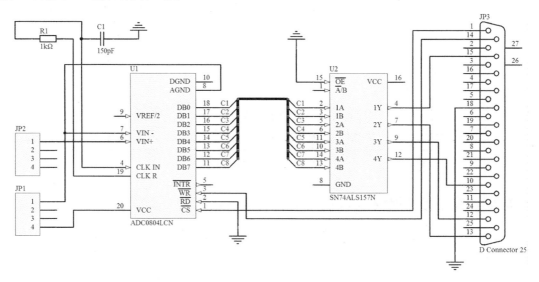

图 4-19　A/D 转换电路

1．建立工作环境

（1）选择菜单栏中的"文件"→"创建"→"项目"→"PCB 项目"命令，创建一个 PCB 项目文件。

（2）选择菜单栏中的"文件"→"另存项目为"命令，将项目另存为"AD 转换电路.PrjPcb"。

（3）在"Projects（项目）"面板的"AD 转换电路.PrjPcb"项目文件上右击，在弹出的右键快捷菜单中单击"追加新文件到项目中"→"Schematic（原理图）"命令，新建一个原理图文件。

（4）选择菜单栏中的"文件"→"另存为"命令，将项目另存为"AD 转换电路.SchDoc"，并自动切换到原理图编辑环境。

2．加载元件库

在"元件库"面板选择"元件库"按钮，弹出"可用元件库"对话框。单击"添加库"按钮，用来加载原理图设计时包含所需的库文件。

本例中需要加载的元件库如图 4-20 所示。

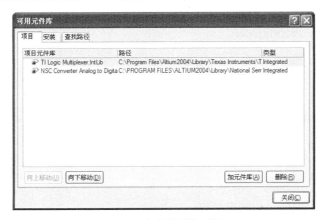

图 4-20　加载需要的元件库

3．放置元件

（1）选择"元件库"面板，在其中浏览刚刚加载的元件库 NSC Converter Analog to Digital.IntLib，找到所需的 A/D 芯片 ADC0804LCN，然后将其放置在图纸上。

（2）选择"库"面板，在其中浏览刚刚加载的元件库 TI Logic Multiplexer.IntLib，找到所需的芯片 SN74ALS157N，然后将其放置在图纸上。

（3）在其他的元件库中找出需要的另外一些元件，然后将它们都放置到原理图中，再对这些元件进行布局，布局的结果如图 4-21 所示。

4．绘制总线

（1）将 ADC0804LCN 芯片上的 DB0～DB7 和 SN74ALS157N 芯片上的 1A～4B 管脚连接起来。选择菜单栏中的"放置"→"总线"命令，或单击"配线"工具栏中的 按钮，这时鼠标变成十字形状。单击鼠标左键确定总线的起点，按住鼠标左键不放，拖动鼠标画出总线，在总线拐角处单击鼠标左键，画好的总线如图 4-22 所示。

提示　　在绘制总线的时候，要使总线离芯片针脚有一段距离，这是因为还要放置总线分支，如果总线放置得过于靠近芯片针脚，则在放置总线分支的时候就会有困难。

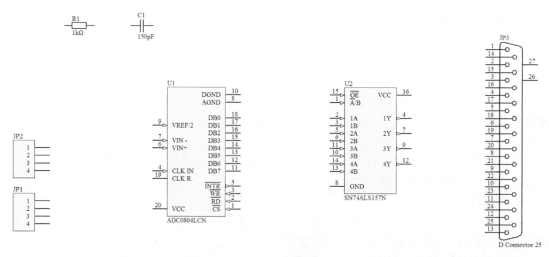

图 4-21　元件放置完成

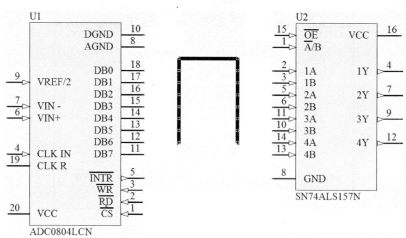

图 4-22　画好的总线

（2）放置总线分支。选择菜单栏中的"放置"→"总线进口"命令，或单击"配线"工具栏中的 按钮，用总线分支将芯片的针脚和总线连接起来，如图 4-23 所示。

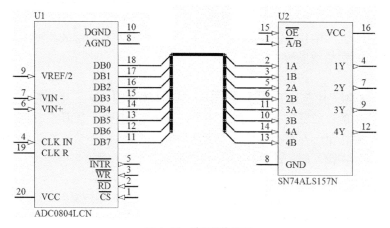

图 4-23　放置总线分支

5．放置网络标签

（1）选择菜单栏中的"放置"→"网络标签"命令，或单击"配线"工具栏中的 Net 按钮，这时鼠标变成十字形状，并带有一个初始标号"Net Label1"。

（2）按<Tab>键打开图 4-24 所示的"网络标签"对话框，然后在该对话框的"网络"文本框中输入网络标签的名称，再单击"确认"按钮退出该对话框。接着移动鼠标光标，将网络标签放置到总线分支上，如图 4-25 所示。

（3）注意要确保电气上相连接的引脚具有相同的网络标签，引脚 DB7 和引脚 4B 相连并拥有相同的网络标签 C8，表示这两个引脚在电气上是相连的。

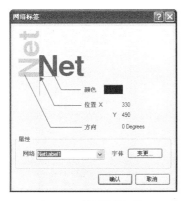

图 4-24　编辑网络标签

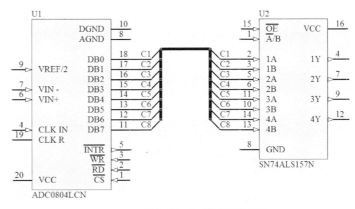

图 4-25　完成放置网络标签

6．绘制其他导线

绘制除了总线之外的其他导线，如图 4-26 所示。

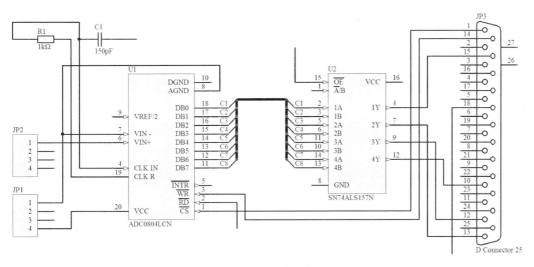

图 4-26　完成布线

7．设置元件序号和参数并添加接地符号

双击元件弹出属性对话框，对各类元件分别进行编号，对需要赋值的元件进行赋值，然后向电路中添加接地符号，如图 4-27 所示。

8．生成网络表

选择菜单栏中的"设计"→"设计项目的网络表"→"Protel（生成项目网络表）"命令。

系统自动生成了当前项目的网络表文件".NET"，并存放在当前项目下的"Generated/Netlist Files"文件夹中，结果如图4-28所示。

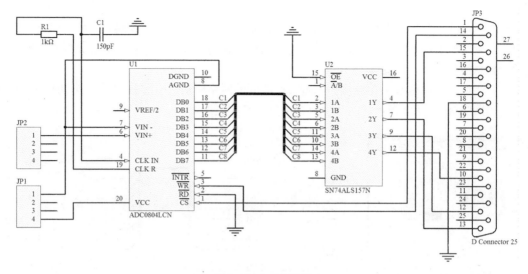

图 4-27　完成的原理图

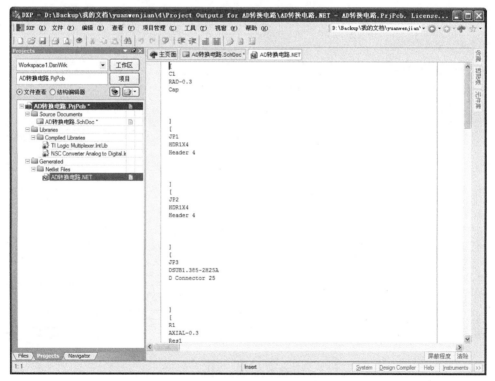

图 4-28　打开项目网络表文件

9. 输出元件清单

选择菜单栏中的"报告"→"Bill of Materials（元件清单）"命令，系统弹出相应的元件报表对话框，如图4-29所示。勾选了"其他列"列表框中的"Description（描述）"和"Designator（标识符）"复选框，将该选项拖到"分组的列"列表框中。

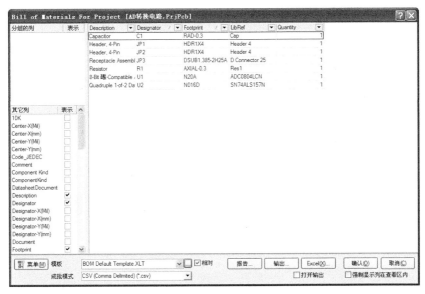

图 4-29 元件归类显示

勾选"打开输出"复选框，在"模板"下拉列表框中选择模板文件"BOM Default Template.xls"，单击"Excel"按钮，将表格格式的元件报表保存到指定的文件夹中，自动弹出表格文件，如图 4-30 所示。

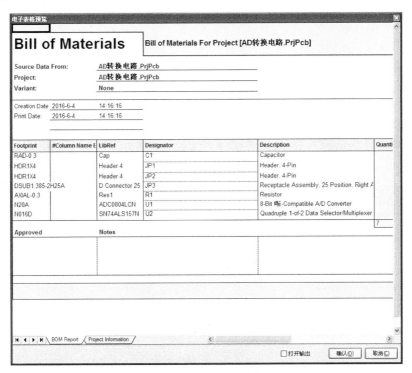

图 4-30 带模板表格文件

10. 输出简单报表

选择菜单栏中的"报告"→"Simple BOM（简单元件清单报表）"命令，系统同时产生".BOM"和".CSV"两个文件，并加入到项目中，如图 4-31 所示。

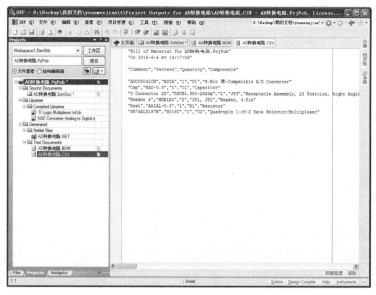

图 4-31　简易元件报表

4.4　课后习题

1．元件如何进行高级粘贴？
2．元件如何进行查找操作？
3．元件的查找与查找相似对象有何优缺点？
4．什么是网络表？
5．网络表的选项如何设置？
6．如何生成网络表文件？
7．项目的网络表与文件的网络表有何异同？
8．生成图 4-32 所示的手指控制电路原理图文件的网络表文件及元件报表。

习题8

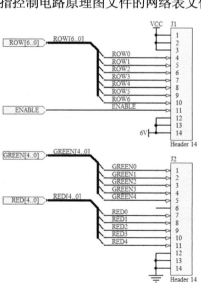

图 4-32　手指控制原理图

第 5 章　高级原理图绘制

内容指南

对于大规模的复杂系统，应该采用电路的模块化设计方法。该设计方法的原理是将整体系统按照功能分解成若干个电路模块，每个电路模块具有特定的独立功能及相对独立性，可以由不同的设计者分别绘制在不同的原理图上。采用电路的模块化设计方法可以使电路结构更清晰，同时也便于设计团队共同参与设计，加快工作进程。

知识重点

📖　多层原理图设计

📖　多层原理图之间的切换

📖　层次设计报表

5.1　多层原理图设计

当一个电路比较复杂时，就应该采用层次电路图来设计，即将整个电路系统按功能划分成若干个功能模块，每一个模块都有相对独立的功能。然后，在不同的原理图纸上分别绘制出各个功能模块。

5.1.1　多层原理图概念

首先，介绍一下多层原理图的由来。在设计原理图的过程中，用户常常会遇到这种情况，即由于设计的电路系统过于复杂而导致无法在一张图纸上完整地绘制整个电路原理图。

对于大规模的复杂系统，采用另外一种设计方法，即电路的层次化设计。将整体系统按照功能分解成若干个电路模块，每个电路模块能够完成一定的独立功能，具有相对的独立性，可以由不同的设计者分别绘制在不同的原理图纸上。

为了解决这个问题，用户需要把一个完整的电路系统按照功能划分为若干个模块，即功能电路模块。如果需要的话，还可以把功能电路模块进一步划分为更小的电路模块。在 Protel DXP 2004 电路设计系统中，原理图编辑器为用户提供了一种强大的多层原理图设计功能。多层原理图是由顶层原理图和子原理图构成的。

5.1.2　顶层原理图设计

顶层原理图由方块电路符号（图纸符号）、方块电路 I/O 端口符号（图纸入口）以及导线构成，其主要功能是用来展示子原理图之间的层次连接关系。其中，每一个方块电路符号代表一张子原理图；方块电路 I/O 端口符号代表子原理图之间的端口连接关系；导线用来将代表子原理图的方块电路符号组成一个完整的电路系统原理图。对于子原理图，它是一个由各种电路元器件符号组成的实实在在的电路原理图，通常对应着设计电路系统中的一个功能电路模块。下面分别详细介绍顶层原理图的组成。

1. 方块电路符号（图纸符号）

选择菜单栏中的"放置"→"图纸符号"命令或单击"配线"工具栏中的▦（放置图纸符号）按钮，执行此命令，光标变成十字形，并带有一个图纸符号。移动光标到指定位置，单击鼠标左键确定图纸符号的一个顶点，然后拖动鼠标，在合适位置再次单击鼠标左键确定图纸符号的另一个顶点，如图 5-1 所示。

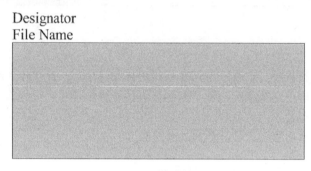

图 5-1　放置方块图

此时系统仍处于绘制图纸符号状态，用同样的方法绘制另一个图纸符号。绘制完成后，单击鼠标右键退出绘制状态。

双击绘制完成的图纸符号，弹出图纸符号属性设置对话框，如图 5-2 所示。

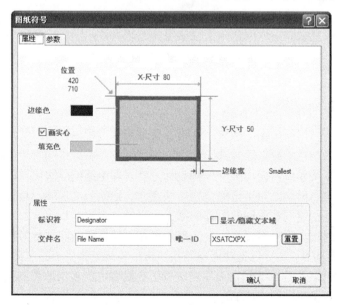

图 5-2　图纸符号属性设置对话框

在该对话框中设置方块图属性。

（1）"属性"选项卡

➤ 位置：用于表示图纸符号左上角顶点的位置坐标，用户可以输入设置。

➤　X-尺寸，Y-尺寸（宽度，高度）：用于设置图纸符号的长度和宽度。

➤　边缘色：用于设置图纸符号边框的颜色。单击后面的颜色块，可以在弹出的对话框中设置颜色。

➤　画实心：若选中该复选框，则图纸符号内部被填充。否则，图纸符号是透明的。

➤　填充色：用于设置图纸符号内部的填充颜色。

➤　边缘宽：用于设置图纸符号边框的宽度，有 Smallest、Small、Medium 和 Large 4 个选项供选择。

➤　标识符：用于设置图纸符号的名称。默认显示名称为"Designator"。

➤　文件名：用于设置该图纸符号所代表的下层原理图的文件名。

➤　显示/隐藏文本域：该复选框用于选择是否显示隐藏的文本区域。选中，则显示。

➤　唯一 ID：由系统自动产生的唯一的 ID 号，用户不需去设置。

（2）"参数"选项卡

单击"参数"选项卡，弹出"参数"选项卡，如图 5-3 所示。

图 5-3　"参数"选项卡图

在该选项卡中，我们可以为图纸符号的图纸符号添加、删除和编辑标注文字。

单击 追加(A)... 按钮，系统弹出图 5-4 所示的"参数属性"对话框。

图 5-4　"参数属性"对话框

在该对话框中可以设置标注文字的"名称""内容""位置坐标""颜色""字体""方向"以及"类型"等等。

2. 电路入口

选择菜单栏中的"放置"→"加图纸入口"命令或单击"配线"工具栏中的 ▣（放置图纸入口）按钮，执行此命令，光标变成十字形，在方块图的内部单击鼠标左键后，光标上出现一个图纸入口符号。移动光标到指定位置，单击鼠标左键放置一个入口，此时系统仍处于放置图纸入口状态，单击鼠标左键继续放置需要的入口。全部放置完成后，单击鼠标右键退出放置状态。

双击放置的入口，系统弹出图纸入口属性设置对话框，如图 5-5 所示。

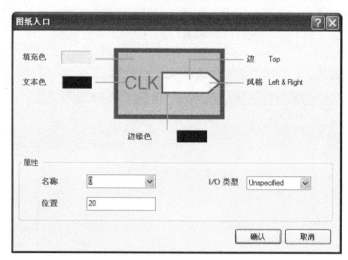

图 5-5 图纸入口属性设置对话框

在该对话框中可以设置图纸入口的属性。

➢ 填充色：用于设置图纸入口内部的填充颜色。单击后面的颜色块，可以在弹出的对话框中设置颜色。

➢ 文本色：用于设置图纸入口名称文字的颜色，同样，单击后面的颜色块，可以在弹出的对话框中设置颜色。

图 5-6 下拉菜单

➢ 边：用于设置图纸入口在方块图中的放置位置。单击后面的下三角按钮，有 4 个选项供选择：Left、Right、Top 和 Bottom。

➢ 风格：用于设置图纸入口的箭头方向。单击后面的下三角按钮，有 8 个选项供选择，如图 5-6 所示。

➢ 边缘色：用于设置图纸入口边框的颜色。

➢ 名称：用于设置图纸入口的名称。

➢ 位置：用于设置图纸入口距离方块图上边框的距离。

➢ I/O 类型：用于设图纸入口的输入输出类型。单击后面的下三角按钮，有 4 个选项供选择：Unspecified、Input、Output 和 Bidirectional。

5.1.3 课堂练习——机顶盒顶层电路设计

绘制图 5-7 所示的机顶盒电路顶层原理图。

课堂练习——机顶盒顶层电路设计

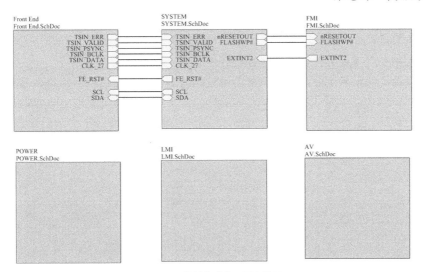

图 5-7　绘制完成的顶层电路图

操作提示

（1）建立一个新项目文件，在新项目文件中新建一个原理图文件，保存原理图文件"Top.SchDoc"。

（2）放置方块电路图的图纸符号，设置方块电路的属性。

（3）放置方块电路图的图纸入口，输入端口名称，根据电路需要修改 I/O 类型。

（4）使用导线将各个方块图的图纸入口连接起来。

5.1.4　子原理图设计

Protel DXP 2004 系统提供的多层原理图的设计功能非常强大，能够实现多层的层次电路原理图的设计。用户可以把一个完整的电路系统按照功能划分为若干个模块，而每一个功能电路模块又可以进一步划分为更小的电路模块，这样依次细分下去，就可以把整个电路系统划分成多层。

图 5-8 所示为一个二级多层原理图的基本结构图。

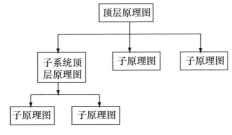

图 5-8　二级多层原理图的基本结构图

我们把每一个功能电路模块的相应原理图绘制出来，相应原理图被称为"子原理图"。然后用户可以在这些子原理图之间建立连接关系，从而完成整个电路系统的设计。

5.1.5　课堂练习——机顶盒子电路绘制

绘制图 5-9～图 5-14 所示的机顶盒子原理图。

课堂练习——机顶盒子电路绘制

操作提示

（1）建立一个新项目文件，在新项目文件中新建一个原理图文件。

（2）加载源文件中的元件库，按照前面讲过的绘制一般原理图的方法绘制原理图。

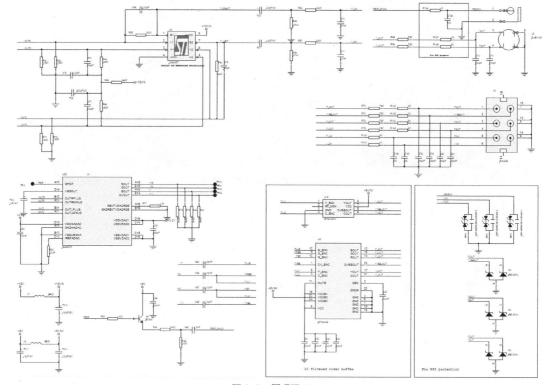

图 5-9　原理图 AV

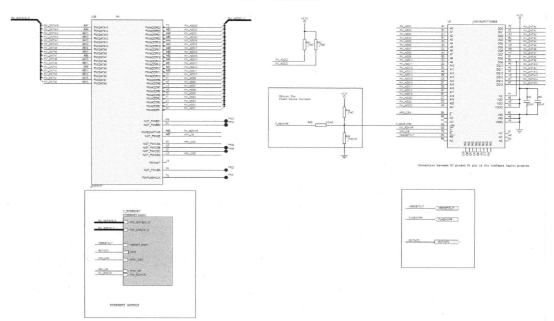

图 5-10　原理图 FMI

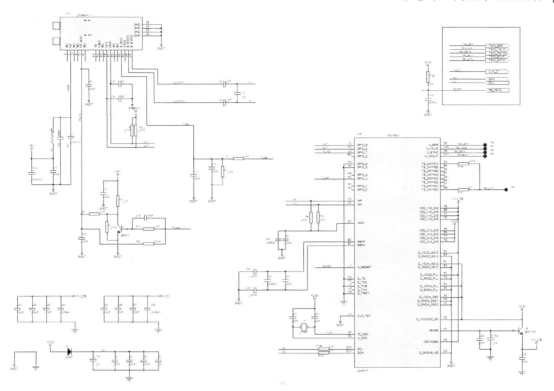

图 5-11　原理图 Front End

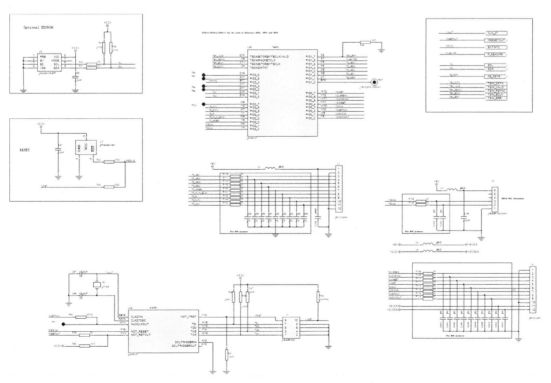

图 5-12　原理图 SYSTEM

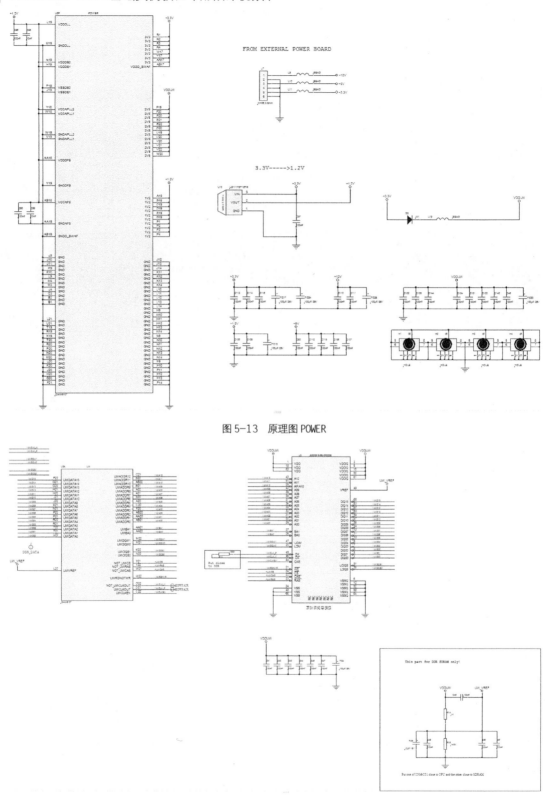

图 5-13　原理图 POWER

图 5-14　原理图 LMI

5.2 多层原理图的设计方法

多层原理图的设计实际上就是对顶层原理图和若干个子原理图分别进行设计,有两种方法:一种是自上而下的多层原理图设计;另一种是自下而上的多层原理图设计。

5.2.1 自上而下

自上而下的层次电路原理图设计就是先绘制出顶层原理图,然后将顶层原理图中的各个方块图对应的子原理图分别绘制出来。采用这种方法设计时,首先要根据电路的功能把整个电路划分为若干个功能模块,然后把它们正确地连接起来。

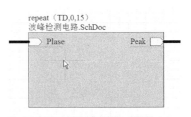

图 5-15 选择电路符号

打开顶层原理图,选择菜单栏中的"设计"→"根据符号创建图纸"命令,执行此命令,光标变成十字形。移动光标到方块电路内部空白处,如图 5-15 所示;单击鼠标左键,系统会自动生成一个与该方块图同名的子原理图文件,如图 5-16 所示。

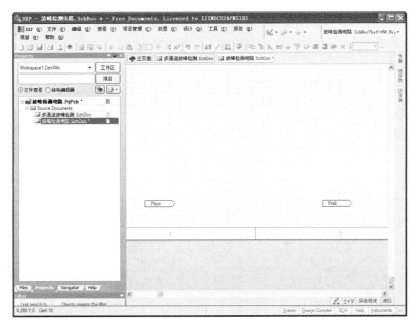

图 5-16 生成子原理图

下面按照一般的电路绘制方法绘制该电路即可。

5.2.2 自下而上

在设计多层原理图的时候,经常会碰到这样的情况,对于不同功能模块的不同组合,会形成功能不同的电路系统,此时我们就可以采用另一种多层原理图的设计方法,即自下而上的多层原理图设计。用户首先根据功能电路模块绘制出子原理图,然后由子图生成方块电路,组合产生一个符合自己设计需要的完整电路系统。

打开子原理图,选择菜单栏中的"设计"→"根据图纸建立图纸符号"命令,执行此命令,系统弹出选择文件放置对话框,如图 5-17 所示。

在该对话框中选择子原理图文件后，单击"确认"按钮，光标上出现一个同名方块电路虚影，如图 5-18 所示，将其放置在电路图中，组成顶层电路。

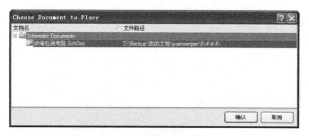

图 5-17　选择文件放置对话框图

图 5-18　光标上出现的方块电路

5.2.3　课堂练习——设计层次电路

将图 5-19 所示的原理图绘制成一个层次原理图。

操作提示

先绘制上层电路图。分为单片机、逻辑电路和外围电路接口 3 个部分，要注意每个部分都有若干 I/O 接口，然后绘制下层电路图。

课堂练习——设计层次电路

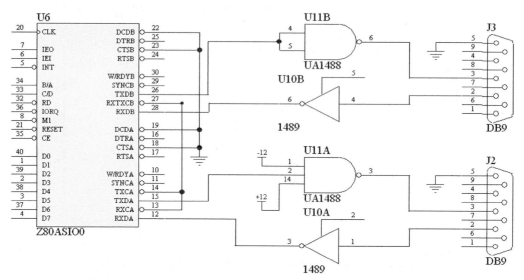

图 5-19　层次原理图

5.3　多层原理图之间的切换

绘制完成的层次电路原理图中一般都包含有顶层原理图和多张子原理图。用户在编辑时，常常需要在这些图中来回切换查看，以便了解完整的电路结构。

5.3.1　用 Projects（项目）工作面板切换

打开"Projects（项目）"面板，如图 5-20 所示。单击面板中相应的原理图文件名，在原理图编辑区内就会显示对应的原理图。

5.3.2 用命令方式切换

（1）选择菜单栏中的"工具"→"改变设计层次"或单击"原理图标准"工具栏中的 （改变设计层次）按钮，执行此命令，光标变成十字形，移动光标至顶层原理图中的欲切换的子原理图对应的方块电路上，用鼠标左键单击其中一个图纸入口，如图 5-21 所示。

图 5-20 "Projects（项目）"面板

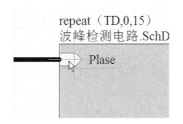

图 5-21 单击图纸入口

（2）在图纸空白处单击鼠标左键后，系统自动打开子原理图，并将其切换到原理图编辑区内。此时，子原理图中与前面单击的图纸入口同名的端口处于高亮状态，如图 5-22 所示。

（3）移动光标到子原理图的一个输入端口上，如图 5-23 所示。

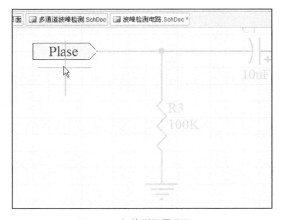

图 5-22 切换到子原理图

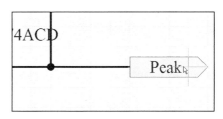

图 5-23 选择子原理图的一个输入/输出端口

（4）用鼠标左键单击该端口，系统将自动打开并切换到顶层原理图，此时，顶层原理图中与前面单击的输入输出端口同名的端口处于高亮状态，如图 5-24 所示。

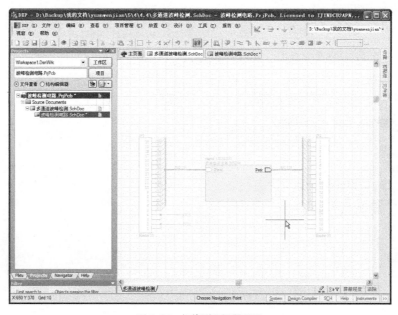

图 5-24　切换到顶层原理图

5.4　层次设计报表

对于一个复杂的电路系统，可能是包含多个层次的层次电路图，此时，多层原理图的关系就比较复杂了，用户将不容易看懂这些电路图。

为了更深刻地理解层次电路，Protel DXP 2004 提供了一种层次设计报表，通过报表，用户可以清楚地了解原理图的层次结构关系。

选择菜单栏中的"报告"→"Report Project Hierarchy"（工程层次报告）命令，执行此命令，系统将生成后缀名为".REP"的层次设计报表，如图 5-25 所示。

图 5-25　层次设计报表

★ 知识链接——层次报表命令

在生成的报表中，采用了缩进格式列出了各个原理图之间的层次关系。

5.5 课堂案例——声控变频器电路层次原理图

课堂案例——声控变
频器电路层次原理图

在层次化原理图中，表达子图之间的原理图被称为母图，首先按照不同
的功能将原理图划分成一些子模块在母图中，采取一些特殊的符号和概念来
表示各张原理图之间的关系。本例主要讲述自上而下的层次原理图设计，完成层次原理图设计
方法中母图和子图设计。

1. 建立工作环境

（1）在 Protel DXP 2004 主界面中，选择菜单栏中的"文件"→"创建"→"项目"→"PCB 项
目"命令，创建项目文件。选择"文件"→"创建"→"原理图"菜单命令，新建一个原理图文件。

（2）单击鼠标右键选择"另存项目为"菜单命令，将新建的项目文件保存为"声控变频
器.PRJPCB"。然后用鼠标右键选择"另存为"菜单命令，将新建的原理图文件保存为"声控变
频器.SCHDOC"。如图 5-26 所示。

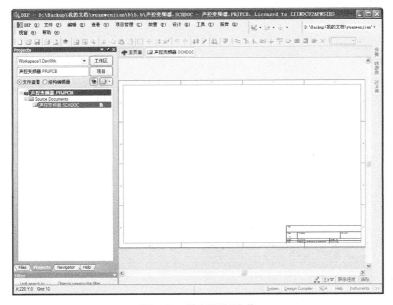

图 5-26　新建原理图文件

2. 放置方块图

在本例层次原理图的母图中，有两个方块图，分别代表两个下层子图。因此在进行母图设
计时首先应该在原理图图纸上放置两个方块图。

（1）选择菜单栏中的"放置"→"图纸符号"命令，或者单击工具栏中的"图纸符号"按
钮，鼠标将变为十字形状，并带有一个图纸符号标志。在图纸上单击鼠标左键确定图纸符号
的左上角顶点，然后拖动鼠标绘制出一个适当大小的方块，再次单击鼠标左键确定图纸符号的
右下角顶点，这样就确定了一个图纸符号。

（2）放置完一个图纸符号后，系统仍然处于放置图纸符号的命令状态，同样的方法在原理
图中放置另外一个图纸符号。单击鼠标右键退出绘制图纸符号的命令状态。

（3）双击绘制好的图纸符号，打开"图纸符号"对话框，在该对话框中可以设置图纸符号

的参数，如图 5-27 所示。

（4）单击"参数"标签切换到"参数"选项卡，在该选项卡中单击"追加"按钮可以为图纸符号添加一些参数。例如可以添加一个对该图纸符号的描述，如图 5-28 所示。

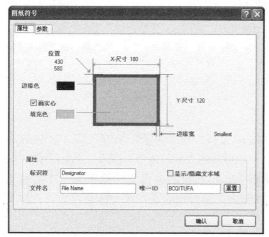

图 5-27　设置图纸符号属性

图 5-28　为图纸符号添加描述性文字

3. 放置图纸入口

（1）选择菜单栏中的"放置"→"加图纸入口"命令，或者单击工具栏中的"加图纸入口"按钮，鼠标将变为十字形状。移动鼠标到方块电路图内部，选择要放置的位置，单击鼠标左键，会出现一个电路端口随鼠标移动而移动，但只能在方块电路图内部的边框上移动，在适当的位置再一次单击鼠标左键即可完成电路端口的放置。

（2）双击一个放置好的图纸入口，打开"方块入口"对话框，在该对话框中对图纸入口属性进行设置。

（3）完成属性修改的图纸入口如图 5-29（a）所示。

提示

在设置电路端口的 I/O 类型时，注意一定要使其符合电路的实际情况，例如本例中电源方块图中的 VCC 端口是向外供电的，所以它的 I/O 类型一定是 Output。另外，要使电路端口的箭头方向和它的 I/O 类型相匹配。

---

4. 连线

将具有电气连接的方块图的各个图纸入口用导线或者总线连接起来。完成连接后，整个层次原理图的母图便设计完成了，如图 5-29（b）所示。

5. 设计子原理图

选择菜单栏中的"设计"→"根据符号创建图纸"命令，这时鼠标将变为十字形。移动鼠标到方块电路图"Power"上，单击鼠标左键，系统自动生成一个新的原理图文件，名称为"Power Sheet.SchDoc"，与相应的方块电路图所代表的子原理图文件名一致。

6. 加载元件库

选择菜单栏中的"设计"→"追加/删除库"命令，打开"可用元件库"对话框，然后在其中加载需要的元件库。本例中需要加载的元件库如图 5-30 所示。

7. 放置元件

（1）选择"元件库"面板，在其中浏览刚刚加载的元件库"ST Power Mgt Voltage Regulator. IntLib"，找到所需的 L7809CP 芯片，然后将其放置在图纸上。

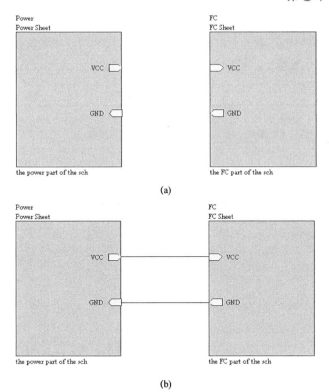

图 5-29　设置图纸入口属性

图 5-30　加载需要的元件库

（2）在其他的元件库中找出需要的另外一些元件，然后将它们都放置到原理图中，再对这些元件进行布局，布局的结果如图 5-31 所示。

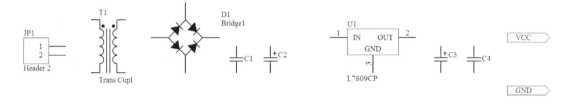

图 5-31　元件放置完成

8. 元件布线

（1）将输出的电源端接到输入输出端口 VCC 上，将接地端连接到输出端口 GND 上，至此，Power Sheet 子图便设计完成了，如图 5-32 所示。

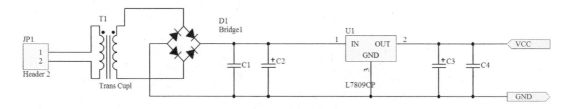

图 5-32　Power Sheet 子图设计完成

（2）按照上面的步骤完成另一个原理图子图的绘制。设计完成的 FC Sheet 子图如图 5-33 所示。

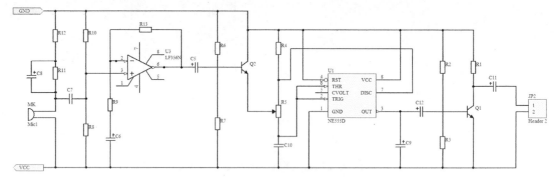

图 5-33　FC Sheet 子图设计完成

两个子图都设计完成后，整个层次原理图的设计便结束了。在本例中，讲述了层次原理图自上而下的设计方法。层次原理图的分层可以有若干层，这样可以使复杂的原理图更有条理，更加方便阅读。

5.6　课后习题

1. 什么是多层电路，为什么采用多层电路设计？
2. 如何设置多层电路？
3. 多层电路的特点是什么？
4. 多层电路与一般电路设计有何联系？
5. 什么是方块电路图符号？
6. 方块电路图符号与原理图有什么联系？
7. 什么是图纸入口？
8. 方块电路与图纸入口有什么联系？
9. 将复杂原理图层次化有什么好处？
10. 自上而下与自下而上的设计方法其关键性步骤分别是什么？
11. 将图 5-34 所示的原理图绘制成一个层次图。

习题 11

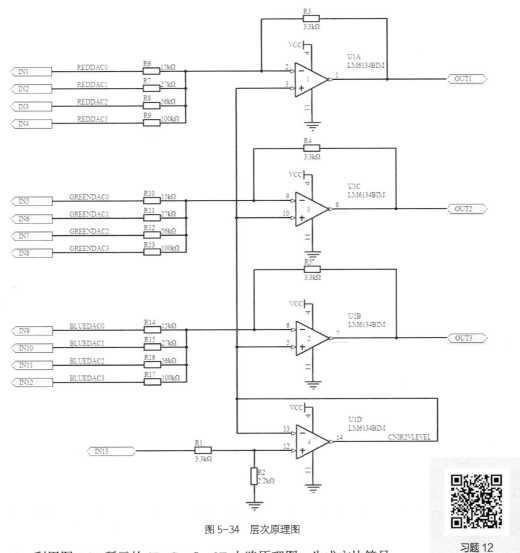

图 5-34 层次原理图

12. 利用图 5-35 所示的 SL_Config_2E 电路原理图，生成方块符号。

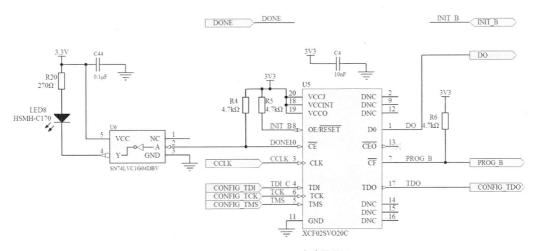

图 5-35 SL_Config_2E 电路原理图

第 6 章 原理图编辑中的高级操作

内容指南

Protel DXP 2004 为原理图编辑提供了一些高级操作，如果用户掌握了这些高级操作，将会大大提高电路设计的工作效率。本章同时还介绍了原理图的不同分析方法，包括仿真分析、信号完整性分析，增强了原理图的实用性。

知识重点

 📖 原理图的电气检测及编译

 📖 电路仿真分析

 📖 信号完整性分析

6.1 元件编号管理

对于元件较多的原理图，当设计完成后，往往会发现元件的编号变得很混乱或者有些元件还没有编号。用户可以逐个地手动更改这些编号，但是这样比较烦琐，而且容易出现错误。Protel DXP 2004 提供了元件编号管理的功能。

选择菜单栏中的"工具"→"注释"命令，系统将弹出图 6-1 所示的"注释"对话框。在该对话框中，可以对元件进行重新编号。

图 6-1 "注释"对话框

1. 参数选项

"注释"对话框分为两部分：左侧是"原理图注释设置"，右侧是"建议变化表"。

（1）在左侧的"原理图纸注释"栏中列出了当前工程中的所有原理图文件。通过文件名前面的复选框，可以选择对哪些原理图进行重新编号。

在对话框左上角的"处理顺序"下拉列表框中列出了 4 种编号顺序，即 Up Then Across（先向上后左右）、Down Then Across（先向下后左右）、Across Then Up（先左右后向上）和 Across Then Down（先左右后向下）。

在"匹配的选项"选项组中列出了元件的参数名称。通过勾选参数名前面的复选框，用户可以选择是否根据这些参数进行编号。

（2）在右侧的"当前值"栏中列出了当前的元件编号，在"建议值"栏中列出了新的编号。

2. 重新编号

对原理图中的元件进行重新编号的操作步骤如下。

（1）选择要进行编号的原理图。

（2）选择编号的顺序和参照的参数，在"注释"对话框中，单击"Reset All（全部重新编号）"按钮，对编号进行重置。系统将弹出"DXP Information（信息）"对话框，如图 6-2 所示，提示用户编号发生了哪些变化。单击"OK（确定）"按钮，重置后，所有的元件编号将被消除，如图 6-3 所示。

图 6-2　"Information" 对话框

图 6-3　重新编号

（3）单击"更新变化表"按钮，重新编号，系统将弹出图 6-4 所示的"DXP Information"（信息）对话框，提示用户相对前一次状态和相对初始状态发生的改变。

（4）在"建议变化表"中可以查看重新编号后的变化。如果对这种编号满意，则单击"接受变化（建立 ECO）（接受更改）"按钮，在弹出的"工程变化订单（ECO）"对话框中更新修改，如图 6-5 所示。

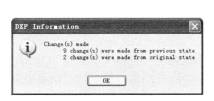

图 6-4　显示变化信息

图 6-5　"工程变化订单"对话框

☑ 单击"使变化生效"按钮，可以验证修改的可行性，如图 6-6 所示。

☑ 单击"执行变化"按钮，可以完成更改，如图 6-7 所示。

☑ 单击"变化报告"按钮，系统将弹出图 6-8 所示的"报告预览"对话框，在其中可以将修改后的报表输出。

图 6-6　验证修改的可行性

图 6-7　完成更改

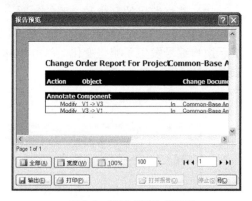

图 6-8　"报告预览"对话框

6.2　原理图的电气检测及编译

Protel DXP 2004 和其他的 Protel 家族软件一样提供了电气检查规则，可以对原理图的电气连接特性进行自动检查，检查后的错误信息将在"Messages（信息）"面板中列出，同时也在原理图中标注出来。用户可以对检查规则进行设置，然后根据面板中所列出的错误信息来对原理图进行修改。有一点需要注意，原理图的自动检测机制只是按照用户所绘制原理图中的连接进行检测，系统并不知道原理图的最终效果，所以如果检测后的"Messages（信息）"面板中并无错误信息出现，这并不表示该原理图的设计完全正确。用户还需将网络表中的内容与所要求的设计反复对照和修改，直到完全正确为止。

6.2.1　原理图的自动检测设置

选择菜单栏中的"项目管理"→"项目管理选项"命令，系统将弹出图 6-9 所示的"Options for PCB Project…（PCB 项目的选项）"对话框，所有与项目有关的选项都可以在该对话框中进行设置。

在"Options for PCB Project…（PCB 项目的选项）"对话框中包括以下 10 个选项卡。

☑ "Error Reporting（错误报告）"选项卡：用于设置原理图的电气检测规则。当进行文件的编译时，系统将根据该选项卡中的设置进行电气规则的检测。

☑ "Connection Matrix（电路连接检测矩阵）"选项卡：用于设置电路连接方面的检测规则。当对文件进行编译时，通过该选项卡的设置可以对原理图中的电路连接进行检测。

☑ "Class Generation（自动生成分类）"选项卡：用于设置自动生成分类。

☑ "Comparator（比较器）"选项卡：当两个文档进行比较时，系统将根据此选项卡中的设置进行检查。

☑ "ECO Generation（工程变更顺序）"选项卡：依据比较器发现的不同，对该选项卡进行设置来决定是否导入改变后的信息，大多用于原理图与 PCB 间的同步更新。

☑ "Options"（项目选项）选项卡：在该选项卡中可以对文件输出、网络表和网络标签等相关选项进行设置。

☑ "Multi-Channel（多通道）"选项卡：用于设置多通道设计。

☑ "Default Prints（默认打印输出）"选项卡：用于设置默认的打印输出对象（如网络表、仿真文件、原理图文件以及各种报表文件等）。

☑ "Search Paths（搜索路径）"选项卡：用于设置搜索路径。

☑ "Parameters（参数设置）"选项卡：用于设置项目文件参数。

在该对话框的各选项卡中，与原理图检测有关的主要有"Error Reporting（错误报告）"选项卡、"Connection Matrix（电路连接检测矩阵）"选项卡和"Comparator（比较器）"选项卡。当对工程进行编译操作时，系统会根据该对话框中的设置进行原理图的检测，系统检测出的错误信息将在"Messages（信息）"面板中列出。

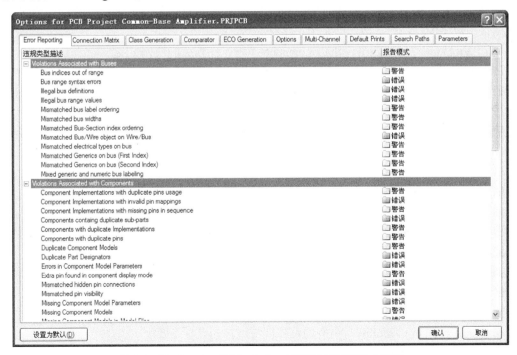

图 6-9　"Options for PCB Project…（PCB 项目的选项）"对话框

1. "Error Reporting（错误报告）"选项卡的设置

在该选项卡中可以对各种电气连接错误的等级进行设置。其中的电气错误类型检查主要分为以下 6 类。其中各栏下又包括不同选项，各选项含义简要介绍如下。

（1）"Violations Associated with Buses（与总线相关的违例）"栏

☑ Bus indices out of range：总线编号索引超出定义范围。总线和总线分支线共同完成电气连接。如果定义总线的网络标签为 D [0…7]，则当存在 D8 及 D8 以上的总线分支线时将违反该规则。

☑ Bus range syntax errors：用户可以通过放置网络标签的方式对总线进行命名。当总线命名存在语法错误时将违反该规则。例如，定义总线的网络标签为 D[0…]时将违反该规则。

☑ Illegal bus definition：连接到总线的元件类型不正确。

☑ Illegal bus range values：与总线相关的网络标签索引出现负值。

☑ Mismatched bus label ordering：同一总线的分支线属于不同网络时，这些网络对总线分支线的编号顺序不正确，即没有按同一方向递增或递减。

☑ Mismatched bus widths：总线编号范围不匹配。

☑ Mismatched Bus-Section index ordering：总线分组索引的排序方式错误，即没有按同一方向递增或递减。

☑ Mismatched Bus/Wire object in Wire/Bus：总线上放置了与总线不匹配的对象。

☑ Mismatched electrical types on bus：总线上电气类型错误。总线上不能定义电气类型，否则将违反该规则。

☑ Mismatched Generics on bus(First Index)：总线范围值的首位错误。总线首位应与总线分支线的首位对应，否则将违反该规则。

☑ Mismatched Generics on bus(Second Index)：总线范围值的末位错误。

☑ Mixed generic and numeric bus labeling：与同一总线相连的不同网络标识符类型错误，有的网络采用数字编号，而其他网络采用了字符编号。

（2）"Violations Associated with Components（与元件相关的违例）"栏

☑ Component Implementations with duplicate pins usage：原理图中元件的引脚被重复使用。

☑ Component Implementations with invalid pin mappings：元件引脚与对应封装的引脚标识符不一致。元件引脚应与引脚的封装一一对应，不匹配时将违反该规则。

☑ Component Implementations with missing pins in sequence：按序列放置的多个元件引脚中丢失了某些引脚。

☑ Components containing duplicate sub-parts：元件中包含了重复的子元件。

☑ Components with duplicate Implementations：重复实现同一个元件。

☑ Components with duplicate pins：元件中出现了重复引脚。

☑ Duplicate Component Models：重复定义元件模型。

☑ Duplicate Part Designators：元件中存在重复的组件标号。

☑ Errors in Component Model Parameters：元件模型参数错误。

☑ Extra pin found in component display mode：元件显示模式中出现多余的引脚。

☑ Mismatched hidden pin connections：隐藏引脚的电气连接存在错误。

☑ Mismatched pin visibility：引脚的可视性与用户的设置不匹配。

☑ Missing Component Model Parameters：元件模型参数丢失。

☑ Missing Component Models：元件模型丢失。

☑ Missing Component Models in Model Files：元件模型在所属库文件中找不到。

☑ Missing Pin found in component display mode：在元件的显示模式中缺少某一引脚。

☑ Models Found in Different Model Locations：元件模型在另一路径（非指定路径）中找到。

☑ Sheet Symbol with duplicate entries：原理图符号中出现了重复的端口。为避免违反该规则，建议用户在进行层次原理图的设计时，在单张原理图上采用网络标签的形式建立电气连接，而不同的原理图间采用端口建立电气连接。

☑ Un-Designated parts requiring annotation：未被标号的元件需要分开标号。

☑ Unused sub-part in component：集成元件的某一部分在原理图中未被使用。通常对未被使用的部分采用引脚空的方法，即不进行任何的电气连接。

（3）"Violations Associated with Documents（与文档关联的违例）"栏

☑ Conflicting Constraints：规则冲突。

☑ Duplicate Sheet Numbers：电路原理图编号重复。

☑ Duplicate Sheet Symbol Names：原理图符号命名重复。

☑ Missing Child Sheet for Sheet Symbol：项目中缺少与原理图符号相对应的子原理图文件。

☑ Missing Configuration Target：配置目标丢失。

☑ Missing sub-Project Sheet for Component：元件的子项目原理图丢失。有些元件可以定义子项目，当定义的子项目在固定的路径中找不到时将违反该规则。

☑ Multiple Configuration Targets：多重配置目标。

☑ Multiple Top-Level Documents：定义了多个顶层文档。

☑ Port not Linked to Parent Sheet Symbol：子原理图电路与主原理图电路中端口之间的电气连接错误。

☑ Sheet Entry not Linked Child Sheet：电路端口与子原理图间存在电气连接错误。

☑ Unique Identifiers Errors：单一的标志符存在错误。

（4）"Violations Associated with Nets（与网络关联的违例）"栏

☑ Adding Hidden Net to Sheet：原理图中出现隐藏的网络。

☑ Adding Items from Hidden Net to Net：从隐藏网络添加子项到已有网络中。

☑ Auto-Assigned Ports To Device Pins：自动分配端口到器件引脚。

☑ Duplicate Nets：原理图中出现了重复的网络。

☑ Floating Net Labels：原理图中出现不固定的网络标签。

☑ Floating Power Objects：原理图中出现了不固定的电源符号。

☑ Global Power-Object Scope Changes：与端口元件相连的全局电源对象已不能连接到全局电源网络，只能更改为局部电源网络。

☑ Net Parameters with No Name：存在未命名的网络参数。

☑ Net Parameters with No Value：网络参数没有赋值。

☑ Nets Containing Floating Input Pins：网络中包含悬空的输入引脚。

☑ Nets Containing Multiple Similar Objects：网络中包含多个相似对象。

☑ Nets with Multiple Names：网络中存在多重命名。

☑ Nets with No Driving Source：网络中没有驱动源。

☑ Nets with Only One Pin：存在只包含单个引脚的网络。

☑ Nets with Possible Connection Problems：网络中可能存在连接问题。

☑ Sheets Containing Duplicate Ports：原理图中包含重复端口。

☑ Signals with Multiple Drivers：信号存在多个驱动源。

☑ Signals with No Driver：原理图中信号没有驱动。

☑ Signals with No Load：原理图中存在无负载的信号。

☑ Unconnected Objects in Net：网络中存在未连接的对象。

☑ Unconnected Wires：原理图中存在未连接的导线。

（5）"Violations Associated with Others（其他相关违例）"栏

☑ NoError：没有相关的违例错误。

☑ Object Not Completely within Sheet Boundaries：对象超出了原理图的边界，可以通过改变图纸尺寸来解决。

☑ Off-Grid Object：对象偏离格点位置将违反该规则。使元件处在格点的位置有利于元件电气连接特性的完成。

（6）"Violations Associated with Parameters（与参数相关的违例）"栏

☑ Same Parameter Containing Different Types：参数相同而类型不同。

☑ Same Parameter Containing Different Values：参数相同而值不同。

"Error Reporting"（报告错误）选项卡的设置一般采用系统的默认设置，但针对一些特殊的设计，用户则需对以上各项的含义有一个清楚的了解。如果想改变系统的设置，则应单击每栏右侧的"报告模式"选项进行设置，包括"无报告""警告""错误"和"致命错误"4种选择。系统出现错误时是不能导入网络表的，用户可以在这里设置忽略一些设计规则的检测。

2. "Connection Matrix（电路连接检测矩阵）"选项卡

在该选项卡中，用户可以定义一切与违反电气连接特性有关报告的错误等级，特别是元件引脚、端口和原理图符号上端口的连接特性。当对原理图进行编译时，错误的信息将在原理图中显示出来。

要想改变错误等级的设置，单击选项卡中的颜色块即可，每单击一次改变一次，与"Error Reporting（报告错误）"选项卡一样，"Connection Matrix（电路连接检测矩阵）"选项卡也包括4种错误等级，即No Report（不显示错误）、Warning（警告）、Error（错误）和Fatal Error（严重的错误）。

在该选项卡的任何空白区域中单击鼠标右键，将弹出一个快捷菜单，在此快捷菜单中可以设置各种特殊形式，如图6-10所示。

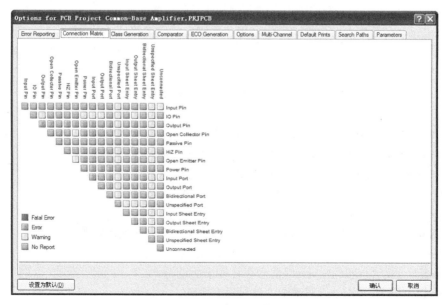

图6-10 "Connection Matrix（电路连接检测矩阵）"选项卡设置

当对项目进行编译时，该选项卡的设置与"Error Reporting（报告错误）"选项卡中的设置将共同对原理图进行电气特性的检测。所有违反规则的连接将以不同的错误等级在"Messages（信息）"面板中显示出来。

单击"设置成为默认"按钮，可恢复系统的默认设置。对于大多数的原理图设计保持默认的设置即可，但对于特殊原理图的设计则需用户进行一定的改动。

6.2.2　原理图的编译

对原理图的各种电气错误等级设置完毕后，用户便可以对原理图进行编译操作，随即进入原理图的调试阶段。

选择菜单栏中的"项目管理"→"Compile Document…（文件编译）"命令，即可进行文件的编译。

文件编译完成后，系统的自动检测结果将出现在"Messages（信息）"面板中。打开"Messages（信息）"面板的方法有以下 3 种。

（1）选择菜单栏中的"查看"→"工作区面板"→"System（系统）"→"Messages（信息）"命令，如图 6-11 所示。

（2）单击工作窗口右下角的"System（系统）"标签，在弹出的菜单中单击"Messages（信息）"命令，如图 6-12 所示。

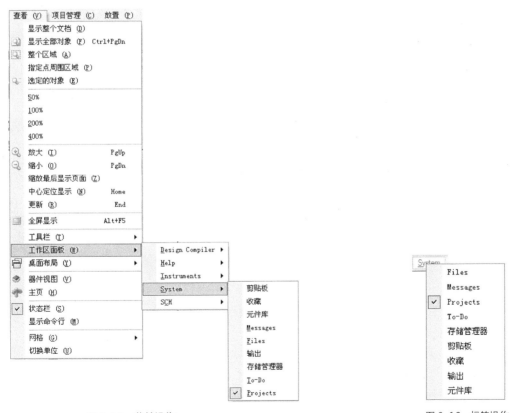

图 6-11　菜单操作　　　　　　　　　　　　　　　　　　　图 6-12　标签操作

（3）在工作窗口中右击，在弹出的右键快捷菜单中单击"工作区面板"→"System（系统）"→"Messages（信息）"命令，如图 6-13 所示。

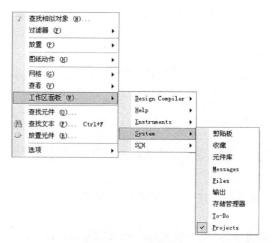

图 6-13　右键操作

6.2.3　课堂练习——检测电路图

对图 6-14 所示的电路图进行编译操作。

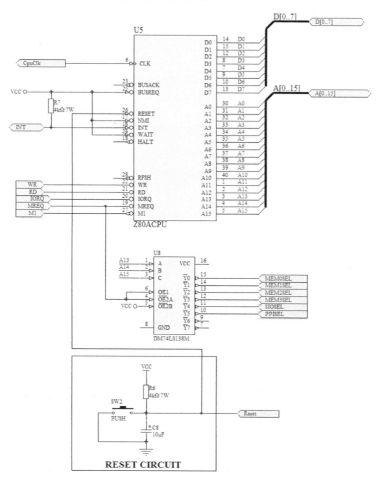

课堂练习——检测
电路图

图 6-14　存在错误的电路原理图

操作提示

（1）当原理图绘制无误时，"Messages（信息）"面板中将为空。

（2）当出现错误的等级为"Error（错误）"或"Fatal Error（严重的错误）"时，"Messages（信息）"面板将自动弹出。错误等级为"Warning（警告）"时，需要用户自己打开"Messages（信息）"面板对错误进行修改。

（3）重新对原理图进行编译，检查是否还有其他的错误。

6.3　电路仿真分析

在具有仿真功能的 EDA 软件出现之前，设计者为了对自己所设计的电路进行验证，一般是使用面包板来搭建实际的电路系统，然后对一些关键的电路节点进行测试，通过观察示波器上的测试波形来判断是否达到设计要求。如果没有达到，则需要对元件进行更换，有时甚至要调整电路结构，重建电路系统，然后再进行测试，直到达到设计要求为止。整个过程冗长而繁琐，工作量非常大。

6.3.1　电路仿真分析的概念

使用软件进行电路仿真，则是把上述过程全部搬到了计算机中。同样要搭建电路系统（绘制电路仿真原理图）、测试电路节点（执行仿真命令），而且也需要查看相应节点（中间节点和输出节点）处的电压或电流波形，依此做出判断并进行调整。但在计算机中进行操作，其过程轻松，操作方便，只需要借助于一些仿真工具和仿真操作即可完成。

仿真中涉及以下 6 个基本概念。

（1）仿真元件：用户进行电路仿真时使用的元件，要求具有仿真属性。

（2）仿真原理图：用户根据具体电路的设计要求，使用原理图编辑器及具有仿真属性的元件所绘制而成的电路原理图。

（3）仿真激励源：用于模拟实际电路中的激励信号。

（4）节点网络标签：如果要测试电路中多个节点，应该分别放置一个有意义的网络标签名，便于明确查看每一节点的仿真结果（电压或电流波形）。

（5）仿真方式：仿真方式有多种，对于不同的仿真方式，其参数设置也不尽相同，用户应根据具体的电路要求来选择仿真方式。

（6）仿真结果：一般以波形的形式给出，不仅仅局限于电压信号，每个元件的电流及功耗波形都可以在仿真结果中观察到。

6.3.2　仿真电源及激励源

Protel DXP 2004 提供了多种电源和仿真激励源，存放在"Simulation Sources.Intlib"集成库中，供用户选择使用。在使用时，均被默认为理想的激励源，即电压源的内阻为零，电流源的内阻为无穷大。

仿真激励源就是仿真时输入到仿真电路中的测试信号，根据观察这些测试信号通过仿真电路后的输出波形，用户可以判断仿真电路中的参数设置是否合理。

常用的电源与仿真激励源有直流电压/电流源、正弦信号激励源、周期脉冲源、分段线性激励源、指数激励源、单频调频激励源。下面以直流电压/电流源为例介绍激励源的设置方法。

直流电压源"VSRC"与直流电流源"ISRC"分别用来为仿真电路提供一个不变的电压信号和电流信号，符号形式如图 6-15 所示。

这两种电源通常在仿真电路通电时，或者需要为仿真电路输入一个阶跃激励信号时使用，以便用户观测电路中某一节点的瞬态响应波形。

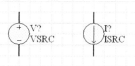

图 6-15　直流电压/电流源符号

需要设置的仿真参数是相同的，双击新添加的仿真直流电压源，在弹出的"元件属性"对话框中设置其属性参数，如图 6-16 所示。

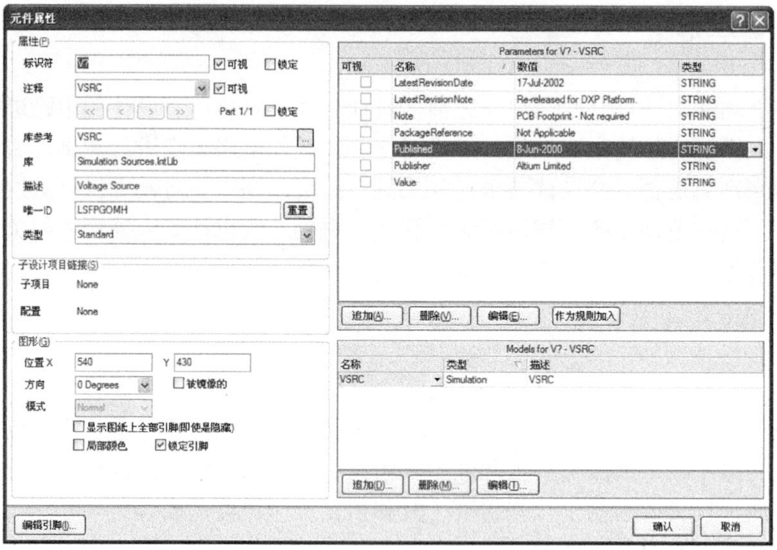

图 6-16　"元件属性"对话框

在"元件属性"对话框中，双击"Model for V？-VSRC（模型）"栏下的"Simulation（仿真）"选项，系统将弹出图 6-17 所示的"Sim Model-Voltage Source/DC Source（仿真模型-电压源/直流源）"对话框。

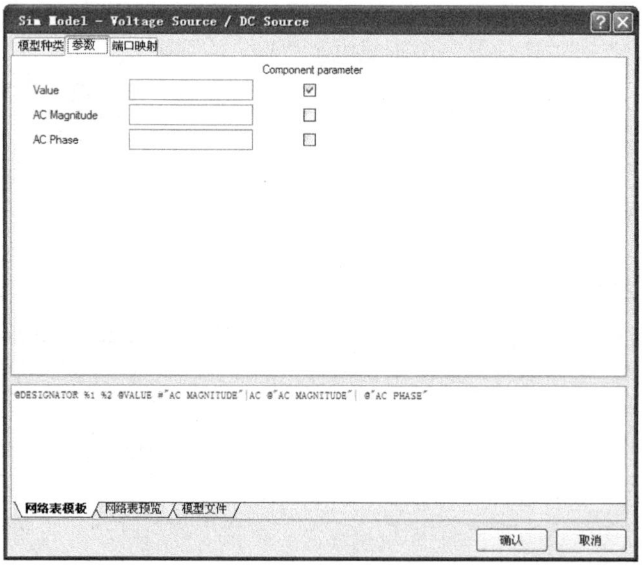

图 6-17　"Sim Model-Voltage Source/DC Source（仿真模型-电压源/直流源）"对话框

通过该对话框可以查看并修改仿真模型。"参数"选项卡中，各项参数含义如下。

☑ "Value（值）"：直流电源电压值。

☑ "AC Magnitude（交流幅度）"：交流小信号分析的电压幅度。

☑ "AC Phase（交流相位）"：交流小信号分析的相位值。

6.4　仿真分析的参数设置

在电路仿真中，选择合适的仿真方式并对相应的参数进行合理的设置，是仿真能够正确运行并获得良好仿真效果的关键保证。

一般来说，仿真方式的设置包含两部分，一是各种仿真方式都需要的通用参数设置，二是具体的仿真方式所需要的特定参数设置，二者缺一不可。

在原理图编辑环境中，选择菜单栏中的"设计"→"仿真"→"Mixed Sim（混合仿真）"命令，系统将弹出图 6-18 所示的"分析设定"对话框。

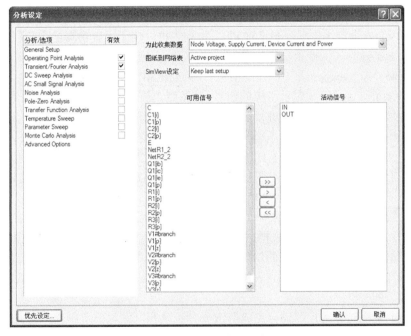

图 6-18　"分析设定"对话框

在该对话框左侧的"分析/选项"列表框中，列出了若干选项供用户选择，包括各种具体的仿真方式。而对话框的右侧则用来显示与选项相对应的具体设置内容。

6.4.1　常规参数的设置

系统的默认选项为"General Setup（常规设置）"，即仿真方式的常规参数设置，常规参数的具体设置内容有以下 5 项。

（1）"为此收集数据"下拉列表框：用于设置仿真程序需要计算的数据类型，有以下 6 种。

☑ Node Voltage（节点电压）：节点电压。

☑ Supply Current（提供电流）：电源电流。

☑ Device Current（设置电流）：流过元件的电流。

☑ Device Power（设置功率）：在元件上消耗的功率。

☑ Subcircuit VARS（支电路 VARS）：支路端电压与支路电流。

☑ Active Signals（积极的信号）：仅计算"Active Signals（积极的信号）"列表框中列出的信号。

由于仿真程序在计算上述数据时要花费很长的时间，因此在进行电路仿真时，用户应该尽可能少地设置需要计算的数据，只需要观测电路中节点的一些关键信号波形即可。

单击右侧的"为此收集数据"下拉列表框，可以看到系统提供的几种需要计算的数据组合，用户可以根据具体仿真的要求加以选择，系统默认为"Node Voltage，Supply Current，Device Current and Power（节点电压、提供电流、设置电流和功率）"。

一般来说，应设置为"Active Signals（积极的信号）"，这样一方面可以灵活选择所要观测的信号，另一方面也减少了仿真的计算量，提高了效率。

（2）"图纸到网络表"下拉列表框：用于设置仿真程序的作用范围，包括以下两个选项。

☑ Active sheet（积极的原理图）：当前的电路仿真原理图。

☑ Active project（积极的项目）：当前的整个项目。

（3）"SimView 设定（仿真视图设置）"下拉列表框：用于设置仿真结果的显示内容。

☑ "Keep last setup（保持上一次设置）"：按照上一次仿真操作的设置在仿真结果图中显示信号波形，忽略"Active Signals（积极的信号）"列表框中所列出的信号。

☑ "Show active signals（显示积极的信号）：按照"Active Signals（积极的信号）"列表框中所列出的信号，在仿真结果图中进行显示。一般选择该选项。

（4）"可用信号"列表框：列出了所有可供选择的观测信号，具体内容随着"为此收集数据"列表框的设置变化而变化，即对于不同的数据组合，可以观测的信号是不同的。

（5）"活动信号"列表框：列出了仿真程序运行结束后，能够立刻在仿真结果图中显示的信号。

在"可用信号"列表框中选中某一个需要显示的信号后，如选择"IN"，单击 > 按钮，可以将该信号加入到"活动信号"列表框，以便在仿真结果图中显示；单击 < 按钮则可以将"活动信号"列表框中某个不需要显示的信号移回"可用信号"列表框；单击 >> 按钮，直接将全部可用的信号加入到"活动信号"列表框中；单击 << 按钮，则将全部处于激活状态的信号移回"可用信号"列表框中。

上面讲述的是在仿真运行前需要完成的常规参数设置，而对于用户具体选用的仿真方式，还需要进行一些特定参数的设定。

6.4.2　仿真方式

在 Protel DXP 2004 系统中，提供了 11 种仿真方式。

☑ Operating Point Analysis：工作点分析。

☑ Transient/Fourier Analysis：瞬态/傅里叶特性分析。

☑ DC Sweep Analysis：直流扫描分析。

☑ AC Small Signal Analysis：交流小信号分析。

☑ Noise Analysis：噪声分析。

☑ Pole-Zero Analysis：零-极点分析。

☑ Transfer Function Analysis：传输函数分析。

☑ Temperature Sweep：温度扫描。

☑ Parameter Sweep：参数扫描。

☑ Monte Carlo Analysis：蒙特卡罗分析。

☑ Advanced Options：高级仿真选项设置。

读者可以进行各种仿真方式的功能特点及参数设置。

6.5 信号完整性分析

一个数字系统能否正确工作，其关键在于信号时序是否准确，而信号时序与信号在传输线上的传输延迟，以及信号波形的失真程度等有着密切的关系。

6.5.1 信号完整性分析的概念

所谓信号完整性，就是指信号通过信号线传输后仍能保持完整，即仍能保持其正确的功能而未失真的一种特性。具体来说，是指信号在电路中以正确的时序和电压做出响应的能力。当电路中的信号能够以正确的时序、要求的持续时间和电压幅度进行传送，并到达输出端时，说明该电路具有良好的信号完整性，而当信号不能正常响应时，就出现了信号完整性问题。

信号完整性差不是由单一因素导致的，而是由多种因素共同引起的。通过仿真可以证明，集成电路的切换速度过高，端接元件的位置不正确，电路的互连不合理等都会引发信号完整性问题。常见的信号完整性问题主要有以下 4 种。

1. 传输延迟（Transmission Delay）

传输延迟表明数据或时钟信号没有在规定的时间内以一定的持续时间和幅度到达接收端。信号延迟是由驱动过载、走线过长的传输线效应引起的，传输线上的等效电容、电感会对信号的数字切换产生延时，影响集成电路的建立时间和保持时间。集成电路只能按照规定的时序来接收数据，延时过长会导致集成电路无法正确判断数据，从而使电路的工作不正常甚至完全不能工作。

在高频电路设计过程中，信号的传输延迟是一个无法完全避免的问题，为此引入了延迟容限的概念，即在保证电路能够正常工作的前提下，所允许的信号最大时序变化量。

2. 串扰（Crosstalk）

串扰是没有电气连接的信号线之间感应电压和感应电流所导致的电磁耦合。这种耦合会使信号线起着天线的作用，其容性耦合会引发耦合电流，感性耦合会引发耦合电压，并且耦合程度会随着时钟速率的升高和设计尺寸的缩小而加大。这是由于信号线上有交变的信号电流通过时，会产生交变的磁场，处于该磁场中的其他信号线会感应出信号电压。

印制电路板工作层的参数、信号线的间距、驱动端和接收端的电气特性及信号线的端接方式等都对串扰有一定的影响。

3. 反射（Reflection）

反射就是传输线上的回波，信号功率的一部分经传输线传递给负载，另一部分则向源端反射。在高速电路设计时可把导线等效为传输线，而不再是集总参数电路中的导线。如果阻抗匹配（源端阻抗、传输线阻抗与负载阻抗相等），则反射不会发生；反之，若负载阻抗与传输线阻抗失配就会导致接收端的反射。

布线的某些几何形状、不适当的端接、经过连接器的传输及中间电源层不连续等因素均会导致信号的反射。由于反射，会导致传送信号出现严重的过冲（Overshoot）或反冲（Undershoot）

现象，致使波形变形、逻辑混乱。

4. 接地反弹（Ground Bounce）

接地反弹是指由于电路中存在较大的电涌，而在电源与中间接地层之间产生大量噪声的现象。例如，大量芯片同步切换时，会产生一个较大的瞬态电流从芯片与中间电源层间流过，芯片封装与电源间的寄生电感、电容和电阻会引发电源噪声，使得零电位层面上产生较大的电压波动（可能高达 2V），足以造成其他元件的误动作。

由于接地层的分割（分为数字接地、模拟接地、屏蔽接地等），可能引起数字信号传到模拟接地区域时，产生接地层回流反弹。同样，电源层分割也可能出现类似的危害。负载容性的增大、阻性的减小、寄生参数的增大、切换速度增高，以及同步切换数量的增加，均可能导致接地反弹增加。

除此之外，在高频电路的设计中还存在其他与电路功能本身无关的信号完整性问题，如电路板上的网络阻抗、电磁兼容性等。

因此，在实际制作 PCB 之前应进行信号完整性分析，以提高设计的可靠性，降低设计成本。应该说，这是非常重要和必要的。

6.5.2 信号完整性分析工具

Protel DXP 2004 包含一个高级信号完整性仿真器，能分析 PCB 设计并检查设计参数，测试过冲、下冲、线路阻抗和信号斜率。如果 PCB 上任何一个设计要求（由 DRC 指定的）有问题，即可对 PCB 进行反射或串扰分析，以确定问题所在。

Protel DXP 2004 的信号完整性分析和 PCB 设计过程是无缝连接的，该模块提供了极其精确的板级分析，能检查整板的串扰、过冲、下冲、上升时间、下降时间和线路阻抗等问题。在印制电路板交付制造前，用最小的代价来解决高速电路设计带来的问题和 EMC/EMI（电磁兼容性/电磁抗干扰）等问题。

Protel DXP 2004 信号完整性分析模块的功能特性如下。

☑ 设置简单，可以像在 PCB 编辑器中定义设计规则一样定义设计参数。

☑ 通过运行 DRC，可以快速定位不符合设计需求的网络。

☑ 无需特殊的经验，可以从 PCB 中直接进行信号完整性分析。

☑ 提供快速的反射和串扰分析。

☑ 利用 I/O 缓冲器宏模型，无需额外的 SPICE 或模拟仿真知识。

☑ 信号完整性分析的结果采用示波器形式显示。

☑ 采用成熟的传输线特性计算和并发仿真算法。

☑ 用电阻和电容参数值对不同的终止策略进行假设分析，并可对逻辑块进行快速替换。

☑ 提供 IC 模型库，包括校验模型。

☑ 宏模型逼近使仿真更快、更精确。

☑ 自动模型连接。

☑ 支持 I/O 缓冲器模型的 IBIS2 工业标准子集。

☑ 利用信号完整性宏模型可以快速地自定义模型。

6.6 课堂案例——自激多谐振荡器电路

在该实例让读者系统地了解从原理图的基础设计到仿真设计的过程，掌

课堂案例——自激
多谐振荡器电路

握一些常用技巧。

1. 设置工作环境

（1）启动 Protel DXP 2004，选择菜单栏中的"文件"→"创建"→"项目"→"PCB 项目"命令，创建一个 PCB 项目文件，以便维护和管理该电路的所有设计文档。

（2）选择菜单栏中的"文件"→"另存项目为"命令，将项目以"Multivibrator.PrjPCB"保存。

（3）在"Projects（项目）"面板的项目文件上单击鼠标右键，在弹出的快捷菜单中单击"追加新项目到文件"→"Schematic（原理图）"命令，新建一个原理图文件，并自动切换到原理图编辑环境。

（4）用保存项目文件的方法，将该原理图文件另存为"Multivibrator.SchDoc"，在"Projects（项目）"面板中显示用户设置的原理图名称。

2. 图纸设置

（1）选择菜单栏中的"设计"→"文档选项"命令，系统将弹出"文档选项"对话框，按照图 6-19 进行设置。

图 6-19 "文档选项"对话框

（2）单击"文档选项"对话框中的"参数"选项卡，出现标题栏设置选项。在"Address（地址）"选项中输入地址，在"Organization（机构）"选项中输入设计机构名称，在"Title（标题）"选项中输入原理图的名称，其他选项可以根据需要进行设置。

单击"确认"按钮，完成设置。

3. 元件的放置与属性设置

（1）如果知道用到的元件在哪个库中，单击"元件库"工作区面板左上角 元件库... 按钮，弹出"可用元件库"对话框，选择所需的库，单击"打开"按钮，就加载了所选的库，可以在原理图设计中使用该库中的元件，如图 6-20 所示。

（2）在"元件库"面板中选择"Miscellaneous Devices.IntLib"为当前库，在列表中选择"2N3904"，单击 Place 2N3904 按钮，光标呈十字

图 6-20 "可用元件库"对话框

状，光标上"悬浮"着一个晶体管轮廓。现在处于放置元件状态。按下<Tab>键，可以打开"元件属性"对话框，如图6-21所示。

图6-21 "元件属性"对话框

（3）将"标识符"命名为Q1，将光标移动到原理图图纸上合适的位置，单击左键，放下元件Q1。

保持原来的摆放元件状态，再移动到合适的位置，按"X"键，使元件水平翻转，单击鼠标左键，放下元件"Q2"。只用到两个"2N3094"，所以单击鼠标右键，光标将恢复到标准指针状态。

（4）放置电阻，在库工作区面板中，在过滤器里输入"RES1"，选择元件列表中的"RES1"，双击"RES1"后转到元件摆放状态，按<Tab>键，设置属性，如图6-22所示。

图6-22 电阻"元件属性"对话框

（5）在"标识符"栏中键入"R1"，在"注释"栏中，选择"=Value"，并使其不可视。

　　　　　"=Value"规则可以作为关于元件的一般信息在仿真时使用，个别元件除外。
设置"注释"来读取这个值，这会将"注释"信息体现在 PCB 设计工具中。对电
阻的"Parameter（参数）"栏的设置将在原理图中显示，并在以后运行电路仿真时
使用。

　　单击"Parameter（参数）"中的"Value（值）"一栏的 Value 值，直接键入"100kΩ"。单击
"确认"按钮。回到放置模式，按空格键可以旋转元件，将 R1 移动到合适的位置后单击左键放
下元件。同样方法摆放其余三个电阻。R3、R4 的 Value 值设为 1kΩ。

　　（6）放置电容的方法同放置电阻的方法相同，在库工作区面板的过滤器中键入"CAP"可
以找到所用的电容，电容 Value 为 20nF。

　　（7）放置连接器，所在库为"Miscellaneous Connetors.Intlib"，加载它并确认它为当前库。
在列表中找到"HEADER2"元件，仿真时将它作为电路，不需对它进行规则设置。按<X>键可
以水平翻转它。

4．电路连接

　　（1）选择菜单栏中的"放置"→"导线"命令，进入连线模式，光标变为十字状，连接下
面的电路。如果连接完毕，再单击鼠标右键，则光标恢复到标准指针状态。

　　（2）彼此连接的一组元器件的引脚称为网络。在这个电路上为了以后做仿真方便加上一些
网络标签。选择菜单栏中的"放置"→"网络标签"命令，光标上显示浮动的标签，按<Tab>
键，可以改变网络名，如图 6-23 所示。

　　（3）标签左下角要与相应的网络发生电气连接。在此处加入"+12V"和"GND"两个标签。
完成的原理图如图 6-24 所示，然后保存原理图。

图 6-23　"网络标签"对话框

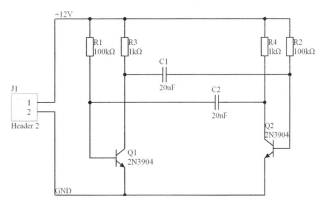

图 6-24　绘制好的电路原理图

5．设置项目选项

　　（1）通过编译后，可确保电路捕获正确，可准备进行仿真分析或传递到下一个设计阶段。

　　（2）选择菜单栏中的"项目管理"→"项目管理选项"命令，系统弹出图 6-25 所示的
"Options for Project（工程选项）Multivibrator.PrjPcb"对话框，可以用连接检查器来验证设计。

　　（3）单击"Error Reporting（错误报表）"选项卡中所要修改的规则旁边的图标，从下拉菜
单中选择严格的程度，本例中这一项使用默认设置。

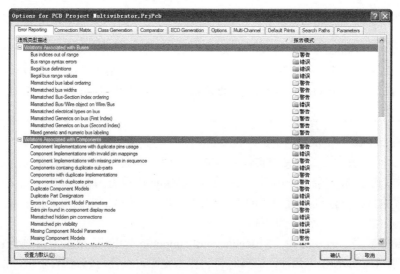

图 6-25　修改项目选项

完成了原理图的设计，可以利用原理图进行电路的仿真分析。

6. 修改仿真原理图

（1）在"元件库"面板上选择"Simulation Source.IntLib"，选择元件"VSRC"，双击则一个电源符号将悬浮在光标上。按<Tab>键编辑其属性，设置"标识符"为 V1。

单击 [确认] 按钮，关闭对话框，然后将这个电源放在 12V 和 GND 导线的垂直端点之间。拉动导线，使导线和电源连接上，如图 6-26 所示。

在运行仿真之前最后的任务是在电路的合适的点放置网络标签，这样可以很容易地认出读者希望查看的信号。在本例教程电路中，较好的点是两个晶体管的基极和集电极。

（2）选择菜单栏中的"放置"→"网络标签"命令（组合键<P>+<N>）。按<Tab>键编辑网络标签的属性。在"网络标签"对话框，设置"网络"栏为 Q1B，如图 6-27 所示。

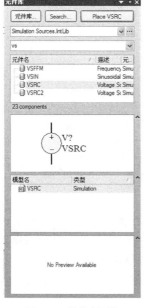

图 6-26　模拟电压源

图 6-27　放置网络标签对话框

（3）将光标放在与 Q1 基极连接的导线上。单击鼠标左键或按<Enter>键将网络标签放在导线上。

（4）同样地，将 Q1C、Q2B 和 Q2C 网络标签放在 Q2 的基极和集电极导线上。

（5）选择菜单栏中的"文件"→"保存为"命令，在弹出的"Save As（另存为）"对话框中键入与原理图不同的文件名"SIM-Multivibrator.SchDoc"，结果如图 6-28 所示。

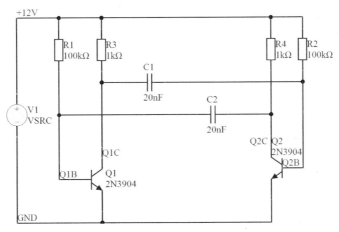

图 6-28 准备仿真的电路图

7. 电路仿真

（1）对电路进行仿真。选择菜单栏中的"设计"→"仿真"→"Mixed Sim（混合仿真）"命令，弹出"分析设定"对话框，如图 6-29 所示。

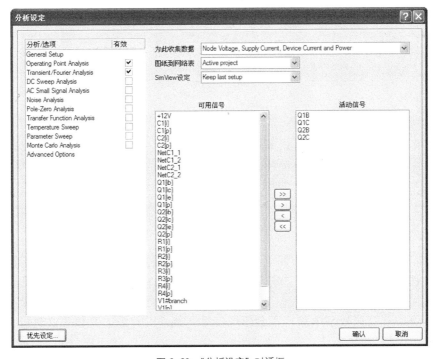

图 6-29 "分析设定"对话框

如果要运行瞬态特性分析，勾选左侧列表中"Operating Point Analysis（操作点分析）"和"Transient（瞬变）/Fourier（傅里叶）Analysis"选项后的复选框，使其有效。

单击"Transient（瞬变）/Fourier（傅里叶）Analysis"，对话框右侧发生相应变化，可以设置"Transient（瞬变）/Fourier（傅里叶）Analysis"的仿真条件。

☑ RC 时间常数为 100k×20n=2 ms。要查看到振荡的 5 个周期，就要设置看到波形的一个 10ms 部分。

☑ 使"Use Transient Defaults（使用瞬变预设值）"选项无效，可以自行定义仿真的参数。

☑ Transient Start Time（瞬变开始时间）仍旧设为 0，"Transient Stop Time（瞬变停止时间）"设为 10ms，"Transient Step Time（瞬变步时间）"设为 10ns，"Transient Max Step Time（瞬变最大步时间）"设为 10ns，另外不使用初始条件仿真。

☑ 结果所显示的仿真周期和每周期采集点保持不变。

☑ 因为不进行傅里叶仿真，就不用勾选，对其参数不用考虑。

设置完成后结果如图 6-30 所示。

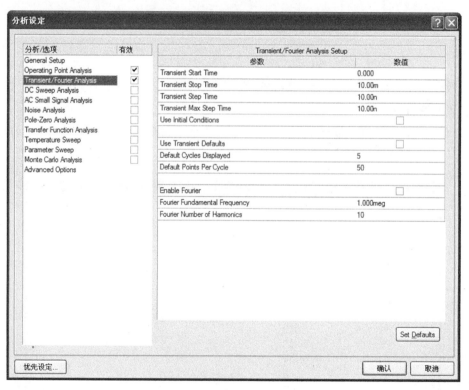

图 6-30　设置瞬态特性分析

（2）设置完成，单击"确认"按钮，仿真会自动完成。弹出的"Message（信息）"窗口显示仿真过程。如果没有错误，完成仿真后可以关掉它。工作区显示仿真结果，如图 6-31 所示。

由于本例并非高速数字电路，不会出现信号完整性的问题，可以不必进行信号完整性分析。

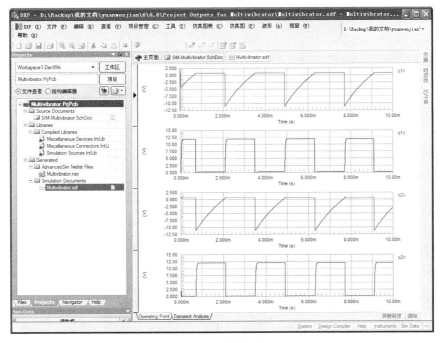

图 6-31　仿真结果

6.7　课后习题

1．如何给仿真电路添加信号源？Protel DXP 2004 为用户提供了哪几种信号源？

2．蒙特卡罗是一种什么样的仿真分析方法？这种分析方法能够得到电路的什么规律？

3．练习认识仿真元件库和库中的内容。

4．练习认识基本仿真元件。

5．如何进行瞬态分析（Transient）？

6．电路如图 6-32 所示，试求 Input 和 Output 节点处的电压。

习题 6

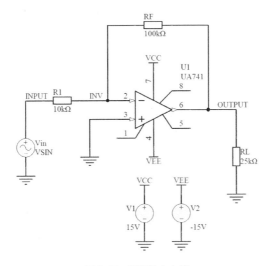

图 6-32　模拟放大电路

7. 电路如图 6-33 所示，试求 vol 和 out 节点处的电压。

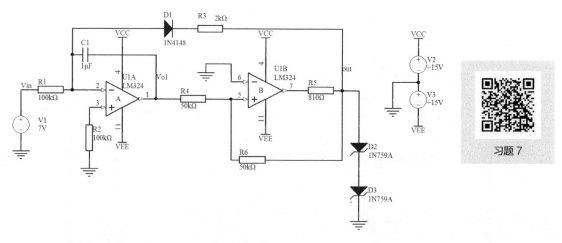

图 6-33　节点电压

8. 使用相关的仿真数学函数，对某一输入信号进行正弦变换和余弦变换，然后叠加输出，电路图如图 6-34 所示。

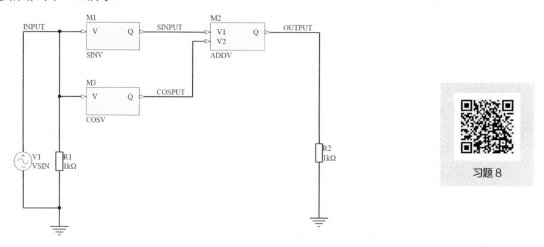

图 6-34　放置正弦电压源并连接

9. 要求完成图 6-35 所示仿真电路原理图的绘制，同时完成电路的扫描特性分析。

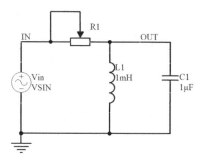

图 6-35　仿真电路原理图

第 **7** 章　PCB 设计基础知识

内容指南

设计印制电路板是整个工程设计的最终目的。原理图设计得再完美，如果电路板设计得不合理，电路板的性能将大打折扣，严重时甚至导致电路板不能正常工作。

本章主要介绍 PCB 编辑器界面、新建 PCB 文件、电路板物理结构及编辑环境参数设置，以及在 PCB 文件中导入原理图网络表信息等知识，使读者对电路板的设计有一个全面的了解。

知识重点

📖　PCB 编辑器界面

📖　电路板物理结构及编辑环境参数设置

📖　在 PCB 文件中导入原理图网络表信息

7.1　PCB 编辑器界面简介

PCB 编辑器界面主要包括菜单栏、工具栏和工作面板 3 个部分，如图 7-1 所示。

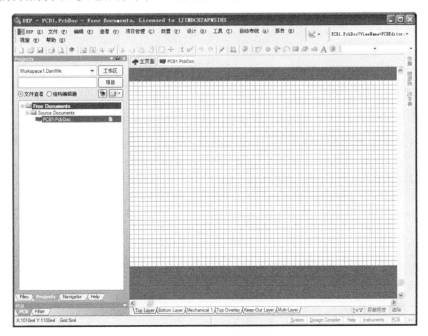

图 7-1　PCB 编辑器界面

与原理图编辑器的界面一样，PCB 编辑器界面也是在软件主界面的基础上添加了一系列菜单栏和工具栏，这些菜单栏及工具栏主要用于 PCB 设计中的电路板设置、布局、布线及工程操作等。菜单与工具栏基本上是对应的，大部分菜单命令都能通过工具栏中的相应按钮来完成。右击工作窗口将弹出一个快捷菜单，其中包括一些 PCB 设计中常用的命令。

7.1.1 菜单栏

在 PCB 设计过程中，各项操作都可以使用菜单栏中相应的命令来完成，菜单栏中的各菜单命令功能简要介绍如下。

☑ "文件"菜单：用于文件的新建、打开、关闭、保存与打印等操作。

☑ "编辑"菜单：用于对象的复制、粘贴、选取、删除、导线切割、移动、对齐等编辑操作。

☑ "查看"菜单：用于实现对视图的各种管理，如工作窗口的放大与缩小，各种工具、面板、状态栏及节点的显示与隐藏等，以及 3D 模型、公/英制转换等。

☑ "项目管理"菜单：用于实现与项目有关的各种操作，如项目文件的新建、打开、保存与关闭以及工程项目的编译及比较等。

☑ "放置"菜单：包含了在 PCB 中放置导线、字符、焊盘、过孔等各种对象，以及放置坐标、标注等命令。

☑ "设计"菜单：用于添加或删除元件库、导入网络表、原理图与 PCB 间的同步更新及印制电路板的定义，以及电路板形状的设置、移动等操作。

☑ "工具"菜单：用于为 PCB 设计提供各种工具，如 DRC、元件的手动与自动布局、PCB 图的密度分析及信号完整性分析等操作。

☑ "自动布线"菜单：用于执行与 PCB 自动布线相关的各种操作。

☑ "报告"菜单：用于执行生成 PCB 设计报表及 PCB 尺寸测量等操作。

☑ "视窗"菜单：用于对窗口进行各种操作。

☑ "帮助"菜单：用于打开帮助菜单。

7.1.2 工具栏

工具栏中以图标按钮的形式列出了常用菜单命令的快捷方式，用户可根据需要对工具栏中包含的命令进行选择，对摆放位置进行调整。

右击菜单栏或工具栏的空白区域即可弹出工具栏的命令菜单，如图 7-2 所示。它包含 6 个命令，带有√标志的命令表示被选中而出现在工作窗口上方的工具栏中。每一个命令代表一系列工具选项。

☑ "PCB 标准"命令：用于控制 PCB 标准工具栏的打开与关闭，如图 7-3 所示。

图 7-2 工具栏的命令菜单

图 7-3 PCB 标准工具栏

☑ "过滤器"命令：用于控制过滤工具栏 的打开与关闭，可以快速定位各种对象。

　　☑ "实用工具"命令：用于控制实用工具栏 ▦ ▾ ▤ ▾ ▦ ▾ ▦ ▾ ▦ ▾ ▦ ▾ 的打开与关闭。

　　☑ "配线"命令：用于控制连线工具栏 ▦ ◉ ◔ ◠ ▦ ▦ ▦ A ▦ 的打开与关闭。

　　☑ "导航"命令：用于控制导航工具栏的打开与关闭。通过这些按钮，可以实现在不同界面之间的快速跳转。

　　☑ "Customize（用户定义）"命令：用于用户自定义设置。

7.2　新建 PCB 文件

新建 PCB 文件有 3 种方法，下面分别进行介绍。

7.2.1　利用 PCB 设计向导创建 PCB 文件

Protel DXP 2004 提供了 PCB 设计向导，以帮助用户在向导的指引下建立 PCB 文件，这样可以大大减少用户的工作量。尤其是在设计一些通用的标准接口板时，通过 PCB 设计向导，可以完成外形、板层、接口等各项基本设置，十分便利。操作步骤如下。

（1）打开 "File（文件）"面板，单击 "根据模板新建"选项栏中的 "PCB Board Wizard（PCB 板向导）"选项，即可打开 "PCB Board Wizard（PCB 板向导）"对话框，如图 7-4 所示。

采用其他的方法也可以打开 "PCB Board Wizard（PCB 板向导）"对话框。

选择菜单栏中的 "查看" → "主页面"命令，在工作窗口的 "Pick a task（选择任务）"选项栏中单击 "Printed Circuit Board Design（印制电路板设计）"选项，弹出图 7-5 所示的 "Printed Circuit Board Design（印制电路板设计）"页面；单击 "PCB Document（PCB 文档）"选项栏最下面的 "PCB Document Wizard（PCB 文档向导）"选项，即可弹出 "PCB Board Wizard（PCB 板向导）"对话框。

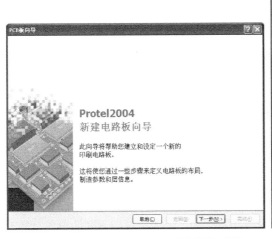
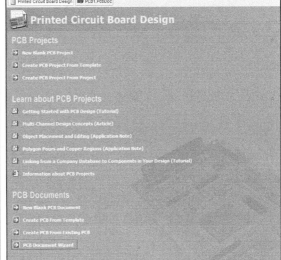

图 7-4　"PCB Board Wizard（PCB 板向导）"对话框　　　　图 7-5　"Printed Circuit Board Design"页面

（2）单击图 7-4 中 "下一步"按钮，弹出图 7-6 所示的 PCB 单位设置界面。通常采用英制单位，因为大多数元件封装的引脚都采用英制，这样的设置有利于元件的放置、引脚的测量等操作，后面的设定将都依此单位为依据。

（3）单击"下一步"按钮，弹出图 7-7 所示的电路板配置文件界面。系统提供了一些标准电路板配置文件，以方便用户选用。在这里我们自行定义 PCB 规格，故选择"Custom（自定义）"选项。

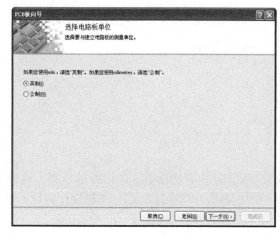

图 7-6　PCB 单位设置界面　　　　　　　　　　图 7-7　电路板配置文件界面

（4）单击"下一步"按钮，弹出图 7-8 所示的电路板详情界面。在该对话框中，可以设置电路板的轮廓形状、电路板尺寸、尺寸标注放置的层面、边界导线宽度、尺寸线宽度、禁止布线区与电路板边沿之间的距离等，各选项的功能如下。

图 7-8　电路板详情界面

☑ "轮廓形状"选项栏：用于定义板的外形。有"矩形""圆形"和"自定义"3 个单选钮。

☑ "电路板尺寸"选项栏：用于定义 PCB 的尺寸，不同的外形选择对应不同的设置。矩形 PCB 可以进行"宽"和"高"的设置；圆形 PCB 可进行"半径"的设置；用户自定义的 PCB 可以进行"宽"和"高"的设置。

☑ "放置尺寸于此层"下拉列表框：一般保持默认的"Mechanical Layer 1（机械层）"设置。

☑ "边界导线宽度"文本框：通常情况下保持默认的"10 mil"设置。

☑ "尺寸线宽度" 文本框：用于设置尺寸线的宽度，通常情况下保持默认的 "10 mil" 设置。

☑ "禁止布线区与板子边沿的距离" 文本框：保持默认设置 "50 mil" 不变。

☑ "标题栏和刻度" 复选框：用于定义是否在 PCB 上设置标题栏。

☑ "图标字符串" 复选框：用于定义是否在 PCB 上添加图标字符串。

☑ "尺寸线" 复选框：用于定义是否在 PCB 上设置尺寸线。

☑ "角切除" 复选框：用于定义是否截取 PCB 的一个角。勾选该复选框后，单击 "下一步" 按钮即可对截取角进行详细的设置，如图 7-9 所示。

☑ "内部切除" 复选框：用于定义是否截取电路板的中心部位，该复选框通常是为了元件的散热而设置的。勾选该复选框后，单击 "下一步" 按钮即可对截取的中心部位进行详细的设置，如图 7-10 所示。这里使用默认参数设置。

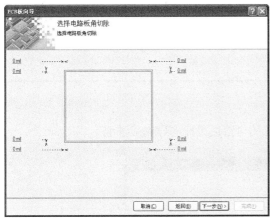

图 7-9　设置截取角

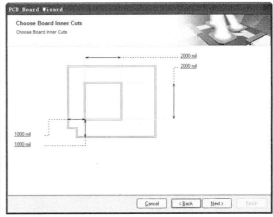

图 7-10　设置截取的中心部位

（5）用户自定义类型设置完毕后，单击 "下一步" 按钮，弹出图 7-11 所示的电路板层数设置界面，此处设置两个信号层和两个内部电源层。双面板的两个信号层通常为 "Top Layer（顶层）" 和 "Bottom Layer（底层）"。

（6）单击 "下一步" 按钮，弹出图 7-12 所示的过孔类型设置界面，包含 "只显示通孔" 和 "只显示盲孔或埋过孔" 两个单选钮。

图 7-11　电路板层数设置界面

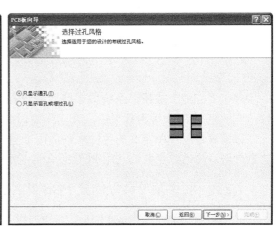

图 7-12　过孔类型设置界面

（7）单击"下一步"按钮，弹出图 7-13 所示的选择元件和布线方法界面。这里选择表面贴装元件，不将元件放在两面。

（8）单击"下一步"按钮，弹出图 7-14 所示的选择默认导线和过孔尺寸界面，可以对 PCB 走线最小线宽、最小过孔外径、最小孔径尺寸和最小的走线间距参数进行设置。

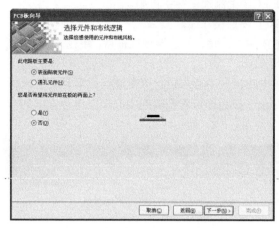

图 7-13　选择元件和布线方法界面　　　　图 7-14　选择默认导线和过孔尺寸界面

（9）单击"下一步"按钮，弹出图 7-15 所示的电路板设计向导完成界面。

图 7-15　电路板设计向导完成界面

单击"完成"按钮，系统根据前面的设置已经创建了一个默认名为"PCB1.PcbDoc"的文件，同时进入 PCB 编辑环境中，在工作窗口中显示了 PCB1 板形轮廓。

该设置过程中所定义的各种规则适用于整个电路板，用户也可以在接下来的设计中对不满意之处进行修改。至此，利用 PCB 设计向导完成了 PCB 文件的创建。

7.2.2　利用菜单命令创建 PCB 文件

除了采用设计向导生成 PCB 文件外，用户也可以使用菜单命令直接创建一个 PCB 文件，之后再为该文件设置各种参数。创建一个空白 PCB 文件可以采用以下 3 种方式。

☑ 单击"File（文件）"面板"新建"选项栏中的"PCB File（PCB 文件）"选项。

☑ 选择菜单栏中的"文件"→"创建"→"PCB（PCB 文件）"命令。

☑ 在工作窗口的"Pick a Task（选择任务）"选项栏中单击"Printed Circuit Board Design（印制电路板设计）"选项，弹出"Printed Circuit Board Design（印制电路板设计）"页面后，在"PCB Document（PCB 文档）"选项栏中单击"New Blank PCB Document（新建空 PCB 文档）"选项。

新创建的 PCB 文件的各项参数均采用系统默认值。在进行具体设计时，我们还需要对该文件的各项参数进行设置，这些将在本章后面的内容中进行介绍。

7.2.3 利用模板创建 PCB 文件

Protel DXP 2004 还提供了通过 PCB 模板创建 PCB 文件的方式，其操作步骤如下。

（1）打开"File（文件）"面板，单击"根据模板新建"选项栏中的"PCB Templates…（PCB 模板）"选项，弹出图 7-16 所示的"Choose existing Document（选择现有的文档）"对话框。

图 7-16 "Choose existing Document" 对话框

该对话框默认的路径是 Protel DXP 2004 自带的模板路径，在该路径中为用户提供了很多个可用的模板。和原理图文件面板一样，在 Protel DXP 2004 中没有为模板设置专门的文件形式，在该对话框中能够打开的都是包含模板信息的后缀为"PrjPcb"和"PcbDoc"的文件。

（2）从对话框中选择所需的模板文件，然后单击"打开"按钮即可生成一个 PCB 文件，生成的文件将显示在工作窗口中。

由于通过模板生成 PCB 文件的方式操作起来非常简单，因此，建议用户在从事电子设计时将自己常用的 PCB 保存为模板文件，以便于以后的工作。

7.2.4 课堂练习——设计 5.2X4.2inches 的 PCB 文件

设计图 7-17 所示的 PCB 文件。

操作提示

在"Choose existing Document（选择现有的文档）"对话框中选择"XT short bus with break-away tab (5.2 X 4.2 inches)"模板文件。

课堂练习——设计
5.2X4.2inches 的
PCB 文件

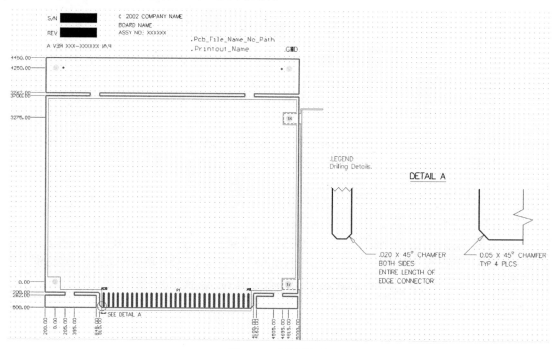

图 7-17　电路板外形

7.3　电路板物理结构及编辑环境参数设置

对于手动生成的 PCB，在进行 PCB 设计前，用户必须对电路板的各种属性进行详细地设置，主要包括电路板物理边框的设置、PCB 图纸的设置、电路板层的设置、层显示与颜色的设置、布线区的设置等。

7.3.1　电路板物理边框的设置

1．边框线的设置

电路板的物理边界即为 PCB 的实际大小和形状，板形的设置是在"Mechanical 1（机械层）"上进行的。根据所设计的 PCB 在产品中的安装位置、所占空间的大小、形状及与其他部件的配合来确定 PCB 的外形与尺寸。具体的操作步骤如下。

（1）新建一个 PCB 文件，使之处于当前的工作窗口中。默认的 PCB 图为带有栅格的黑色区域，包括以下 5 个工作层面。

☑ 两个信号层 Top Layer（顶层）和 Bottom Layer（底层）：用于建立电气连接的铜箔层。

☑ Mechanical 1（机械层）：用于设置 PCB 与机械加工相关的参数，以及用于 PCB 3D 模型放置与显示。

☑ Top Overlay（丝印层）：用于添加电路板的说明文字。

☑ Keep-Out Layer（禁止布线层）：用于设立布线范围，支持系统的自动布局和自动布线功能。

☑ Multi-Layer（多层同时显示）：可实现多层叠加显示，用于显示与多个电路板层相关的 PCB 细节。

（2）单击工作窗口下方"Mechanical 1（机械层）"标签，使该层面处于当前工作窗口中。

（3）选择菜单栏中的"放置"→"直线"命令，此时光标变成十字形状。然后将光标移到工作窗口的合适位置，单击即可进行线的放置操作，每单击一次就确定一个固定点。通常将板的形状定义为矩形，但在特殊的情况下，为了满足电路的某种特殊要求，也可以将板形定义为圆形、椭圆形或者不规则的多边形。这些都可以通过"放置"菜单来完成。

（4）当放置的线组成了一个封闭的边框时，就可结束边框的绘制。右击或者按<Esc>键退出该操作，绘制好的 PCB 边框如图 7-18 所示。

（5）设置边框线属性。双击任一边框线即可弹出该边框线的设置对话框，如图 7-19 所示。为了确保 PCB 图中边框线为封闭状态，可以在该对话框中对线的起始和结束点进行设置，使一段边框线的终点为下一段边框线的起点。其主要选项的含义如下。

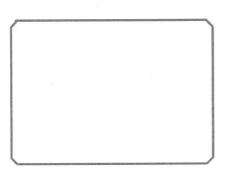

图 7-18　绘制好的 PCB 边框

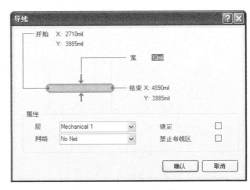

图 7-19　设置边框线

☑ "层"下拉列表框：用于设置该线所在的电路板层。用户在开始画线时可以不选择"Mechanical 1（机械层 1）"层，在此处进行工作层的修改也可以实现上述操作所达到的效果，只是这样需要对所有边框线段进行设置，操作起来比较麻烦。

☑ "网络"下拉列表框：用于设置边框线所在的网络。通常边框线不属于任何网络，即不存在任何电气特性。

☑ "锁定"复选框：勾选该复选框时，边框线将被锁定，无法对该线进行移动等操作。

☑ "禁止布线区"复选框：用于定义该边框线属性是否为"禁止布线区"。具有该属性的对象被定义为板外对象，将不出现在系统生成的"Gerber"文件中。

单击"确认"按钮，完成边框线的属性设置。

2．板形的修改

对边框线进行设置的主要目的是给制板商提供加工电路板形状的依据。用户也可以在设计时直接修改板形，即在工作窗口中可直接看到自己所设计的电路板的外观形状，然后对板形进行修改。板形的设置与修改主要通过"设计"菜单中的"PCB 板形状"子菜单来完成，如图 7-20 所示。

图 7-20　"PCB 板形状"子菜单

3．重定义 PCB 板形状

（1）选择菜单栏中的"设计"→"PCB 板形状"→"重定义 PCB 板形状"命令，此时光标将变成十字形状，工作窗口显示出绿色的电路板。

（2）移动光标到电路板上，单击鼠标左键确定起点，然后移动光标多次单击鼠标左键确定多个固定点，以重新设定电路板的尺寸，如图 7-21 所示。当绘制的边框未封闭时，系统将自动连接起始点和结束点以完成电路板形状的定义。

（3）右击或者按<Esc>键退出该操作。重新定义以后，电路板的可视栅格会自动调整以满足显示电路板尺寸确定的区域。

4. 移动电路板边框线节点

（1）选择菜单栏中的"设计"→"PCB 板形状"→"移动 PCB 板顶"命令，此时光标将变成十字形状，同时工作窗口中电路板显示为绿色，边框线显示出多个可以拖动的固定节点。

（2）拖动任何一个节点即可改变电路板的形状，如图 7-22 所示。

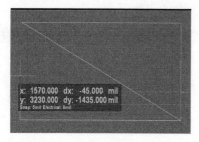

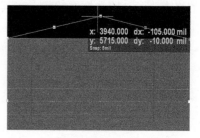

图 7-21　重新定义电路板的尺寸　　　　　　图 7-22　移动板边框线的节点

（3）单击鼠标右键或者按<Ese>键退出该操作。

5. 移动 PCB 板形状

（1）选择菜单栏中的"设计"→"PCB 板形状"→"移动电路板形状"命令，此时光标将变成十字形状，一个虚线框悬浮在光标上，同时工作窗口以绿色显示电路板，如图 7-23 所示。

（2）移动光标到合适的位置，单击鼠标左键即可完成电路板的移动。

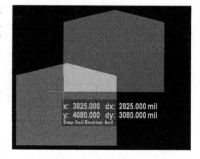

6. 根据选定的元件定义

在机械层或其他层可以利用线条或圆弧定义一个内嵌的边界，以新建对象为参考重新定义板形。具体的操作步骤如下。

图 7-23　移动电路板

（1）选择菜单栏中的"放置"→"圆"命令，在电路板上绘制一个圆，如图 7-24 所示。

（2）选中已绘制的圆，然后选择菜单栏中的"设计"→"PCB 板形状"→"根据选定的元件定义"命令，电路板将变成圆形，如图 7-25 所示。

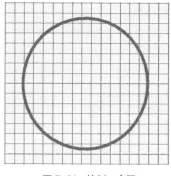

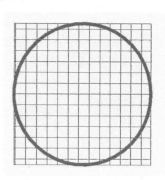

图 7-24　绘制一个圆　　　　　　　　图 7-25　定义后的板形

7.3.2　电路板图纸的设置

与原理图一样，用户也可以对电路板图纸进行设置，默认状态下的图纸是不可见的。大多数 Protel DXP 2004 附带的例子是将电路板显示在一个白色的图纸上，与原理图图纸完全相同。图纸大多被绘制在"Mechanical 16"上。

选择菜单栏中的"设计"→"PCB 板选择项"命令，或按<D>+<O>组合键，弹出"Board Options"对话框，如图 7-26 所示。

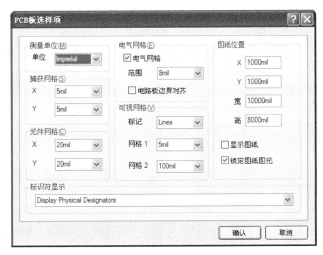

图 7-26　"PCB 板选择项"对话框

其中各选项组的功能如下。

☑ "测量单位"选项组：用于设置 PCB 中的度量单位。考虑到目前的电子元件封装尺寸以英制单位为主，以公制单位描述封装信息的元件很少，因此建议选择英制单位"Imperial（英制）"。

☑ "捕获网格"选项组：用于设置捕获格点。该格点决定了光标捕获的格点间距，X 与 Y 的值可以不同。

☑ "元件网格"选项组：用于设置元件格点。针对不同引脚长度的元件，用户可以随时改变元件格点的设置，从而精确地放置和对齐元件。

☑ "电气网格"选项组：用于设置电气捕获格点。电气捕获格点的数值应小于"捕获网格"的数值，只有这样才能较好地完成电气捕获功能。

☑ "可视网格"选项组：用于设置可视格点。该格点决定了图纸上的格点间距，通常在"标记"下拉列表框中选择"Lines（线）"选项。可视格点分为可视格点 1 和可视格点 2，通常可视格点 1 的数值小于可视格点 2 的数值。在视图放大比例很小的情况下显示的是可视格点 2，放大倍数大了自然就可以显示可视格点 1 了。

☑ "图纸位置"选项组：用于设置 PCB 图纸。从上到下依次可对图纸在 x 轴的位置、y 轴的位置、图纸的宽度、图纸的高度、图纸的显示状态及图纸的锁定状态等属性进行设置，参照原理图图纸的光标定位方法对图纸的大小进行合适的设置。对图纸进行设置后，勾选"显示图纸"复选框即可在工作窗口中显示图纸。

图纸信息设置完成后单击"确认"按钮。

PCB 文件中的格点设置比原理图文件中的格点设置选项要多，因为 PCB 文件中格点的放置要求更精确。原理图中的"可视网格"总是正方形的，而在 PCB 文件中，格点的 x 值与 y 值可以不同。

在 PCB 编辑器中，图纸格点和元件格点可以设置成不同的值，这样比较有利于 PCB 中元件的放置操作。通常将 PCB 格点设置成元件封装的引脚长度或引脚长度的一半。例如，在放置一个引脚长度为 100mil 的元件时，可以将元件格点设置为 50mil 或 100mil，在该元件引脚间布线时可以将"捕获网格"设置为 25mil。合适地设置格点不仅可以精确地放置元件，还可以提高布通率。

7.3.3 电路板层的设置

1. 电路板的分层

PCB 一般包括很多层，不同的层包含不同的设计信息。制板商通常会将各层分开制作，然后经过压制、处理，最后生成各种功能的电路板。

Protel DXP 2004 提供了以下 6 种类型的工作层。

（1）Signal Layers（信号层）：即铜箔层，用于完成电气连接。Protel DXP 2004 允许电路板设计 32 个信号层，分别为 Top Layer、Mid Layer 1、Mid Layer 2…Mid Layer 30 和 Bottom Layer，各层以不同的颜色显示。

（2）Internal Planes（中间层，也称内部电源与地线层）：也属于铜箔层，用于建立电源和地线网络。系统允许电路板设计 16 个中间层，分别为 Internal Layer 1、Internal Layer 2…Internal Layer 16，各层以不同的颜色显示。

（3）Mechanical Layers（机械层）：用于描述电路板机械结构、标注及加工等生产和组装信息所使用的层面，不能完成电气连接特性，但其名称可以由用户自定义。系统允许 PCB 设计包含 16 个机械层，分别为 Mechanical Layer 1、Mechanical Layer 2…Mechanical Layer 16，各层以不同的颜色显示。

（4）Mask Layers（阻焊层）：用于保护铜线，也可以防止焊接错误。系统允许 PCB 设计包含 4 个阻焊层，即 Top Paste（顶层锡膏防护层）、Bottom Paste（底层锡膏防护层）、Top Solder（顶层阻焊层）和 Bottom Solder（底层阻焊层），各层分别以不同的颜色显示。

（5）Silkscreen Layers（丝印层）：也称图例（legend），通常该层用于放置元件标号、文字与符号，以标示出各零件在电路板上的位置。系统提供有两个丝印层，即 Top Overlay（顶层丝印层）和 Bottom Overlay（底层丝印层）。

（6）"Other Layers"（其他层）。

☑ Drill Guides（钻孔）和 Drill Drawing（钻孔图）：用于描述钻孔图和钻孔位置。

☑ Keep-Out Layer（禁止布线层）：用于定义布线区域，基本规则是元件不能放置于该层上或在该层上进行布线。只有在这里设置了闭合的布线范围，才能启动元件自动布局和自动布线功能。

☑ Multi-Layer（多层）：该层用于放置穿越多层的 PCB 元件，也用于显示穿越多层的机械加工指示信息。

选择菜单栏中的"设计"→"PCB 板层次颜色"命令，在弹出的"板层和颜色"对话框中取消对中间 3 个复选框的勾选即可看到系统提供的所有层，如图 7-27 所示。

图 7-27　系统所有层的显示

2. 常见层数不同的电路板

（1）Single-Sided Boards（单面板）

PCB 上元件集中在其中的一面，导线集中在另一面。因为导线只出现在其中的一面，所以就称这种 PCB 为单面板（Single-Sided Boards）。在单面板上通常只有底面也就是 Bottom Layer（底层）覆盖铜箔，元件的引脚焊在这一面上，通过铜箔导线完成电气特性的连接。顶层也就是 Top Layer 是空的，安装元件的一面，称为"元件面"。因为单面板在设计线路上有许多严格的限制（因为只有一面可以布线，所以布线间不能交叉而必须以各自的路径绕行），布通率往往很低，所以只有早期的电路及一些比较简单的电路才使用这类的电路板。

（2）Double-Sided Boards（双面板）

这种电路板的两面都可以布线，不过要同时使用两面的布线就必须在两面之间有适当的电路连接才行，这种电路间的"桥梁"叫作过孔（via）。过孔是在 PCB 上充满或涂上金属的小洞，它可以与两面的导线相连接。在双层板中通常不区分元件面和焊接面，因为两个面都可以焊接或安装元件，但习惯上称 Bottom Layer（底层）为焊接面，Top Layer（顶层）为元件面。因为双面板的面积比单面板大一倍，而且布线可以互相交错（可以绕到另一面），因此它适用于比单面板复杂的电路上。相对于多层板而言，双面板的制作成本不高，在给定一定面积的时候通常都能 100% 布通，因此一般的印制电路板都采用双面板。

（3）Multi-Layer Boards（多层板）

常用的多层板有 4 层板、6 层板、8 层板和 10 层板等。简单的 4 层板是在 Top Layer（顶层）和 Bottom Layer（底层）的基础上增加了电源层和地线层，这样一方面极大程度地解决了电磁干扰问题，提高了系统的可靠性，另一方面可以提高导线的布通率，缩小 PCB 的面积。6 层板通常是在 4 层板的基础上增加了 Mid-Layer 1 和 Mid-Layer 2 两个信号层。8 层板通常包括 1 个电源层、两个地线层、5 个信号层（Top Layer、Bottom Layer、Mid-Layer 1、Mid-Layer 2 和

Mid-Layer 3）。10 层板通常包括 1 个电源层、3 个地线层、6 个信号层（Top Layer、Bottom Layer、Min-Layer 1、Mid-Layer 2、Mid-Layer 3 和 Mid-Layer 4）。

多层板层数的设置是很灵活的，设计者可以根据实际情况进行合理的设置。各种层的设置应尽量满足以下要求。

☑ 元件层的下面为地线层，它提供器件屏蔽层及为顶层布线提供参考层。

☑ 所有的信号层应尽可能地与地线层相邻。

☑ 尽量避免两信号层直接相邻。

☑ 主电源应尽可能地与其对应地相邻。

☑ 兼顾层结构对称。

3. 电路板层数设置

在对电路板进行设计前可以对电路板的层数及属性进行详细的设置。这里所说的层主要是指 Signal Layers（信号层）、Internal Plane Layers（电源层和地线层）和 Insulation（Substrate）Layers（绝缘层）。

电路板层数设置的具体操作步骤如下。

（1）选择菜单栏中的"设计"→"层堆栈管理器"命令，系统将弹出图 7-28 所示的"图层堆栈管理器"对话框。在该对话框中可以增加层、删除层、移动层所处的位置及对各层的属性进行设置。

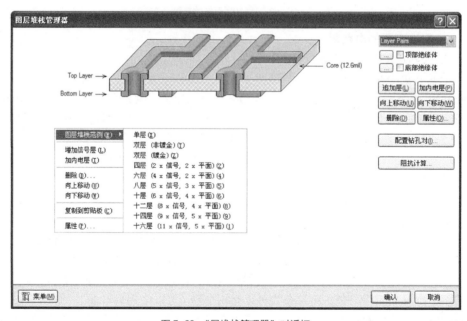

图 7-28 "层堆栈管理器"对话框

（2）对话框的中心显示了当前 PCB 图的层结构。默认设置为双层板，即只包括 Top Layer（顶层）和 Bottom Layer（底层）两层。用户可以单击"追加层"按钮添加信号层、电源层和地层，单击"加内电层"按钮添加中间层。选定某一层为参考层，执行添加新层的操作时，新添加的层将出现在参考层的下面。当勾选"底部绝缘体"复选框时，添加层则出现在底层的上面。

（3）双击某一层的名称或选中该层，单击"属性"按钮就可以打开该层的属性设置对话框，然后可对该层的名称及铜箔厚度进行设置。

（4）添加新层后，单击"向上移动"按钮或"向下移动"按钮，可以改变该层在所有层中的位置。在设计过程的任何时间都可进行添加层的操作。

（5）选中某一层后单击"删除"按钮即可删除该层。

（6）单击"菜单"按钮或在该对话框的任意空白处单击鼠标右键，即可弹出一个"菜单"菜单，如图 7-28 所示。此菜单中的大部分命令均可通过对话框右侧的按钮进行操作。"图层堆栈范例"命令提供了常用不同层数的电路板层数设置，可以直接选择进行快速板层设置。

（7）PCB 设计中最多可添加 32 个信号层、16 个电源层和地线层。各层的显示与否可在"板层和颜色"对话框中进行设置，勾选各层中的显示复选框即可。

（8）设置层的堆叠类型。电路板的层叠结构中不仅包括拥有电气特性的信号层，还包括无电气特性的绝缘层。两种典型绝缘层主要是指 Core（填充层）和 Prepreg（塑料层）。

（9）层的堆叠类型主要是指绝缘层在电路板中的排列顺序，默认的 3 种堆叠类型包括 Layer Pairs（Core 层和 Prepreg 层自上而下间隔排列）、Internal Layer Pairs（Prepreg 层和 Core 层自上而下间隔排列）和 Build-up（顶层和底层为 Core 层，中间全部为 Prepreg 层）。改变层的堆叠类型将会改变 Core 层和 Prepreg 层在层栈中的分布，只有在信号完整性分析需要用到盲孔或深埋过孔的时候才需要进行层的堆叠类型的设置。

4．设置电路板层属性

☑ 信号层：信号层属性设置如图 7-29 所示。用户可以自定义信号层的名称和铜箔的厚度（Copper thickness），铜箔厚度的定义主要用于进行信号完整性分析。

☑ 电源层：电源层属性设置如图 7-30 所示。用户可以自定义"名称"，"铜厚度"主要用于进行信号完整性分析，"网络名"指连接到此层的网络名称，"障碍物"指将内部电源层铜箔的外围尺寸限制在整个电路板形状内部的铜箔导线。对于所设计的每一个内部

图 7-29　设置信号层属性

电源层，一系列障碍物导线将自动地创建在板框周围。这些线在屏幕上不可以编辑，建立的障碍物线事实上是原来设置宽度的两倍。即如果设置的障碍物导线的宽度值为 20mil，那么在内部电源层边框外面有 20mil 的覆铜，在边框的里面也有 20mil 的覆铜。

☑ 绝缘层：绝缘层属性设置如图 7-31 所示。"材料"表示材料的类型，"厚度"表示绝缘层的厚度，"介电常数"表示绝缘体的介电常数。绝缘层的厚度和绝缘体的介电常数主要用于进行信号完整性分析。

图 7-30　设置电源层属性

图 7-31　设置绝缘层属性

（1）单击"图层堆栈管理器"对话框中的"配置钻孔对"按钮设置钻孔。

（2）单击"图层堆栈管理器"对话框中的"阻抗计算"按钮计算阻抗。

7.3.4　课堂练习——设置多层电路板

设计电路板一共有 4 层，即顶层、电源层、接地层和底层。

 操作提示

选择"设计"→"图层堆栈管理器"菜单命令，打开"图层堆栈管理器"对话框，添加 Power、GND 层。

7.3.5　电路板层显示与颜色的设置

PCB 编辑器采用不同的颜色显示各个电路板层，以便于区分。用户可以根据个人习惯进行设置，并且可以决定是否在编辑器内显示该层。下面通过实际操作介绍 PCB 层颜色的设置，首先打开"板层和颜色"对话框，有以下 3 种方法。

（1）选择菜单栏中的"设计"→"PCB 板层次颜色"命令。

（2）在工作窗口右击，在弹出的快捷菜单中单击"选择项"→"PCB 板层次颜色"命令。

（3）按快捷键〈L〉。

系统弹出"板层和颜色"对话框，如图 7-32 所示。该对话框包括电路板层颜色设置和系统默认设置颜色的显示两部分。

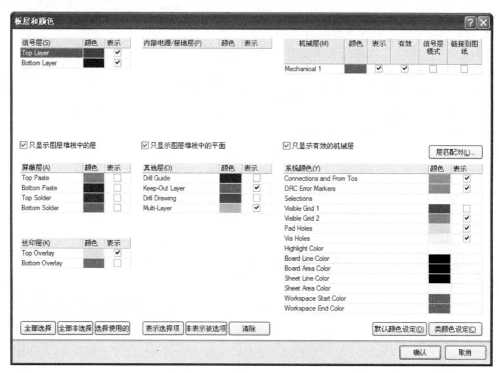

图 7-32　"板层和颜色"对话框

对话框的上半部分包括"只显示图层堆栈中的层""只显示图层堆栈中的平面"和"只显示有效的机械层" 3 个复选框，它们分别对应其上方的信号层、电源层和地线层、机械层。这 3

个复选框决定了在"板层和颜色"对话框中是显示全部的层面，还是只显示图层堆栈管理器中设置的有效层面。一般为使对话框简洁明了，勾选这 3 个复选框只显示有效层面，对未用层面可以忽略其颜色设置。

在各个设置区域中，"颜色"设置栏用于设置对应电路板层的显示颜色。"表示"复选框用于决定此层是否在 PCB 编辑器内显示。如果要修改某层的颜色，单击其对应的"颜色"设置栏中的颜色显示框，即可在弹出的"选择颜色"对话框中进行修改。图 7-33 所示是修改"Keep-Out Layer（层外）"颜色的"选择颜色"对话框。

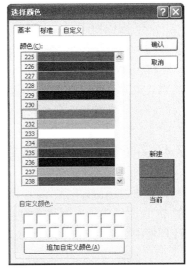

7.3.6 PCB 布线区的设置

对布线区进行设置的主要目的是为自动布局和自动布线做准备。默认创建的 PCB 文件只有一个默认的板形，并无布线区，因此用户如果要使用 Protel DXP 2004 系统提供的自动布局和自动布线功能，就需要自己创建一个布线区。

图 7-33 "选择颜色"对话框

创建布线区的操作步骤如下。

（1）单击工作窗口下方的"Keep-out Layer（禁止布线层）"标签，使该层处于当前的工作窗口中。

（2）选择菜单栏中的"放置"→"禁止布线区"→"导线"命令，此时光标变成十字形状。移动光标到工作窗口，在禁止布线层上创建一个封闭的多边形。

这里使用的"禁止布线区"命令与对象属性设置对话框中"禁止布线区"复选框的作用是相同的，即表示不属于板内的对象。

（3）完成布线区的设置后，右击或者按<Esc>键即可退出该操作。

布线区设置完毕后，进行自动布局操作时可将元件自动导入到该布线区中。自动布局的操作将在后面的章节中详细介绍。

7.3.7 课堂练习——设计 2000mil×1500mil 的边框

设计图 7-34 所示的电路板外形。

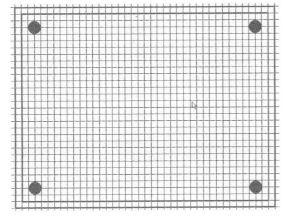

图 7-34 电路板外形

课堂练习——设计 2000mil×1500mil 的边框

操作提示

（1）在机械层绘制一个 2000mil×1500mil 大小的矩形框作为电路板的物理边界。

（2）切换到禁止布线层，在物理边界绘制一个 1900mil×1400mil 大小的矩形框作为电路板的电气边界，两边界之间的间距为 50mil。

（3）在电路板四角的适当位置放置 4 个内外径均为 3mm 的焊盘充当安装孔。

7.4　在 PCB 文件中导入原理图网络表信息

网络表是原理图与 PCB 图之间的联系纽带，原理图和 PCB 图之间的信息可以通过在相应的 PCB 文件中导入网络表的方式完成同步。在执行导入网络表的操作前，用户需要在 PCB 设计环境中装载元件的封装库及对同步比较器的比较规则进行设置。

7.4.1　装载元件封装库

由于 Protel DXP 2004 采用的是集成的元件库，因此对于大多数设计来说，在进行原理图设计的同时便装载了元件的 PCB 封装模型，一般可以省略该项操作。但 Protel DXP 2004 同时也支持单独的元件封装库，只要 PCB 文件中有一个元件封装不是在集成的元件库中，用户就需要单独装载该封装所在的元件库。元件封装库的添加与原理图中元件库的添加步骤相同，这里不再赘述。

7.4.2　设置同步比较规则

同步设计是 Protel 系列软件中实现绘制电路图最基本的方法，这是一个非常重要的概念。对同步设计概念最简单的理解就是原理图文件和 PCB 文件在任何情况下保持同步。也就是说，不管是先绘制原理图再绘制 PCB 图，还是同时绘制原理图和 PCB 图，最终要保证原理图中元件的电气连接意义必须和 PCB 图中的电气连接意义完全相同，这就是同步。同步并不是单纯的同时进行，而是原理图和 PCB 图两者之间电气连接意义的完全相同。实现这个目的的最终方法是用同步器来实现，这个概念就称之为同步设计。

如果说网络表包含了电路设计的全部电气连接信息，那么 Protel DXP 2004 则是通过同步器添加网络报表的电气连接信息来完成原理图与 PCB 图之间的同步更新。同步器的工作原理是检查当前的原理图文件和 PCB 文件，得出它们各自的网络报表并进行比较，比较后得出的不同网络信息将作为更新信息，然后根据更新信息便可以完成原理图设计与 PCB 设计的同步。同步比较规则能够决定生成的更新信息，因此要完成原理图与 PCB 图的同步更新，同步比较规则的设置是至关重要的。

选择菜单栏中的"项目管理"→"项目管理选项"命令，系统将弹出"Options for PCB Project-Project 1. PrjPCB（PCB 项目选项）"对话框，然后单击"Comparator（比较器）"选项卡，在该选项卡中可以对同步比较规则进行设置，如图 7-35 所示。单击"Set To Installation Defaults（设置为默认）"按钮，将恢复软件安装时同步器的默认设置状态。单击"确认"按钮，即可完成同步比较规则的设置。

同步器的主要作用是完成原理图与 PCB 图之间的同步更新，但这只是对同步器的狭义理解。广义上的同步器可以完成任何两个文档之间的同步更新，可以是两个 PCB 文档之间、网络表文件和 PCB 文件之间，也可以是两个网络表文件之间的同步更新。用户可以在 "Differences（不同）" 面板中查看两个文件之间的不同之处。

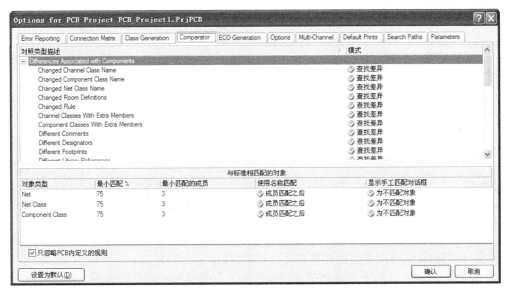

图 7-35　"Comparator（比较器）" 选项卡

7.4.3　导入网络报表

完成同步比较规则的设置后，即可进行网络报表的导入工作。

（1）选择菜单栏中的 "设计" → "Update PCB Document（更新 PCB 文件）" 命令，系统将对原理图和 PCB 图的网络报表进行比较并弹出一个 "工程变化订单（ECO）" 对话框，如图 7-36 所示。

图 7-36　"工程变化订单" 对话框

（2）单击 "使变化生效" 按钮，系统将扫描所有的更改操作项，验证能否在 PCB 上执行所有的更新操作。随后在可以执行更新操作的每一项所对应的 "检查" 栏中将显示 ✅ 标记，如图 7-37 所示。

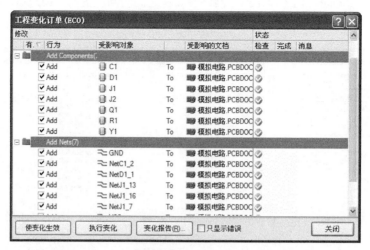

图7-37　PCB中能实现的合乎规则的更新

☑ ◐标记：说明该项更改操作项都是合乎规则的。

☑ ◑标记：说明该项更改操作是不可执行的，需要返回到以前的步骤中进行修改，然后重新进行更新验证。

（3）进行合法性校验后单击"执行变化"按钮，系统将完成网络表的导入，同时在每一项的"完成"栏中显示◐标记提示导入成功，如图7-38所示。

（4）单击"关闭"按钮，关闭该对话框。此时可以看到在PCB图布线框的右侧出现了导入的所有元件的封装模型，如图7-39所示。该图中的紫色边框为布线框，各元件之间仍保持着与原理图相同的电气连接特性。

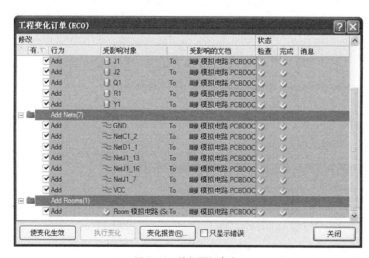

图7-38　执行更新命令

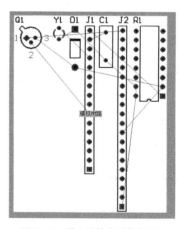

图7-39　导入网络表后的PCB图

用户需要注意的是，导入网络表时，原理图中的元件并不直接导入到用户绘制的布线区内，而是位于布线区范围以外。通过随后执行的自动布局操作，系统自动将元件放置在布线区内。当然，用户也可以手动拖动元件到布线区内。

7.5 课堂案例——电话机自动录音电路图

课堂案例——电话机
自动录音电路图

完成图 7-40 所示电话机自动录音电路，本例介绍的装置，利用家中闲置的录音机与电话机相连接，在打电话时可自动录通话内容，平时仍可使用录音机原有功能。

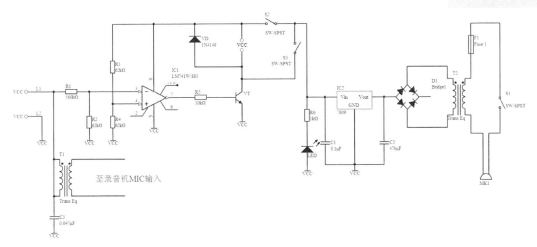

图 7-40　电话机自动录音电路

本例主要学习多层电路板的设计过程。多层板的设计和双层板的设计过程大体上是一样的，只是在工作层的管理和内部电源层的使用上有些不同。

1. 设置工作环境

首先需要为电路创建一个工程，以便维护和管理该电路的所有设计文档。

（1）在"Files"（文件）工作面板中选择"新的"→"Blank Project（PCB）"（空白工程）菜单命令，创建一个 PCB 项目文件。

（2）选择菜单栏中的"文件"→"另存项目为"命令，将新建的项目文件保存为"电话机自动录音电路.PrjPCB"。

（3）在"Projects"（项目）面板的项目文件上单击鼠标右键，在弹出的右键快捷菜单中选择"追加新文件到项目"→"Schematic"（原理图）命令，新建一个原理图文件，并自动切换到原理图编辑环境。

（4）用保存项目文件同样的方法，将该原理图文件另存为"电话机自动录音电路.SchDoc"。

（5）按照前面所学，设计完成图 7-40 所示的原理图。

2. 创建电路板模型

（1）在"Files（文件）"工作面板中的"从模板新建文件"栏中，单击"PCB Board Wizard（印制电路板向导）"对话框，再在其中单击 下一步(N) > 按钮，进入到单位选取步骤，选择"英制"单位模式，如图 7-41 所示。

（2）然后单击 下一步(N) > 按钮，进入到电路板类型选择步骤，在这一步选择自定义电路板，即"Custom（自定义）"类型，如图 7-42 所示。

（3）单击 下一步(N) > 按钮，进入到下一步骤，对电路板的一些详细参数做一些设定，如图 7-43 所示。再次单击 下一步(N) > 按钮，进入到电路板层选择步骤，在这一步中，将信号层数目都设置为 2，内电层的数目设置为 4，如图 7-44 所示。

图 7-41 选择单位

图 7-42 选择自定义电路板类型

图 7-43 设置电路板参数

图 7-44 设置电路板的工作层

（4）单击 下一步(N) 按钮，进入到孔样式设置步骤，在这一步选择通孔，如图 7-45 所示。继续单击 下一步(N) 按钮，进入到元件安装样式设置步骤，在这一步选择元件表贴安装，如图 7-46 所示。

图 7-45 设置通孔样式

图 7-46 设置元件安装样式

（5）单击[下一步(N)>]按钮，进入到导线和焊盘设置步骤，在这一步选择默认设置，如图 7-47 所示。继续单击[下一步(N)>]按钮，进入结束步骤，单击[完成(F)]按钮，完成 PCB 文件的创建，得到图 7-48 所示的 PCB 模型。

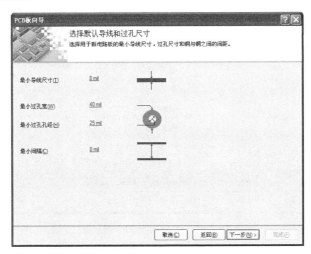

图 7-47　设置导线和焊盘

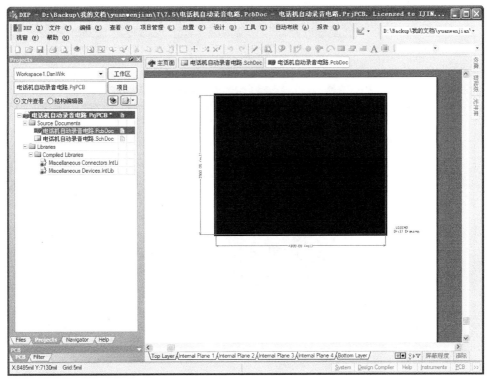

图 7-48　得到的 PCB 模型

（6）选择菜单栏中的"文件"→"另存为"命令，将新建的 PCB 文件保存为"电话机自动录音电路.PcbDoc"。

3．加载元件

（1）在 PCB 编辑环境中，选择菜单栏中的"设计"→"Import Changes From"（从.PrjPcb

输入改变）命令，弹出"工程变化订单"对话框。

（2）单击 执行变化 按钮，在"状态"栏中"检测"和"完成"列表框中显示☑，如图7-49所示。

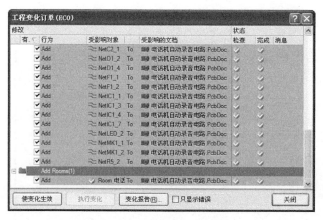

图7-49 "工程变化订单"对话框

（3）单击 关闭 按钮，关闭该对话框，这是可以看到在 PCB 图布线框的右侧出现了导入的所有元件的封装模型，如图7-50所示。

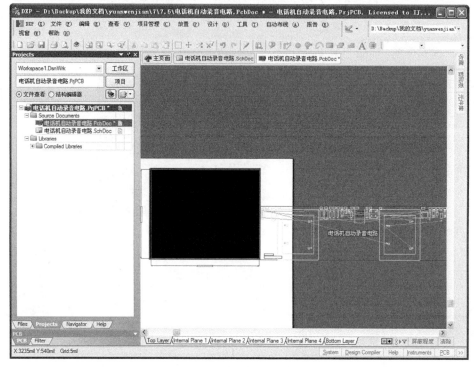

图7-50 加载封装

7.6 课后习题

1. 熟悉 PCB 编辑环境。

2．对比原理图编辑环境与 PCB 编辑环境。

3．练习如何设置 PCB 编辑区的颜色。

4．Protel DXP 2004 包括几种 PCB 文件的创建方法，分别是什么？

5．电路板的边框包括哪几种，分别有什么作用？

6．电路板的板层如何设置？

7．如果调整 PCB 元件放置？

8．对比区别物理边界与电气边界的操作方法。

9．练习在电路板上导入封装。

10．封装元件导入出错可能有哪些原因，如何修改？

11．按照图 7-51 所示的 USB 接口电路，绘制原理图并新建 PCB 文件，导入封装元件。

习题 11

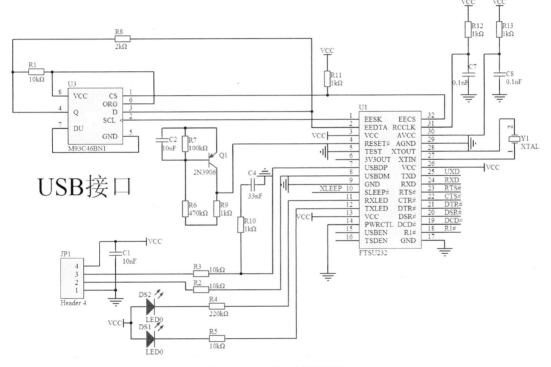

图 7-51　USB 接口电路原理图

第 8 章 PCB 的布局设计

内容指南

制板商要参照用户设计的 PCB 图来进行电路板的生产。由于要满足功能上的需要，电路板设计往往有很多的规则要求，如要考虑到实际中的散热和干扰等问题，这就对电路板布局有很严格的要求。

元件的布局是指将网络表中的所有元件放置在 PCB 上，是 PCB 设计的关键一步。好的布局通常使具有电气连接的元件引脚比较靠近，这样可以使走线距离短，占用空间小，使整个电路板的导线易于连通，从而获得更好的布线效果。

知识重点

 📖 元件的自动布局

 📖 元件的手动布局

 📖 3D 效果图

8.1　元件的自动布局

Protel DXP 2004 提供了强大的 PCB 自动布局功能，PCB 编辑器根据一套智能算法可以自动将元件分开，然后放置到规划好的布局区域内并进行合理的布局。

选择菜单栏中的"工具"→"放置元件"命令，其子菜单中包含了与自动布局有关的命令，如图 8-1 所示。

图 8-1　"放置元件"命令的子菜单

☑ "Room 内部排列（空间内排列）"命令：用于在指定的空间内部排列元件。单击该命令后，光标变为十字形状，在要排列元件的空间区域内单击鼠标左键，元件即自动排列到该空间内部。

☑ "矩形区内部排列"命令：用于将选中的元件排列到矩形区域内。使用该命令前，需要先将要排列的元件选中。此时光标变为十字形状，在要放置元件的区域内单击鼠标左键，确定矩形区域的一角，拖动光标，至矩形区域的另一角后再次单击鼠标左键。确定该矩形区域后，系统会自动将已选择的元件排列到矩形区域中来。

☑ "PCB 板外部排列"命令：用于将选中的元件排列在 PCB 的外部。使用该命令前，需要先将要排列的元件选中，系统自动将选择的元件排列到 PCB 范围以外的右下角区域内。

☑ "自动布局"命令：用于执行自动布局操作。

☑ "停止自动布局器"命令：用于停止自动布局操作。

☑ "推挤"命令：用于推挤布局。推挤布局的作用是将重叠在一起的元件推开。即选择一个基准元件，当周围元件与基准元件存在重叠的情况时，则以基准元件为中心向四周推挤其他的元件；如果不存在重叠则不会执行推挤命令。

☑ "设定推挤深度"命令：用于设置推挤命令的深度，可以为 1～1000 的任意一个数字。

☑ "根据文件布局"命令：用于导入自动布局文件进行布局。

8.1.1　自动布局约束参数

在自动布局前，首先要设置自动布局的约束参数。合理地设置自动布局参数，可以使自动布局的结果更加完善，也就相对地减少了手动布局的工作量，节省了设计时间。

选择菜单栏中的"设计"→"规则"命令，系统弹出"PCB 规则和约束编辑器"对话框，如图 8-2 所示。单击该对话框中的"Placement"（设置）标签，逐项对其中的选项进行参数设置。

图 8-2　"PCB 规则和约束编辑器"对话框

其中，"Room Definition（空间定义规则）"选项用于在 PCB 上定义元件布局区域。在 PCB 上定义的布局区域有两种，一种是区域中不允许出现元件，一种则是某些元件一定要在指定区域内。在该对话框中可以定义该区域的范围（包括坐标范围与工作层范围）和种类。该规则主要用于在线 DRC、批处理 DRC 和 Cluster Placer（分组布局）自动布局的过程中。

元件布局的参数设置完毕后，单击"确认"按钮，保存规则设置，返回 PCB 编辑环境。接着就可以采用系统提供的自动布局功能进行 PCB 元件的自动布局了。

8.1.2　元件的自动布局

（1）在"Keep-out Layer（禁止布线层）"设置布线区。

（2）选择菜单栏中的"工具"→"放置元件"→"自动布局"命令，系统将弹出图 8-3 所示的"自动布局"对话框。自动布局有两种方式，即分组布局方式和统计布局方式。

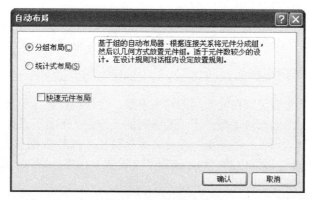

图 8-3 "自动布局"对话框

分组布局方式的自动布局思路为，根据电气连接关系将元件划分为不同的组，然后按照几何关系放置各元件组。该布局方式适用于元件较少（少于 100 个）的电路。

单击"分组布局"单选钮的同时勾选"快速元件布局"复选框，系统将进行快速元件自动布局，但快速布局一般无法达到最优化的元件布局效果。

统计布局方式的自动布局思路为，根据统计算法放置元件，优化元件的布局使元件之间的导线长度最短。该布局方式比较适用于元件较多（多于 100 个）的电路。

下面对这两种自动布局方式进行详细介绍。

①"分组布局"自动布局方式。在"自动布局"对话框中，点选"分组布局"单选钮，在该对话框中提供了"快速元件布局"模式。在该模式下布局速度较快，但是布局效果较差。

单击"确认"按钮，即可开始"分组布局"的自动布局方式。自动布局需要经过大量的计算，因此需要耗费一定的时间。在项目中执行自动布局后，所有的元件进入了 PCB 的边框内，它们按照一定规律被放置到合适的位置。所有的元件将按照分组的形式出现在 PCB 中，但是布局并不合理，PCB 的空间利用严重不合理，需要手动调整。

②"统计式布局"自动布局方式。在"自动布局"对话框中，点选"统计式布局"单选钮，弹出统计布局设置对话框，如图 8-4 所示。其中各选项功能如下。

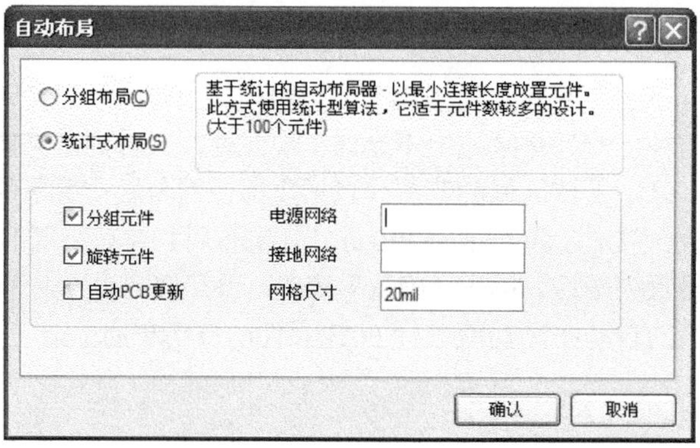

图 8-4 统计布局设置对话框

☑ "分组元件"复选框：勾选该复选框后，当前 PCB 设计中网络连接关系密切的元件将被归为一组，排列时该组的元件将作为整体考虑。

☑ "旋转元件"复选框：勾选该复选框后，在进行元件的布局时系统可以根据需要对元件或元件组进行旋转（方向为 0°、90°、180°或 270°）。

☑ "自动 PCB 更新"复选框：勾选该复选框，在布局时系统将自动更新 PCB 文件的显示。由于需要执行窗口的刷新操作，因此勾选该复选框将延长自动布局的时间。

☑ "电源网络"文本框：在该文本框中可以填写一个或多个电源网络的名称。跨过这些网络的双引脚元件通常被称为退耦电容，系统将其自动放置到与之相关的元件旁边。详细地定义电源网络可以加速自动布局的进程。

☑ "接地网络"文本框：在该文本框中可以填写一个或多个地线网络的名称。跨过这些网络的双引脚元件通常被称为退耦电容，系统将其自动放置到与之相关的元件旁边。详细地定义地线网络同样可以加速自动布局的进程。

☑ "网格尺寸"文本框：该文本框用于详细定义元件布局时格点的大小（通常采用 mil 为单位）。格点间距设置过大可能导致元件被挤出 PCB 的边框，因此通常保持默认设置。

在完成各项设置后，单击"确认"按钮，即可开始"统计布局"的自动布局。自动布局需要经过大量的计算，因此需要耗费一定的时间。

元件在自动布局后不再是按照种类排列在一起。各种元件将按照自动布局的类型选择，初步地分成若干组分布在 PCB 中，同一组的元件之间用导线建立连接将更加容易。

自动布局结果并不是完美的，还存在很多不合理的地方，因此还需要对自动布局进行调整。

课堂练习——计算机话筒电路自动布局

8.1.3　课堂练习——计算机话筒电路自动布局

通过图 8-5 所示的计算机话筒电路原理图，创建 PCB 文件、导入封装，最后进行元件的自动布局。

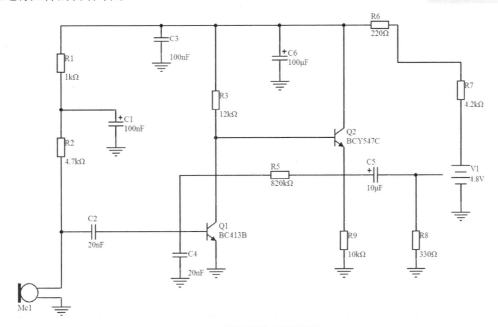

图 8-5　计算机话筒电路原理图

操作提示

（1）创建 PCB 文件，设置电路边框与基本环境参数。

（2）检查原理图封装是否正确。

（3）导入封装元件。

（4）自动布局元件。

8.1.4　自动布局的终止

自动布局的终止操作主要是针对分组布局方式。在大规模的电路设计中，自动布局涉及大量计算，执行起来往往要花费很长的时间，用户可以在分组布局进程的任意时刻执行终止布局过程命令。

选择菜单栏中的"工具"→"放置元件"→"停止自动布局器"命令，系统将弹出图 8-6 所示的"确认"对话框，询问用户是否想要终止自动布局的进程。

☑ 勾选"恢复元件到原来位置"复选框后，单击"是"按钮，则可恢复到自动布局前的 PCB 显示效果。

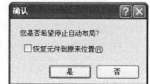

图 8-6　"确认"对话框

☑ 取消对"恢复元件到原来位置"复选框的勾选后，单击"是"按钮，则工作窗口显示的是结束前最后一步的布局状态。

☑ 单击"否"按钮，则继续未完成的自动布局进程。

8.2　元件的手动布局

元件的手动布局是指手动确定元件的位置。在前面介绍的元件自动布局的结果中，虽然设置了自动布局的参数，但是自动布局只是对元件进行了初步地放置，自动布局中元件的摆放并不整齐，走线的长度也不是最短，PCB 布线效果也不够完美，因此需要对元件的布局做进一步调整。

在 PCB 上，可以通过对元件的移动来完成手动布局的操作，但是单纯地手动移动不够精细，不能非常整齐地摆放好元件。为此 PCB 编辑器提供了专门的手动布局操作，用户可以通过"编辑"菜单下"排列"命令的子菜单来完成布局操作，如图 8-7 所示。

同时，在"实用工具"工具栏的"调准工具"下拉列表中同样显示对应的命令，如图 8-8 所示。

图 8-7　"排列"命令子菜单　　　　　　　图 8-8　"实用工具"工具栏

8.2.1　元件的排列操作

元件的排列操作可以使 PCB 布局更好地满足"整齐、对称"的要求。这样不仅使 PCB 看起来美观，而且也有利于进行布线操作。对元件未排列的 PCB 进行布线时会有很多转折，走线的长度较长，占用的空间也较大，这样会降低布通率，同时也会使 PCB 信号的完整性较差。可以利用"排列"子菜单中的有关命令来实现，其中常用排列命令的功能简要介绍如下。

☑ "排列"命令：用于使所选元件同时进行水平和垂直方向上的对齐排列。具体的操作步骤如下，其他命令同理。选中要进行对齐操作的多个对象，系统将弹出图 8-9 所示的"排列对象"对话框。其中"等距"单选钮用于在水平或垂直方向上平均分布各元件。如果所选择的元件出现重叠的现象，对象将被移开当前的格点直到不重叠为止。水平和垂直两个方向设置完毕后，单击"确认"按钮，即可完成对所选元件的对齐排列。

图 8-9　"排列对象"对话框

☑ "左对齐排列"命令：用于使所选元件按左对齐方式排列。
☑ "右对齐排列"命令：用于使所选元件按右对齐方式排列。
☑ "水平中心排列"命令：用于使所选元件按水平居中方式排列。
☑ "顶部对齐排列"命令：用于使所选元件按顶部对齐方式排列。
☑ "底部对齐排列"命令：用于使所选元件按底部对齐方式排列。
☑ "垂直中心排列"命令：用于使所选元件按垂直居中方式排列。
☑ "垂直分布"命令：用于使所选元件以格点为基准进行排列。

8.2.2　课堂练习——计算机话筒电路手动布局

对图 8-5 所示的计算机话筒电路封装元件的自动布局结果进行手动修正。

操作提示

课堂练习—计算机
话筒电路手动布局

（1）将不合理的元件利用鼠标拖动分开放置。
（2）利用排列工具对齐相邻元件。

8.3　3D 效果图

手动布局完毕后，可以通过 3D 效果图，直观地查看视觉效果，以检查手动布局是否合理。
在 PCB 编辑器内，选择菜单栏中的"查看"→"显示三维 PCB 板"命令，则系统生成该 PCB 的 3D 效果图，加入到该项目生成的文件夹中并自动打开，PCB 生成的 3D 效果图如图 8-10 所示。

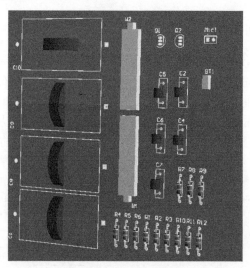

图 8-10　PCB 3D 效果图

8.4　课堂案例——装饰彩灯控制电路设计

课堂案例——装饰
彩灯控制电路设计

完成图 8-11 所示装饰彩灯电路的一部分，可按要求编制出有多种连续流
水状态的彩灯。本例主要练习原理图设计及网络表生成，电路板外形尺寸规
划，及实现元件的布局。

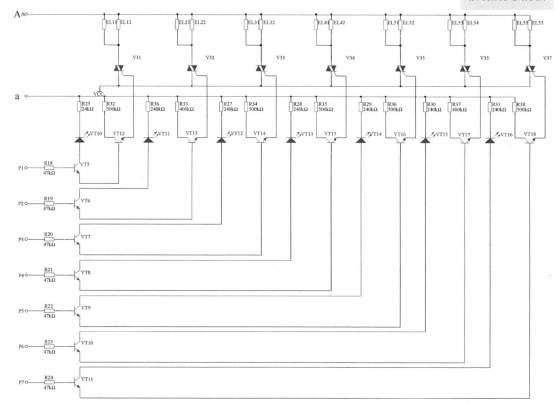

图 8-11　装饰彩灯控制电路图设计

1．设置工作环境

（1）首先需要为电路创建一个项目，以便维护和管理该电路的所有设计文档。

启动 Protel DXP 2004，选择菜单栏中的"文件"→"创建"→"项目"→"PCB 项目"（印制电路板项目）菜单命令，创建一个 PCB 项目文件。

（2）选择菜单栏中的"文件"→"另存项目为"命令，将新建的项目文件保存为"装饰彩灯控制电路.PrjPCB"。

（3）选择菜单栏中的"文件"→"创建"→"原理图"命令，新建一个原理图文件，并自动切换到原理图编辑环境。

（4）选择菜单栏中的"文件"→"另存为"命令，将该原理图文件另存为"装饰彩灯控制电路.SchDoc"。

（5）选择菜单栏中的"设计"→"文档选项"命令，弹出"文档选项"对话框，在"标准风格"下拉列表中选择"A3"，调整原理图图纸大小，如图 8-12 所示。

图 8-12　"文档选项"对话框

（6）接下来，即可设计完成图 8-11 所示的原理图。

2．创建电路板

选择菜单栏中的"文件"→"创建"→"PCB"（印制电路板）命令，新建一个 PCB 文件。选择菜单栏中的"文件"→"另存为"命令，将新建的 PCB 文件保存为"装饰彩灯控制电路.PcbDoc"。

3．绘制电路板参数

（1）绘制物理边框

单击编辑区下方"Mechanical 1（机械层）"标签，选择菜单栏中的"放置"→"直线"命令，绘制的线组成了一个封闭的边框时，即可结束边框的绘制。单击鼠标右键或者按<Esc>键即可退出该操作，完成物理边界绘制。

（2）绘制电气边框

单击编辑区下方"KeepOutLayer（禁止布线层）"标签，选择菜单栏中的"放置"→"禁止布线区"→"导线"命令，在物理边界内部绘制适当大小矩形，作为电气边界，结果如图 8-13 所示（绘制方法同物理边界）。

图 8-13 定义电路板形状

（3）定义电路板形状

选择菜单栏中的"设计"→"PCB 板形状"→"重新定义 PCB 板形状"命令，显示浮动十字标记，沿最外侧物理边界绘制封闭矩形，最后单击鼠标右键，修剪边界外侧电路板，显示电路板边界重定义。

4. 元件布局

（1）在 PCB 编辑环境中，选择菜单栏中的"设计"→"Import Changes From 装饰彩灯控制电路.PrjPcb"（从装饰彩灯控制电路.PrjPcb 输入改变）命令，弹出"工程变化订单（ECO）"对话框。

（2）单击 [执行变化] 按钮，封装模型通过检测无误后，完成封装添加，如图 8-14 所示。将元件的封装载入到 PCB 文件中。

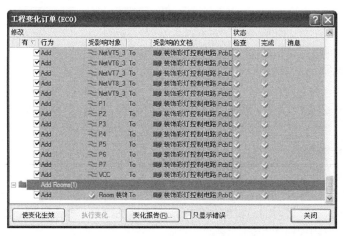

图 8-14 "工程变化订单（ECO）"对话框

（3）采用手动布局的方式完成元件的布局，布局完成后的效果如图 8-15 所示。

（4）选择菜单栏中的"查看"→"显示三维 PCB 板"命令，则系统生成该 PCB 的 3D 效果图，加入到该项目生成的文件夹中并自动打开，如图 8-16 所示。

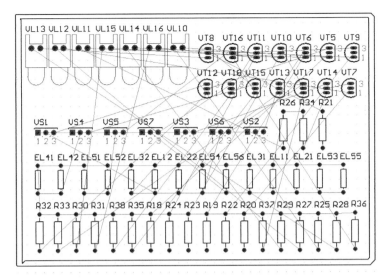

图 8-15　元件布局结果

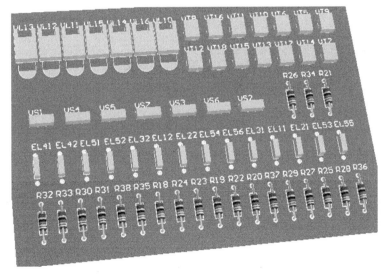

图 8-16　PCB 3D 效果图

8.5　课后习题

1．简述 PCB 的设计流程。

2．熟悉设计的规则的设置，并掌握如何设置规则。

3．说明元件原理图和元件封装以及原理图元件管脚和元件封装图焊盘之间的关系。

4．使用菜单定义一块宽为 100mm，长为 200mm 的双面电路板，要求在禁止布线层和机械层画出电路板板框，在机械层标注尺寸。

5．元件自动布局与手动布局有什么区别？

6．自动布局有几种方法？

7．手动布局有几种排列方式？

8. 完成图 8-17 所示的 LED 显示电路的原理图设计，然后完成电路板外形尺寸规划，实现元件的布局。

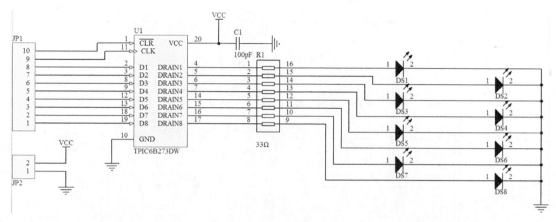

图 8-17 LED 显示电路

第 **9** 章 PCB 的布线设计

内容指南

完成电路板的布局工作后，用户就可以进行布线操作了。在 PCB 的设计中，PCB 布线设计是完成产品设计的重要步骤，其要求最高、技术最细、工作量最大。PCB 布线可分为单面布线、双面布线和多层布线。布线的方式有自动布线和交互式布线两种。通常自动布线是无法达到电路的实际要求的，因此，在自动布线前，用户可以用交互式布线方式预先对要求比较严格的部分进行布线。

在 PCB 设计的最后阶段，用户要通过设计规则检查来进一步确认 PCB 设计的正确性。完成 PCB 项目的设计后，就可以进行各种文件的整理和汇总。

知识重点

📖 PCB 的自动布线
📖 PCB 的手动布线
📖 覆铜和泪滴
📖 输出电路板相关报表

9.1 PCB 的自动布线

自动布线是一个优秀的电路设计辅助软件所必须具备的功能之一。对于散热、电磁干扰及高频特性等要求较低的大型电路设计，采用自动布线操作可以大大降低布线的工作量，同时还能减少布线时产生的遗漏。如果自动布线不能满足实际工程设计的要求，可以通过手动布线进行调整。

9.1.1 设置 PCB 自动布线的规则

Protel DXP 2004 在 PCB 编辑器中为用户提供了 10 大类 49 种设计规则，覆盖了元件的电气特性、走线宽度、走线拓扑结构、表面安装焊盘、阻焊层、电源层、测试点、电路板制作、元件布局、信号完整性等设计过程中的方方面面。在进行自动布线之前，用户首先应对自动布线规则进行详细的设置。

单击菜单栏中的"设计"→"规则"命令，系统将弹出图 9-1 所示的"PCB 规则和约束编辑器"对话框。

图 9-1 "PCB 规则和约束编辑器"对话框

1. "Electrical（电气规则）"类设置

该类规则主要针对具有电气特性的对象，用于系统的 DRC（电气规则检查）功能。当布线过程中违反电气特性规则时，DRC 检查器将自动报警提示用户。单击"Electrical（电气规则）"选项，对话框右侧将只显示该类的设计规则，如图 9-2 所示。

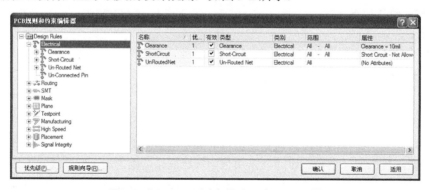

图 9-2 "Electrical（电气规则）"选项设置界面

（1）"Clearance（安全间距规则）"：单击该选项，对话框右侧将列出该规则的详细信息，如图 9-3 所示。

该规则用于设置具有电气特性的对象之间的间距。在 PCB 上具有电气特性的对象包括导线、焊盘、过孔和铜箔填充区等，在间距设置中可以设置导线与导线之间、导线与焊盘之间、焊盘与焊盘之间的间距规则，在设置规则时可以选择适用该规则的对象和具体的间距值。

通常情况下安全间距越大越好，但是太大的安全间距会造成电路不够紧凑，同时也将造成制板成本的提高。因此安全间距通常设置在 10～20mil，根据不同的电路结构可以设置不同的安全间距。用户可以对整个 PCB 的所有网络设置相同的布线安全间距，也可以对某一个或多个网络进行单独的布线安全间距设置。

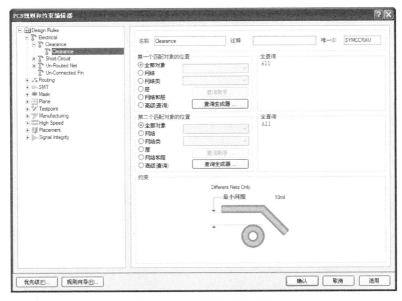

图 9-3　安全间距规则设置界面

其中各选项组的功能如下。

☑ "第一匹配对象的位置"选项组：用于设置该规则优先应用的对象所处的位置。应用的对象范围为"全部对象""网络""网络类""层""网络和层"和"高级（查询）"。选中某一范围后，可以在该选项后的下拉列表框中选择相应的对象，也可以在右侧的"全查询"列表框中填写相应的对象。通常采用系统的默认设置，即点选"全部对象"单选钮。

☑ "第二个匹配对象的位置"选项组：用于设置该规则次优先级应用的对象所处的位置。通常采用系统的默认设置，即点选"全部对象"单选钮。

☑ "约束"选项组：用于设置进行布线的最小间距。这里采用系统的默认设置。

（2）"Short-Circuit（短路规则）"：用于设置在 PCB 上是否可以出现短路，图 9-4 所示为该项设置示意图，通常情况下是不允许的。设置该规则后，拥有不同网络标号的对象相交时如果违反该规则，系统将报警并拒绝执行该布线操作。

（3）"Un-Routed Net（取消布线网络规则）"：用于设置在 PCB 上是否可以出现未连接的网络，图 9-5 所示为该项设置示意图。

图 9-4　设置短路　　　　　　　　　　　图 9-5　设置未连接网络

（4）"Un-Connected Pin（未连接引脚规则）"：电路板中存在未布线的引脚时将违反该规则。系统在默认状态下无此规则。

2. "Routing（布线规则）"类设置

该类规则主要用于设置自动布线过程中的布线规则，如布线宽度、布线优先级和布线拓扑结构等。其中包括以下 7 种设计规则，如图 9-6 所示。

（1）"Width（走线宽度规则）"：用于设置走线宽度，图 9-7 所示为该规则的设置界面。走线宽度是指 PCB 铜膜走线（即俗称为导线）的实际宽度值，包括最大允许值、最小允许值和首选值 3 个选项。与安全间距一样，走线宽度过大也会造成电路不够紧凑，将造成制板成本的提高。因此，走线宽度通常设置在 10~20mil，应该根据不同的电路结构设置不同的走线宽度。用户可以对整个 PCB 的所有走线设置相同的走线宽度，也可以对某一个或多个网络单独进行走线宽度的设置。

图 9-6 "Routing（布线规则）"选项

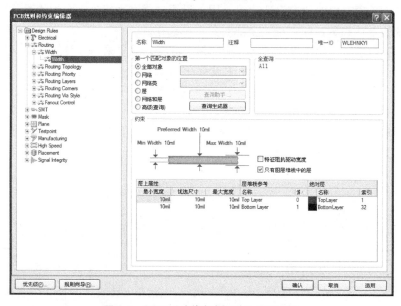

图 9-7 "Width（走线宽度规则）"设置界面

☑ "第一个匹配对象的位置"选项组：用于设置布线宽度优先应用对象所处的位置，包括"全部对象""网络""网络类""层""网络和层"和"高级（查询）"6 个单选钮。单击某一单选钮后，可以在该选项后的下拉列表框中选择相应的对象，也可以在右侧的"全查询"列表框中填写相应的对象。通常采用系统的默认设置，即单击"All（整个网络）"单选钮。

☑ "约束"选项组：用于限制走线宽度。勾选"只有图层堆栈中的层"复选框，将列出当前层栈中各工作层的布线宽度规则设置；否则将显示所有层的布线宽度规则设置。布线宽度设置分为 Max Width（最大宽度）、Min Width（最小宽度）和 Preferred Width（首选宽度）3 种，其主要目的是方便在线修改布线宽度。勾选"特征阻抗驱动宽度"复选框时，将显示其驱动阻抗属性，这是高频高速布线过程中很重要的一个布线属性设置。驱动阻抗属性分为 Max Impedance（最大阻抗）、Min Impedance（最小阻抗）和 Preferred Impedance（首选阻抗）3 种。

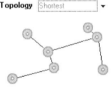

图 9-8　设置走线拓扑结构

（2）"Routing Topology（走线拓扑结构规则）"：用于选择走线的拓扑结构，图 9-8 所示为该项设置的示意图。各种拓扑结构如图 9-9 所示。

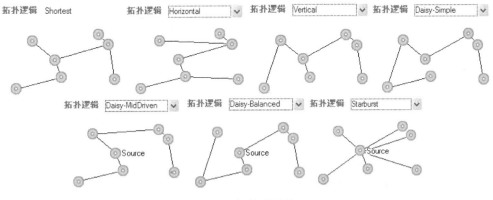

图 9-9　各种拓扑结构

（3）"Routing Priority（布线优先级规则）"：用于设置布线优先级，图 9-10 所示为该规则的设置界面，在该对话框中可以对每一个网络设置布线优先级。PCB 上的空间有限，可能有若干根导线需要在同一块区域内走线才能得到最佳的走线效果，通过设置走线的优先级可以决定导线占用空间的先后。设置规则时可以针对单个网络设置优先级。系统提供了 0～100 共 101 种优先级选择，0 表示优先级最低，100 表示优先级最高，默认的布线优先级规则为所有网络布线的优先级为 0。

图 9-10　"Routing Priority（布线优先级规则）"设置界面

（4）"Routing Layers（布线工作层规则）"：用于设置布线规则可以约束的工作层，图 9-11 所示为该规则的设置界面。

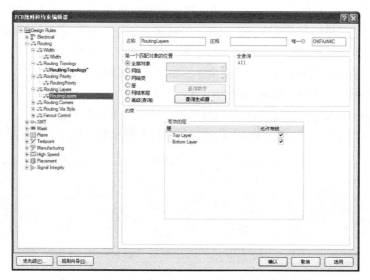

图 9-11 "Routing Layers（布线工作层规则）"设置界面

（5）"Routing Corners（导线拐角规则）"：用于设置导线拐角形式，图 9-12 所示为该规则的设置界面。PCB 上的导线有 3 种拐角方式，如图 9-13 所示，通常情况下会采用 45°的拐角形式。设置规则时可以针对每个连接、每个网络直至整个 PCB 设置导线拐角形式。

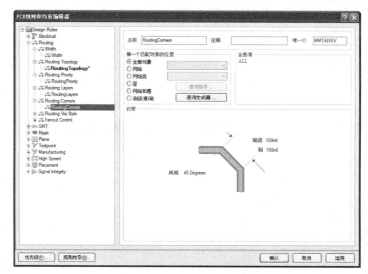

图 9-12 "Routing Corners（导线拐角规则）"设置界面

图 9-13 PCB 上导线的 3 种拐角方式

（6）"Routing Via Style（布线过孔样式规则）"：用于设置走线时所用过孔的样式，图 9-14 所示为该规则的设置界面，在该对话框中可以设置过孔的各种尺寸参数。过孔直径和钻孔孔径都包括"最大值""最小值"和"优先值" 3 种定义方式。默认的过孔直径为 50mil，过孔孔径为 28mil。在 PCB 的编辑过程中，可以根据不同的元件设置不同的过孔大小，钻孔尺寸应该参考实际元件引脚的粗细进行设置。

图 9-14　"Routing Via Style"设置界面

（7）"Fanout Control（扇出控制布线规则）"：用于设置走线时的扇出形式，图 9-15 所示为该规则的设置界面。可以针对每一个引脚、每一个元件甚至整个 PCB 设置扇出形式。

图 9-15　"Fanout Control（扇出控制布线规则）"设置界面

3."SMT（表贴封装规则）"类设置

该类规则主要用于设置表面安装型元件的走线规则，其中包括以下 3 种设计规则。

☑ "SMD To Corner（表面安装元件的焊盘与导线拐角处最小间距规则）"：用于设置表面安装元件的焊盘出现走线拐角时，拐角和焊盘之间的距离，如图 9-16（a）所示。通常，走线时引入拐角会导致电信号的反射，引起信号之间的串扰，因此需要限制从焊盘引出的信号传输线至拐角的距离，以减小信号串扰。可以针对每一个焊盘、每一个网络直至整个 PCB 设置拐角和焊盘之间的距离，默认间距为 0mil。

☑ "SMD To Plane（表面安装元件的焊盘与中间层间距规则）"：用于设置表面安装元件的焊盘连接到中间层的走线距离。该项设置通常出现在电源层向芯片的电源引脚供电的场合。可以针对每一个焊盘、每一个网络直至整个 PCB 设置焊盘和中间层之间的距离，默认间距为 0mil。

☑ "SMD Neck Down（表面安装元件的焊盘颈缩率规则）"：用于设置表面安装元件的焊盘连线的导线宽度，如图 9-16（b）所示。在该规则中可以设置导线线宽上限占据焊盘宽度的百分比，通常走线总是比焊盘要小。可以根据实际需要对每一个焊盘、每一个网络甚至整个 PCB 设置焊盘上的走线宽度与焊盘宽度之间的最大比率，默认值为 50%。

（a）　　　　　　　　　　　　（b）

图 9-16　"SMT"（表贴封装规则）的设置

4．"Mask（阻焊规则）"类设置

该类规则主要用于设置阻焊剂铺设的尺寸，主要用在 Output Generation（输出阶段）进程中。系统提供了 Top Paster（顶层锡膏防护层）、Bottom Paster（底层锡膏防护层）、Top Solder（顶层阻焊层）和 Bottom Solder（底层阻焊层）4 个阻焊层，其中包括以下两种设计规则。

☑ "Solder Mask Expansion（阻焊层和焊盘之间的间距规则）"：通常，为了焊接的方便，阻焊剂铺设范围与焊盘之间需要预留一定的空间。图 9-17 所示为该规则的设置界面。可以根据实际需要对每一个焊盘、每一个网络甚至整个 PCB 设置该间距，默认距离为 4mil。

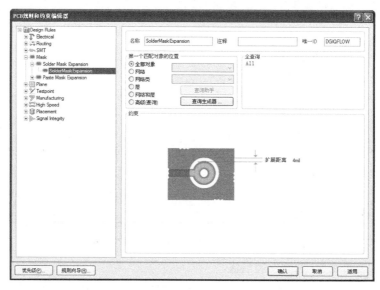

图 9-17　"Solder Mask Expansion（阻焊层和焊盘之间的间距规则）"设置界面

☑ "Paste Mask Expansion（锡膏防护层与焊盘之间的间距规则）"：图 9-18 所示为该规则的设置界面。可以根据实际需要对每一个焊盘、每一个网络甚至整个 PCB 设置该间距，默认距离为 0mil。

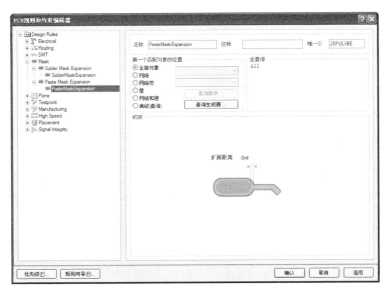

图 9-18　"Paste Mask Expansion（锡膏防护层与焊盘之间的间距规则）"设置界面

阻焊层规则也可以在焊盘的属性对话框中进行设置，可以针对不同的焊盘进行单独的设置。在属性对话框中，用户可以选择遵循设计规则中的设置，也可以忽略规则中的设置而采用自定义设置。

5．"Plane（中间层布线规则）"类设置

该类规则主要用于设置中间电源层布线相关的走线规则，其中包括以下 3 种设计规则。

（1）"Power Plane Connect Style（电源层连接类型规则）"：用于设置电源层的连接形式，图 9-19 所示为该规则的设置界面，在该界面中可以设置中间层的连接形式和各种连接形式的参数。

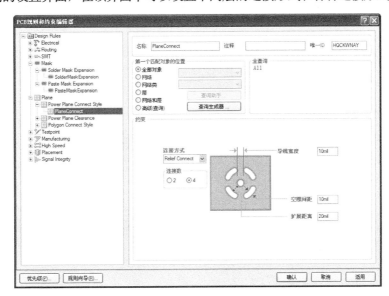

图 9-19　"Power Plane Connect Style（电源层连接类型规则）"设置界面

☑"连接方式"下拉列表框：连接类型可分为 No Connect（电源层与元件引脚不相连）、Direct Connect（电源层与元件的引脚通过实心的铜箔相连）和 Relief Connect（使用散热焊盘的方式与焊盘或钻孔连接）3 种。默认设置为 Relief Connect（使用散热焊盘的方式与焊盘或钻孔连接）。

☑"连接数"选项：散热焊盘组成导体的数目，默认值为 4。

☑"导线宽度"选项：散热焊盘组成导体的宽度，默认值为 10mil。

☑"空隙间距"选项：散热焊盘钻孔与导体之间的空气间隙宽度，默认值为 10mil。

☑"扩展距离"选项：钻孔的边缘与散热导体之间的距离，默认值为 20mil。

（2）"Power Plane Clearance（电源层安全间距规则）"：用于设置通孔通过电源层时的间距，图 9-20 所示为该规则的设置示意图，在该示意图中可以设置中间层的连接形式和各种连接形式的参数。通常，电源层将占据整个中间层，因此在有通孔（通孔焊盘或者过孔）通过电源层时需要一定的间距。考虑到电源层的电流比较大，这里的间距设置也比较大。

（3）"Polygan Connect Style（焊盘与多边形覆铜区域的连接类型规则）"：用于描述元件引脚焊盘与多边形覆铜之间的连接类型，图 9-21 所示为该规则的设置界面。

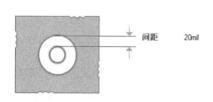

图 9-20　设置电源层安全间距规则

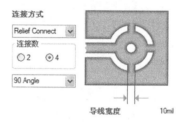

图 9-21　"Polygan Connect Style（焊盘与多边形覆铜区域的连接类型规则）"设置界面

6. "Testpoint"（测试点规则）类设置

该类规则主要用于设置测试点布线规则，如图 9-22 所示。

图 9-22　"Testpoint Style"设置界面

7．"Manufacturing（生产制造规则）"类设置

该类规则是根据 PCB 制作工艺来设置有关参数，主要用在在线 DRC 和批处理 DRC 执行过程中，其中包括 4 种设计规则。

8．"High Speed（高速信号相关规则）"类设置

该类工作主要用于设置高速信号线布线规则，其中包括 6 种设计规则。

9．"Placement（元件放置规则）"类设置

该类规则用于设置元件布局的规则。在布线时可以引入元件的布局规则，这些规则一般只在对元件布局有严格要求的场合中使用。

10．"Signal Integrity（信号完整性规则）"类设置

该类规则用于设置信号完整性所涉及的各项要求，如对信号上升沿、下降沿等的要求。这里的设置会影响到电路的信号完整性仿真。

从以上对 PCB 布线规则的说明可知，PROTEL DXP 2004 对 PCB 布线做了全面规定。这些规定只有一部分运用在元件的自动布线中，而所有规则将运用在 PCB 的 DRC 中。在对 PCB 手动布线时可能会违反设定的 DRC 规则，在对 PCB 进行 DRC 时将检测出所有违反这些规则的地方。

9.1.2 设置 PCB 自动布线的策略

（1）选择菜单栏中的"自动布线"→"设定"命令，系统将弹出图 9-23 所示的"Situs 布线策略"对话框。

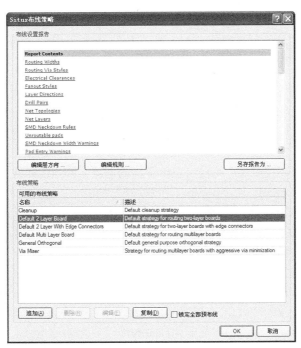

图 9-23 "Situs 布线策略"对话框

① 在该对话框中可以设置自动布线策略。布线策略是指印制电路板自动布线时所采取的策略，如探索式布线、迷宫式布线和推挤式拓扑布线等。其中，自动布线的布通率依赖于良好的布局。对默认的布线策略不允许进行编辑和删除操作。

② 在"Situs 布线策略"对话框中列出了默认的 5 种自动布线策略，功能分别如下。

☑ Cleanup（清除）：用于清除策略。

☑ Default 2 Layer Board（默认双面板）：用于默认的双面板布线策略。

☑ Default 2 Layer With Edge Connectors（默认具有边缘连接器的双面板）：用于默认的具有边缘连接器的双面板布线策略。

☑ Default Multi Layer Board（默认多层板）：用于默认的多层板布线策略。

☑ Via Miser（少用过孔）：用于在多层板中尽量减少使用过孔策略。

③ 勾选"锁定全部预布线"复选框后，所有先前的布线将被锁定，重新自动布线时将不改变这部分的布线。

④ 单击"追加"按钮，系统将弹出图 9-24 所示的"Situs 策略编辑器"对话框。在该对话框中可以添加新的布线策略。

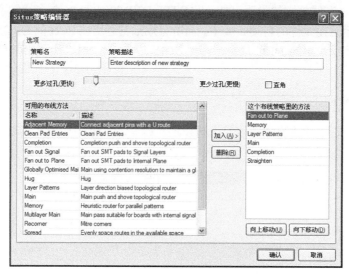

图 9-24 "Situs 策略编辑器"对话框

（2）在"策略名"文本框中填写添加的新建布线策略的名称，在"策略描述"文本框中填写对该布线策略的描述。可以通过拖动文本框下面的滑块来改变此布线策略允许的过孔数目，过孔数目越多自动布线越快。

（3）选择左边的 PCB 布线策略列表框中的一项，然后单击"加入"按钮，此布线策略将被添加到右侧当前的 PCB 布线策略列表框中，作为新创建的布线策略中的一项。如果想要删除右侧列表框中的某一项，则选择该项后单击"删除"按钮即可删除。单击"向上移动"按钮或"向下移动"按钮可以改变各个布线策略的优先级，位于最上方的布线策略优先级最高。

Protel DXP 2004 布线策略列表框中主要有以下 13 种布线方式。

☑ "Adjacent Memory（相邻的存储器）"布线方式：U 形走线的布线方式。采用这种布线方式时，自动布线器对同一网络中相邻的元件引脚采用 U 形走线方式。

☑ "Clean Pad Entries（清除焊盘走线）"布线方式：清除焊盘冗余走线。采用这种布线方式可以优化 PCB 的自动布线，清除焊盘上多余的走线。

☑ "Completion（完成）"布线方式：竞争的推挤式拓扑布线。采用这种布线方式时，布线器对布线进行推挤操作，以避开不在同一网络中的过孔和焊盘。

☑ "Fan Out Signal（扇出信号）"布线方式：表面安装元件的焊盘采用扇出形式连接到信号

层。当表面安装元件的焊盘布线跨越不同的工作层时，采用这种布线方式可以先从该焊盘引出一段导线，然后通过过孔与其他的工作层连接。

☑ "Fan Out to Plane（扇出平面）"布线方式：表面安装元件的焊盘采用扇出形式连接到电源层和接地网络中。

☑ "Globally Optimized Main（全局主要的最优化）"布线方式：全局最优化拓扑布线方式。

☑ "Hug（环绕）"布线方式：采用这种布线方式时，自动布线器将采取环绕的布线方式。

☑ "Layer Patterns（层样式）"布线方式：采用这种布线方式将决定同一工作层中的布线是否采用布线拓扑结构进行自动布线。

☑ "Main（主要的）"布线方式：主推挤式拓扑驱动布线。采用这种布线方式时，自动布线器对布线进行推挤操作，以避开不在同一网络中的过孔和焊盘。

☑ "Memory（存储器）"布线方式：启发式并行模式布线。采用这种布线方式将对存储器元件上的走线方式进行最佳的评估。对地址线和数据线一般采用有规律的并行走线方式。

☑ "Multilayer Main（主要的多层）"布线方式：多层板拓扑驱动布线方式。

☑ "Spread（伸展）"布线方式：采用这种布线方式时，自动布线器自动使位于两个焊盘之间的走线处于正中间的位置。

☑ "Straighten（伸直）"布线方式：采用这种布线方式时，自动布线器在布线时将尽量走直线。

（4）单击"Situs 策略编辑器"对话框中的"编辑规则"按钮，对布线规则进行设置。

（5）完成布线策略设置，单击确定按钮。

9.1.3　PCB 自动布线的操作过程

布线规则和布线策略设置完毕后，用户即可进行自动布线操作。自动布线操作主要是通过"自动布线"菜单进行的。用户不仅可以进行整体布局，也可以对指定的区域、网络及元件进行单独的布线。

1. "全部对象"命令

该命令用于为全局自动布线，其操作步骤如下。

（1）选择菜单栏中的"自动布线"→"全部对象"命令，系统将弹出"Situs 布线策略"对话框。在该对话框中可以设置自动布线策略。

（2）选择一项布线策略，然后单击"Route All（布线所有）"按钮即可进入自动布线状态。这里选择系统默认的"Default 2 Layer Board（默认双面板）"策略。布线过程中将自动弹出"Messages（信息）"面板，提供自动布线的状态信息，如图 9-25 所示。由最后一条提示信息可知，此次自动布线全部布通。

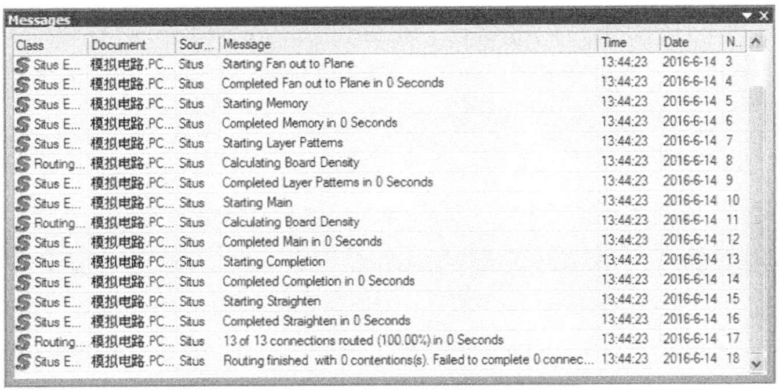

图 9-25　"Messages（信息）"面板

（3）全局布线后的 PCB 图如图 9-26 所示。

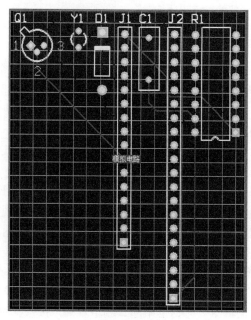

图 9-26　全局布线后的 PCB 图

当器件排列比较密集或者布线规则设置过于严格时，自动布线可能不会完全布通。即使完全布通的 PCB 仍会有部分网络走线不合理，如绕线过多、走线过长等，此时就需要进行手动调整了。

2.“网络”命令

该命令用于为指定的网络自动布线，其操作步骤如下。

（1）在规则设置中对该网络布线的线宽进行合理的设置。

（2）选择菜单栏中的“自动布线”→“网络”命令，此时光标将变成十字形状。移动光标到该网络上的任何一个电气连接点（飞线或焊盘处），这里选 C1 引脚 1 的焊盘处。单击鼠标左键，此时系统将自动对该网络进行布线。

（3）此时，光标仍处于布线状态，可以继续对其他的网络进行布线。

（4）单击鼠标右键或者按<Esc>键即可退出该操作。

3.“网络类”命令

该命令用于为指定的网络类自动布线，其操作步骤如下。

（1）网络类是多个网络的集合，可以在“对象类资源管理器”对话框中对其进行编辑管理。选择菜单栏中的“设计”→“对象类”命令，系统将弹出图 9-27 所示的“对象类资源管理器”对话框。

（2）系统默认存在的网络类为 All Nets（所有网络），不能进行编辑修改。用户可以自行定义新的网络类，将不同的相关网络加入到某一个定义好的网络类中。

（3）选择菜单栏中的“自动布线”→“网络类”命令后，如果当前文件中没有自定义的网络类，系统会弹出提示框提示未找到网络类，否则系统会弹出“Choose Objects Class（选择对象类）”对话框，列出当前文件中具有的网络类。在列表中选择要布线的网络类，系统即将该网络类内的所有网络自动布线。

图 9-27 "对象类资源管理器"对话框

（4）在自动布线过程中，所有布线器的信息和布线状态、结果会在"Messages（信息）"面板中显示出来。

（5）单击鼠标右键或者按<Esc>键即可退出该操作。

4．"连接"命令

该命令用于为两个存在电气连接的焊盘进行自动布线，其操作步骤如下。

（1）如果对该段布线有特殊的线宽要求，则应该先在布线规则中对该段线宽进行设置。

（2）选择菜单栏中的"自动布线"→"连接"命令，此时光标将变成十字形状。移动光标到工作窗口，单击某两点之间的飞线或单击其中的一个焊盘。然后选择两点之间的连接，此时系统将自动在该两点之间布线。

（3）此时，光标仍处于布线状态，可以继续对其他的连接进行布线。

（4）单击鼠标右键或者按<Esc>键即可退出该操作。

5．"整个区域"命令

该命令用于为完整包含在选定区域内的连接自动布线，其操作步骤如下。

（1）单击菜单栏中的"自动布线"→"整个区域"命令，此时光标将变成十字形状。

（2）在工作窗口中单击鼠标左键确定矩形布线区域的一个顶点，然后移动光标到合适的位置，再次单击鼠标左键确定该矩形区域的对角顶点。此时，系统将自动对该矩形区域进行布线。

（3）此时，光标仍处于放置矩形状态，可以继续对其他区域进行布线。

（4）单击鼠标右键或者按<Esc>键即可退出该操作。

6．"Room 空间"命令

该命令用于为指定 Room 类型的空间内的连接自动布线。

该命令只适用于完全位于 Room 空间内部的连接，即 Room 边界线以内的连接，不包括压在边界线上的部分。单击该命令后，光标变为十字形状，在 PCB 工作窗口中单击鼠标左键选取 Room 空间即可。

7．"元件"命令

该命令用于为指定元件的所有连接自动布线，其操作步骤如下。

（1）单击菜单栏中的"自动布线"→"元件"命令，此时光标将变成十字形状。移动光标到工作窗口，单击某一个元件的焊盘，所有从选定元件的焊盘引出的连接都被自动布线。

（2）此时，光标仍处于布线状态，可以继续对其他元件进行布线。

（3）单击鼠标右键或者按<Esc>键即可退出该操作。

8. "元件类"命令

该命令用于为指定元件类内所有元件的连接自动布线，其操作步骤如下。

（1）元件类是多个元件的集合，可以在"对象类资源管理器"对话框中对其进行编辑管理。选择菜单栏中的"设计"→"类"命令，系统将弹出该对话框。

（2）系统默认存在的元件类为 All Components（所有元件），不能进行编辑修改。用户可以使用元件类生成器自行建立元件类。另外，在放置 Room 空间时，包含在其中的元件也自动生成一个元件类。

图 9-28 "Choose Objects Class To Route（选择需要布线的对象类）"对话框

（3）选择菜单栏中的"自动布线"→"元件类"命令后，系统将弹出"Choose Objects Class To Route（选择需要布线的对象类）"对话框，如图 9-28 所示。在该对话框中包含当前文件中的元件类别列表。在列表中选择要布线的元件类，系统即将该元件类内所有元件的连接自动布线。

（4）单击鼠标右键或者按<Esc>键即可退出该操作。

9. "在选择的元件上连接"命令

该命令用于为所选元件的所有连接自动布线。单击该命令之前，要先选中欲布线的元件。

10. "在选择的元件之间连接"命令

该命令用于为所选元件之间的连接自动布线。单击该命令之前，要先选中欲布线元件。

11. "扇出"命令

在 PCB 编辑器中，选择菜单栏中的"自动布线"→"扇出"命令，弹出的子菜单如图 9-29 所示。采用扇出布线方式可将焊盘连接到其他的网络中。其中各命令的功能分别如下。

图 9-29 "扇出"命令子菜单

☑ "全部对象"：用于对当前 PCB 设计内所有连接到中间电源层或信号层网络的表面安装元件执行扇出操作。

☑ "电源层网络"：用于对当前 PCB 设计内所有连接到电源层网络的表面安装元件执行扇出操作。

☑ "信号层网络"：用于对当前 PCB 设计内所有连接到信号层网络的表面安装元件执行扇出操作。

☑ "网络"：用于为指定网络内的所有表面安装元件的焊盘执行扇出操作。

☑ "连接"：用于为指定连接内的两个表面安装元件的焊盘执行扇出操作。单击该命令后，用十字光标点取指定连接内的焊盘或者飞线，系统即可自动为选定连接内的表贴焊盘执行扇出操作。

☑ "元件"：用于为选定的表面安装元件执行扇出操作。单击该命令后，用十字光标点取特定的表贴元件，系统即可自动为选定元件的焊盘执行扇出操作。

☑ "选定的元件"：单击该命令前，先选中要执行扇出操作的元件。单击该命令后，系统自动为选定的元件执行扇出操作。

☑ "焊盘"：用于为指定的焊盘执行扇出操作。

☑ "Room 空间"：用于为指定的 Room 类型空间内的所有表面安装元件执行扇出操作。单击该命令后，用十字光标点取指定的 Room 空间，系统即可自动为空间内的所有表面安装元件执行扇出操作。

9.2　PCB 的手动布线

自动布线会出现一些不合理的布线情况，如造成绕线过多和走线不美观等。这种情况下，可以通过手动布线进行修正，对于元件网络较少的 PCB 也可以完全采用手动布线。下面简单介绍手动布线的一些技巧。

对于手动布线，要靠用户自己规划元件布局和走线路径，而网格是用户在空间和尺寸度量过程中的重要依据。因此，合理地设置网格，会更加方便设计者规划布局和放置导线。用户在设计的不同阶段可根据需要随时调整网格的大小。例如，在元件布局阶段，可将捕捉网格设置得大一点，如 20mil；而在布线阶段捕捉网格要设置得小一点，如 5mil 甚至更小，尤其是在走线密集的区域，视图网格和捕捉网格都应该设置得小一些，以方便观察和走线。

手动布线的规则设置与自动布线前的规则设置基本相同，用户参考前面章节的介绍即可，这里不再赘述。

9.2.1　拆除布线

在工作窗口中选中导线后，按<Delete>键即可删除导线，完成拆除布线的操作。但是这样的操作只能逐段地拆除布线，工作量比较大。

选择菜单栏中的"工具"→"取消布线"子菜单中的命令，快速地拆除布线，如图 9-30 所示，其中各命令的功能和用法分别介绍如下。

图 9-30　"取消布线"子菜单

☑ "全部对象"命令：用于拆除 PCB 上的所有导线。

☑ "网络"命令：用于拆除某一个网络上的所有导线。执行该命令，光标将变成十字形状。移动光标到某根导线上，单击鼠标左键，该导线所属网络的所有导线将被删除，这样就完成了对某个网络的拆线操作。此时，光标仍处于拆除布线状态，可以继续拆除其他网络上的布线。单击鼠标右键或者按<Esc>键即可退出该操作。

☑ "连接"命令：用于拆除某个连接上的导线。执行该命令，此时光标将变成十字形状。移动光标到某根导线上，单击鼠标左键，该导线建立连接将被删除，这样就完成了对该连接的拆除布线操作。此时，光标仍处于拆除布线状态，可以继续拆除其他连接上的布线。单击鼠标右键或者按<Esc>键即可退出该操作。

☑ "元件"命令：用于拆除某个元件上的导线。执行该命令，此时光标将变成十字形状。移动光标到某个元件上，单击鼠标左键，该元件所有引脚所在网络的所有导线将被删除，这样就完成了对该元件的拆除布线操作。此时，光标仍处于拆除布线状态，可以继续拆除其他元件上的布线。单击鼠标右键或者按<Esc>键即可退出该操作。

☑ "Room 空间"命令：用于拆除某个 Room 区域内的导线。

9.2.2 手动布线

1. 手动布线的步骤

手动布线也将遵循自动布线时设置的规则，其操作步骤如下。

（1）选择菜单栏中的"放置"→"交互式布线"命令，此时光标将变成十字形状。

（2）移动光标到元件的一个焊盘上，单击鼠标左键放置布线的起点。

手动布线模式主要有任意角度、90°拐角、90°弧形拐角、45°拐角和45°弧形拐角5种。按<Shift>+<Space>组合键即可在5种模式间切换，按<Space>键可以在每一种的开始和结束两种模式间切换。

（3）多次单击鼠标左键确定多个不同的控点，完成两个焊盘之间的布线。

2. 手动布线中层的切换

在进行交互式布线时，按<*>键可以在不同的信号层之间切换，这样可以完成不同层之间的走线。在不同的层间进行走线时，系统将自动为其添加一个过孔。不同层间的走线颜色是不相同的，可以在"板层和颜色"对话框中进行设置。

9.3 添加安装孔

电路板布线完成之后，就可以开始着手添加安装孔。安装孔通常采用过孔形式，并和接地网络连接，以便于后期的调试工作。

添加安装孔的操作步骤如下。

（1）选择菜单栏中的"放置"→"过孔"命令，或者单击"配线"工具栏中的 ⊙（放置过孔）按钮，或按<P>+<V>组合键，此时光标将变成十字形状，并带有一个过孔图形。

（2）按<Tab>键，系统将弹出图9-31所示的"过孔"对话框。

图9-31 "过孔"对话框

☑ "孔径"选项：这里将过孔作为安装孔使用，因此过孔内径比较大，设置为28mil。

☑ "直径"选项：这里的过孔外径设置为50mil。

☑ "位置"选项：这里的过孔作为安装孔使用，过孔的位置将根据需要确定。通常，安装孔放置在电路板的 4 个角上。

☑"属性"选项：包括设置过孔起始层、网络标号、测试点等。

（3）设置完毕单击"确认"按钮，即可放置了一个过孔。

（4）此时，光标仍处于放置过孔状态，可以继续放置其他的过孔。

（5）右击或者按<Esc>键即可退出该操作。

9.4　覆铜和泪滴

覆铜由一系列的导线组成，可以完成电路板内不规则区域的填充。在绘制 PCB 图时，覆铜主要是指把空余没有走线的部分用导线全部铺满。用铜箔铺满部分区域和电路的一个网络相连，多数情况是和 GND 网络相连。单面电路板覆铜可以提高电路的抗干扰能力，经过覆铜处理后制作的 PCB 会显得十分美观，同时，通过大电流的导电通路也可以采用覆铜的方法来加大过电流的能力。通常覆铜的安全间距应该在一般导线安全间距的两倍以上。

9.4.1　覆铜

选择菜单栏中的"放置"→"覆铜"命令，或者单击"配线"工具栏中的▦（放置多边形覆铜）按钮，或按<P>+<G>组合键，即可执行放置覆铜命令。系统弹出的"覆铜"对话框如图 9-32 所示。

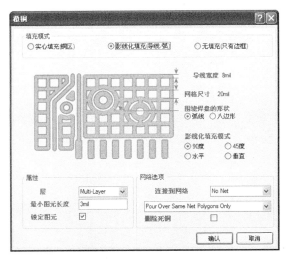

图 9-32　"覆铜"对话框

其中各选项组的功能分别介绍如下。

1."填充模式"选项组

该选项组用于选择覆铜的填充模式，包括 3 个单选钮，实心填充（铜区）；影线化填充（导线/弧）；无填充（只有边框），即只保留覆铜边界，内部无填充。

在对话框的中间区域内可以设置覆铜的具体参数，针对不同的填充模式，有不同的设置参数选项。

☑"实心填充（铜区）"单选钮：用于设置删除孤立区域覆铜的面积限制值，以及删除凹槽的宽度限制值。

☑"影线化填充（导线/弧）"单选钮：用于设置网格线的宽度、网络的大小、围绕焊盘的形状及网格的类型。

☑ "无填充（只有边框）"单选钮：用于设置覆铜边界导线宽度及围绕焊盘的形状等。

2. "属性"选项组

☑ "层"下拉列表框：用于设定覆铜所属的工作层。

☑ "最小图元长度"文本框：用于设置最小图元的长度。

☑ "锁定图元"复选框：用于选择是否锁定覆铜。

3. "网络选项"选项组

☑ "连接到网络"下拉列表框：用于选择覆铜连接到的网络，通常连接到 GND 网络。

① "Don't Pour Over Same Net Objects（填充不超过相同的网络对象）"选项：用于设置覆铜的内部填充不与同网络的图元及覆铜边界相连。

② "Pour Over Same Net Polygons Only（填充只超过相同的网络多边形）"选项：用于设置覆铜的内部填充只与覆铜边界线及同网络的焊盘相连。

③ "Pour Over All Same Net Objects（填充超过所有相同的网络对象）"选项：用于设置覆铜的内部填充与覆铜边界线，并与同网络的任何图元相连，如焊盘、过孔和导线等。

☑ "删除死铜"复选框：用于设置是否删除孤立区域的覆铜。孤立区域的覆铜是指没有连接到指定网络元件上的封闭区域内的覆铜，若勾选该复选框，则可以将这些区域的覆铜去除。

9.4.2 课堂练习——在电路板两侧覆铜

在图 9-33 所示的模拟电路的顶层与底层覆铜。

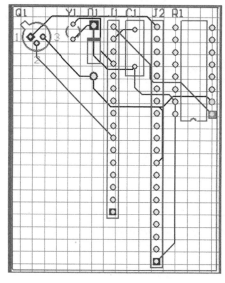

课堂练习——在电路板两侧覆铜

图 9-33 模拟电路电路板

操作提示

（1）在"覆铜"对话框中进行设置，选中"影线化填充（导线/弧）"单选钮，填充模式设置为 45°，连接到网络 GND，层面设置为 Top Layer（顶层），勾选"删除死铜"复选框。

（2）用光标沿着 PCB 的禁止布线边界线画一个闭合的矩形框，系统在框线内部自动生成了 Top Layer（顶层）的覆铜。

（3）再次执行覆铜命令，选择层面为 Bottom Layer（底层），其他设置相同，为底层覆铜。

9.4.3　泪滴

在导线和焊盘或者过孔的连接处，通常需要补泪滴，以去除连接处的直角，加大连接面。这样做有两个好处，一是在 PCB 的制作过程中，避免因钻孔定位偏差导致焊盘与导线断裂；二是在安装和使用中，可以避免因用力集中导致连接处断裂。补泪滴前后焊盘与导线连接的变化如图 9-34 所示。

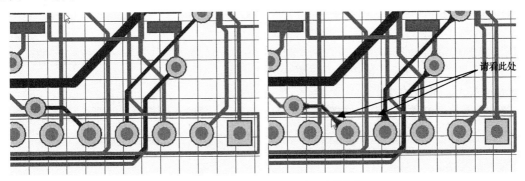

图 9-34　泪滴前后焊盘与导线连接的变化

下面介绍进行补泪滴的操作。

选择菜单栏中的"工具"→"滴泪焊盘"命令，或按<T>+<E>组合键，即可执行补泪滴命令。系统弹出的"泪滴选项"对话框如图 9-35 所示。

图 9-35　"泪滴选项"对话框

（1）"一般"选项组

☑ "全部焊盘"复选框：勾选该复选框，将对所有的焊盘添加泪滴。

☑ "全部过孔"复选框：勾选该复选框，将对所有的过孔添加泪滴。

☑ "只有选定的对象"复选框：勾选该复选框，将对选中的对象添加泪滴。

☑ "强制点泪滴"复选框：勾选该复选框，将强制对所有焊盘或过孔添加泪滴，这样可能导致在 DRC 时出现错误信息。取消对此复选框的勾选，则对安全间距太小的焊盘不添加泪滴。

☑ "建立报告"复选框：勾选该复选框，进行添加泪滴的操作后将自动生成一个有关添加泪滴操作的报表文件，同时该报表也将在工作窗口中显示出来。

（2）"行为"选项组

☑ "追加"单选钮：用于添加泪滴。

☑ "删除"单选钮：用于删除泪滴。

（3）"泪滴方式"选项组

☑ "圆弧"单选钮：用弧线添加泪滴。

☑ "导线"单选钮：用线导添加泪滴。

9.5　输出 PCB 相关报表

PCB 绘制完毕，可以利用 Protel DXP 2004 提供的强大报表生成功能，生成一系列报表文件。这些报表文件具有不同的功能和用途，为 PCB 设计的后期制作、元件采购、文件交流等提供了方便。在生成各种报表之前，首先要确保要生成报表的文件已经打开并被激活为当前文件。

9.5.1 PCB 图的网络表文件

前面介绍的 PCB 设计，采用的是从原理图生成网络表的方式，这也是通用的 PCB 设计方法。但是有些时候，设计者直接调入元件封装绘制 PCB 图，没有采用网络表，或者在 PCB 图绘制过程中，连接关系有所调整，这时 PCB 的真正网络逻辑和原理图的网络表会有所差异。此时，设计者就需要从 PCB 图中生成一份网络表文件。

（1）在 PCB 编辑器中，选择菜单栏中的"设计"→"网络表"→"从 PCB 设计输出网络表"命令，系统将弹出图 9-36 所示的"Confirm（确认）"对话框。

（2）单击"Yes（是）"按钮，系统生成 PCB 网络表文件"Exported .Net"，并自动打开。

图 9-36 "Confirm"（确认）对话框

（3）该网络表文件作为自由文档加入到"Projects（项目）"面板中，如图 9-37 所示。

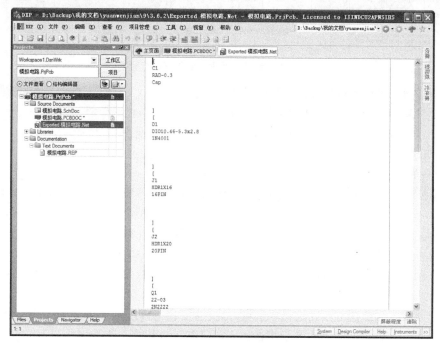

图 9-37 生成网络表文件

另外，还可以根据 PCB 图中的物理连接关系建立网络表。在 PCB 编辑器中，选择菜单栏中的"设计"→"网络表"→"根据连接的铜创建网络表"命令，系统将生成名为"Generated byXXX.Net"的网络表文件。

网络表可以根据用户需要进行修改，修改后的网络表可再次载入，以验证 PCB 的正确性。

9.5.2 PCB 的信息报表

PCB 信息报表是对 PCB 的元件网络和完整细节信息进行汇总的报表。选择菜单栏中的"报告"→"PCB 信息"命令，系统将弹出"PCB 信息"对话框。在该对话框中包含 3 个选项卡，分别介绍如下。

（1）"一般"选项卡

该选项卡汇总了 PCB 上的各类图元，如导线、过孔和焊盘等的数量，报告了电路板的尺寸信息和 DRC 违例数量，如图 9-38 所示。

（2）"元件"选项卡

该选项卡报告了 PCB 上元件的统计信息，包括元件总数、各层放置数目和元件标号列表，如图 9-39 所示。

图 9-38　"一般"选项卡

图 9-39　"元件"选项卡

（3）"网络"选项卡

该选项卡中列出了电路板的网络统计，包括导入网络总数和网络名称列表，如图 9-40 所示。单击 电源/地(P)... 按钮，系统将弹出图 9-41 所示的"内部电源/接地层信息"对话框。对于双面板，该信息框是空白的。

图 9-40　"网络"选项卡

图 9-41　"内部电源/接地层信息"对话框

在各个选项卡中单击"报告"按钮，系统将弹出图 9-42 所示的"电路板报告"对话框，通过该对话框可以生成 PCB 信息的报表文件，在该对话框的列表框中选择要包含在报表文件中的内容。

勾选"只有选定的对象"复选框时，报告中只列出当前电路板中已经处于选择状态下的图元信息。

报表列表选项设置完毕后，在"电路板报告"对话框中单击"报告"按钮，系统将生成"XXX.REP"的报表文件。

该报表文件将作为自由文档加入到"Projects（项目）"面板中，并自动在工作区内打开。PCB 信息报表如图 9-43 所示。

图 9-42　"电路板报告"对话框

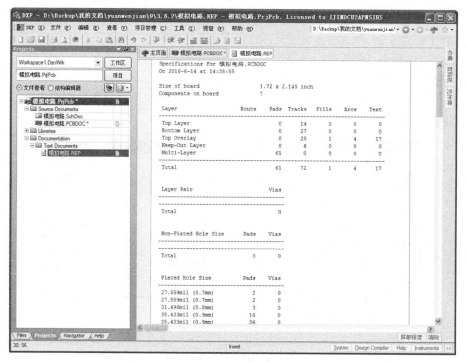

图 9-43　PCB 信息报表

9.5.3　课堂练习——输出模拟电路的报表文件

打开图 9-33 所示的模拟电路电路板文件，输出 PCB 网络表及报表文件。

 操作提示

课堂练习——输出
模拟电路的报表文件

（1）在 PCB 编辑环境下，选择菜单栏中的"设计"→"网络表"命令，依次选择该菜单下不同的命令，对比生成的网络表文件有何不同。

（2）选择"报告"菜单下不同的报表命令，依次生成不同的报告文件。

9.6　PCB 图的打印输出

PCB 设计完毕，就可以将其源文件、制造文件和各种报表文件按需要进行存档、打印和输出等操作。例如，将 PCB 文件打印作为焊接装配指导文件，将元件报表打印作为采购清单，生成胶片文件送交加工单位进行 PCB 加工，当然也可直接将 PCB 文件交给加工单位用以加工 PCB。

9.6.1　打印 PCB 文件

利用 PCB 编辑器的文件打印功能，可以将 PCB 文件不同工作层上的图元按一定比例打印输出，用以校验和存档。

1．页面设置

PCB 文件在打印之前，要根据需要进行页面设定，其操作方式与 Word 文档中的页面设置非常相似。

选择菜单栏中的"文件"→"页面设定"命令，系统将弹出图 9-44 所示的"Composite Properties（复合页面属性设置）"对话框。在该对话框中各选项的功能介绍如下。

　　☑ "打印纸"选项组：用于设置打印纸尺寸和打印方向。

　　☑ "缩放比例"选项组：用于设定打印内容与打印纸的匹配方法。系统提供了两种缩放匹配模式，即"Fit Document On Page（适合文档页面）"和"Scaled Print（比例打印）"。前者将打印内容缩放到适合图纸大小，后者由用户设定打印缩放的比例因子。如果选择

图 9-44　"Composite Properties（复合页面属性）"对话框

了"Selects Print（选择打印）"选项，则"刻度"文本框和"修正"选项组都将变为可用，在"刻度"文本框中填写比例因子设定图形的缩放比例，填写 1.0 时，将按实际大小打印 PCB 图形；"修正"选项组可以在"刻度"文本框参数的基础上再进行 x、y 方向上的比例调整。

　　☑ "余白"选项组：勾选"中心"复选框时，打印图形将位于打印纸张中心，上、下边距和左、右边距分别对称。取消对"中心"复选框的勾选后，在"水平"和"垂直"文本框中可以进行参数设置，改变页边距，即改变图形在图纸上的相对位置。选用不同的缩放比例因子和页边距参数产生的打印效果，可以通过打印预览来观察。

　　☑ "高级"按钮：单击该按钮系统将弹出图 9-45 所示的"PCB 打印输出属性"对话框，在该对话框中设置要打印的工作层及其打印方式。

2. 打印输出属性

（1）在"PCB 打印输出属性"对话框中，双击"Multilayer Composite Print（多层复合打印）"左侧的页面图标，系统将弹出图 9-46 所示的"打印输出属性"对话框。在该对话框的"层次"列表框中列出了将要打印的工作层，系统默认列出所有图元的工作层。通过底部的编辑按钮对打印层面进行添加和删除操作。

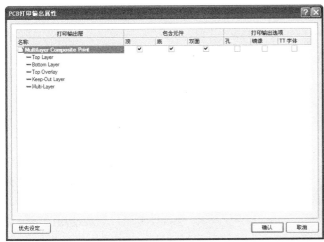

图 9-45　"PCB 打印输出属性"对话框

图 9-46　"打印输出属性"对话框

（2）单击"打印输出属性"对话框中的"追加"按钮或"编辑"按钮，系统将弹出图9-47所示的"层属性"对话框。在该对话框中进行图层打印属性的设置。在各个图元的选项组中，提供了3种类型的打印方案，即"Full（全部）""Draft（草图）"和"Off（隐藏）"。"Full（全部）"即打印该类图元全部图形画面，"Draft（草图）"只打印该类图元的外形轮廓，"Off（隐藏）"则隐藏该类图元，不打印。

（3）设置好"打印输出属性"对话框和"层属性"对话框后，单击"确认"按钮，返回"PCB打印输出属性"对话框。单击"优先设定"按钮，系统将弹出图9-48所示的"PCB打印优先设定"对话框。

图9-47 "层属性"对话框

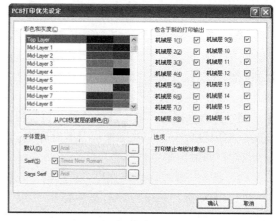

图9-48 "PCB打印优先设定"对话框

在该对话框中用户可以分别设定黑白打印和彩色打印时各个图层的打印灰度和色彩。单击图层列表中各个图层的灰度条或彩色条，即可调整灰度和色彩。

（4）单击"确认"按钮，返回PCB工作区界面。

3. 打印

单击"PCB标准"工具栏中的 ![打印图标] （打印）按钮，或者单击菜单栏中的"文件"→"打印"命令，打印设置好的PCB文件。

9.6.2 打印报表文件

打印报表文件的操作更加简单一些。打开各个报表文件之后，同样先进行页面设定，单击对话框中的"高级"按钮，弹出"文本打印属性"对话框，如图9-49所示。

勾选"使用指定字体"复选框后，即可单击"变更"按钮重新设置用户想要使用的字体和大小，如图9-50所示。设置好页面的所有参数后，就可以进行预览和打印了。其操作与PCB文件打印相同，这里就不再赘述。

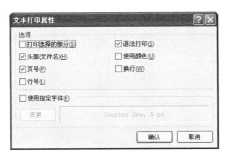

图 9-49　"文本打印属性"对话框

图 9-50　重新设置字体

9.6.3　生成 Gerber 文件

Gerber 文件是一种符合 EIA 标准、用于将 PCB 图中的布线数据转换为胶片的光绘数据，可以被光绘图机处理的文件格式。PCB 生产厂商用这种文件来进行 PCB 制作。各种 PCB 设计软件都支持生成 Gerber 文件的功能，一般我们可以把 PCB 文件直接交给 PCB 生产厂商，厂商会将其转换成 Gerber 格式。而有经验的 PCB 设计者通常会将 PCB 文件按自己的要求生成 Gerber文件，再交给 PCB 厂商制作，确保 PCB 制作出来的效果符合个人定制的设计需要。

在 PCB 编辑器中，选择菜单栏中的"文件"→"输出制造文件"→"Gerber Files（Gerber文件）"命令，系统将弹出图 9-51 所示的"光绘文件设定"对话框。

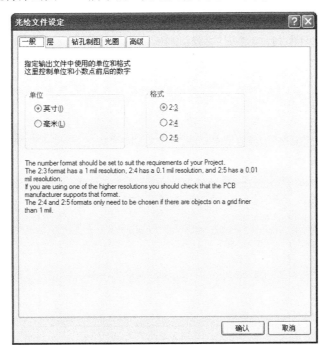

图 9-51　"光绘文件设定"对话框

该对话框中选项卡的设置将在后面的实例中展开讲述。

Protel DXP 2004 系统针对不同 PCB 层生成的 Gerber 文件对应着不同的扩展名，如表 9-1所示。

表 9-1   Gerber 文件的扩展名

PCB 层面	Gerber 文件扩展名	PCB 层面	Gerber 文件扩展名
Top Overlay	.GTO	Top Paste Mask	.GTP
Bottom Overlay	.GBO	Bottom Paste Mask	.GBP
Top Layer	.GTL	Drill Drawing	.GDD
Bottom Layer	.GBL	Drill Drawing Top to Mid1、Mid2 to Mid3 etc	.GD1、.GD2 etc
Mid Layer1、2 etc	.G1、.G2 etc	Drill Guide	.GDG
PowerPlane1、2 etc	.GP1、.GP2 etc	Drill Guide Top to Mid1、Mid2 to Mid3 etc	.GG1、.GG2 etc
Mechanical Layer1、2 etc	.GM1、.GM2 etc	Pad Master Top	.GPT
Top Solder Mask	.GTS	Pad Master Bottom	.GPB
Bottom Solder Mask	.GBS	Keep-out Layer	.GKO

9.7 课堂案例——电话机自动录音电路电路板后续设计

操作案例——电话机自动录音电路电路板后续设计

本节主要练习电路板的布线、覆铜、滴泪，在前面将封装导入到电话机自动录音电路板后，下面进行电路板的后续设计。

1. 元件布局

（1）选择菜单栏中的"文件"→"打开"命令，打开导入封装元件的"电话机自动录音电路.PrjPCB"。

（2）选择菜单栏中的"工具"→"放置元件"→"自动布局"命令，系统将弹出图 9-52 所示的"自动布局"对话框。自动布局有两种方式，即分组布局方式和统计布局方式。

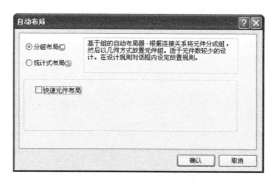

图 9-52 "自动布局"对话框

（3）默认选择"分组布局"选项，单击"确认"按钮，系统自动将边框外的元件在边框内布局，结果如图 9-53 所示。

经过观察可以发现，自动布局结果不理想，导入的封装元件有重叠现象。这里采用手动布局的方法，首先将重叠元件分别放置到空白处。

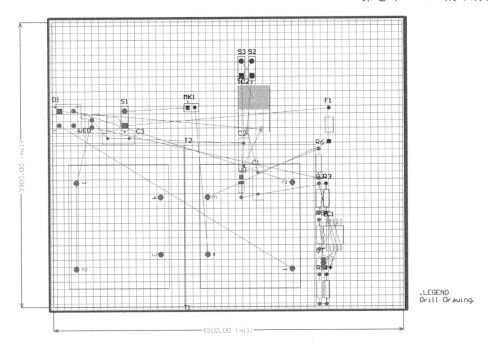

图 9-53 元件自动布局结果

（4）选择菜单栏中的"查看"→"连接"→"隐藏全部网络"命令，隐藏连接的网络线，以方便元件显示。

（5）选择菜单栏中的"查看"→"网格"→"切换可视网格种类"命令，切换网格显示类型，电路板显示结果如图 9-54 所示。

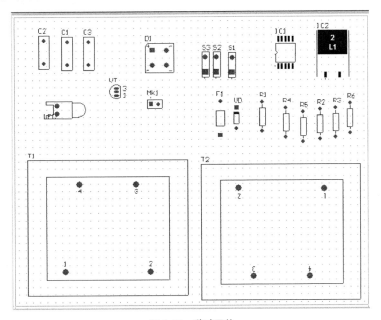

图 9-54 移动元件

（6）选中同类元件，在"实用"工具栏的"调准工具"按钮 下拉列表中选择"顶对齐"和"元件水平等距排列"命令，对齐元件，布局完成后的效果如图 9-55 所示。

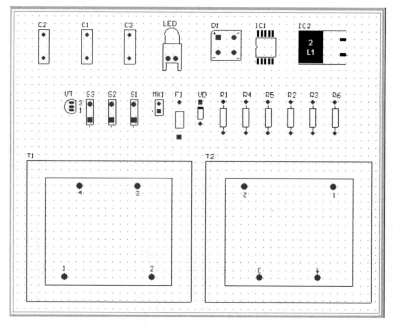

图 9-55　手动布局结果

2．元件布线

（1）选择菜单栏中的"自动布线"→"全部对象"命令，打开"Situs 布线策略"对话框，在其中选择"Default Muti Layer Board"（默认的多层板）布线策略，如图 9-56 所示。

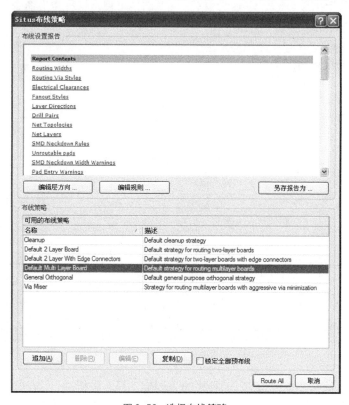

图 9-56　选择布线策略

（2）单击 [Route All] 按钮，开始布线，显示"Message（信息）"面板，如图 9-57 所示。最后得到的布线结果如图 9-58 所示。

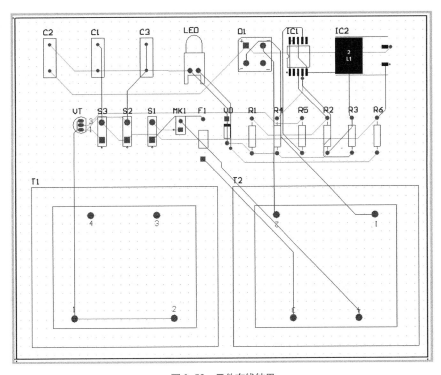

图 9-57　显示布线信息

图 9-58　元件布线结果

3．添加覆铜

（1）选择菜单栏中的"放置"→"覆铜"命令，或者单击"配线"工具栏中的 ▦（放置覆铜平面）按钮，执行顶层放置覆铜命令，弹出图 9-59 所示的"覆铜"对话框，选择"影线化填充（导线/弧）"选项。单击"确认"按钮，在电路板中设置覆铜区域，结果如图 9-60所示。

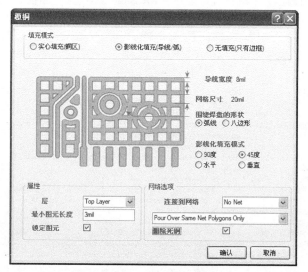

图 9-59　覆铜设置对话框

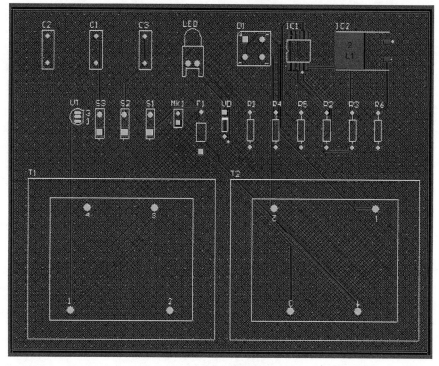

图 9-60　顶层覆铜结果

（2）同样的方法，打开"覆铜"对话框。在"属性"选项组下"层"列表框中选择"Bottom Layer（底层）"，执行覆铜命令，结果如图 9-61 所示。

4．输出网络表文件

（1）在 PCB 编辑器中，选择菜单栏中的"设计"→"网络表"→"从 PCB 设计输出网络表"命令，系统生成 PCB 网络表文件，并自动打开。

（2）该网络表文件作为自由文档加入到"Projects（项目）"面板中，如图 9-62 所示。

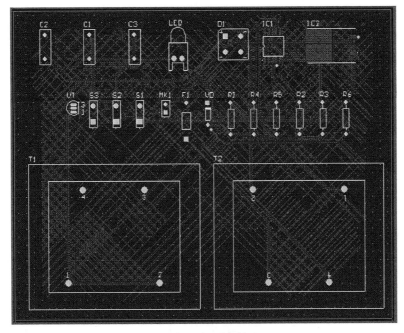

图 9-61 底层覆铜结果

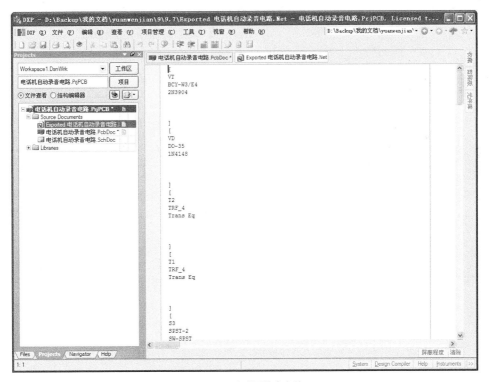

图 9-62 生成网络表文件

9.8 课后习题

1. 如何设置自动布线规则？

2. 安装孔与焊盘有何不同？

3. 覆铜的作用是什么？

4. 补泪滴的作用是什么？

5. 电路板的信息报表主要显示什么信息？

6. 导入 General IC.lib 封装库，并从中选择集成电路封装（DIP-8、DIP-14 和 DIP40），把这些封装放置到电路板图上，并在电路板顶层绘制铜膜线连接 DIP-8 的 1 脚和 DIP-14 的 14 脚。

7. 练习在电路板上放置焊盘、填充和过孔，并在选择的电气对象上覆铜和增加泪滴。

8. 完成图 9-63 所示的 IC 卡读卡器的原理图设计，然后完成电路板外形尺寸规划，实现元件的布局和布线。

9. 完成 IC 卡读卡器电路 PCB 图的网络表文件。

10. 完成 IC 卡读卡器电路 PCB 图的打印输出。

习题 8　　习题 9　　习题 10

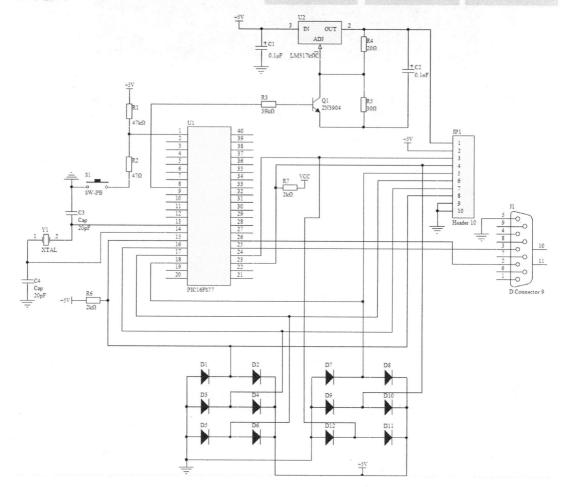

图 9-63　IC 卡读卡器电路原理图

内容指南

虽然 Protel DXP 2004 提供了丰富的元件库资源，但是在实际的电路设计中，由于电子元件制造技术的不断更新，有些特定的元件封装仍需用户自行制作。另外，根据工程项目的需要，建立基于该项目的元件封装库，有利于用户在以后的设计中更加方便快速地调入元件封装，管理工程文件。

本章将对元件库的创建及元件封装进行详细介绍，使读者了解如何管理自己的元件封装库，从而更好地为设计服务。

知识重点

📖 创建原理图元件库

📖 创建 PCB 元件库及元件封装

10.1 创建原理图元件库

首先介绍制作原理图元件库的方法。打开或新建一个原理图元件库文件，即可进入原理图元件库文件编辑器，如图 10-1 所示。

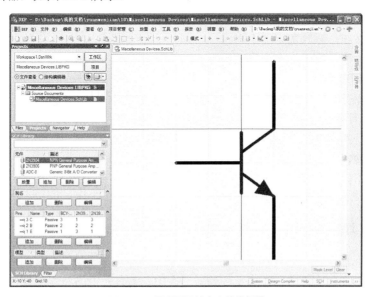

图 10-1 原理图元件库文件编辑器

10.1.1 元件库面板

在原理图元件库文件编辑器中，单击工作面板中的"SCH Library（SCH 元件库）"标签页，即可显示"SCH Library（SCH 元件库）"面板。该面板是原理图元件库文件编辑环境中的主面板，几乎包含了用户创建的库文件的所有信息，用于对库文件进行编辑管理，如图 10-2 所示。

1．"元件"列表框

在"元件"列表框中列出了当前所打开的原理图元件库文件中的所有库元件，包括原理图符号名称及相应的描述。其中各按钮的功能如下。

☑ "放置"按钮：用于将选定的元件放置到当前原理图中。

☑ "追加"按钮：用于在该库文件中添加一个元件。

☑ "删除"按钮：用于删除选定的元件。

☑ "编辑"按钮：用于编辑选定元件的属性。

2．"别名"列表框

图 10-2 "SCH Library（SCH 库）"面板

在"别名"列表框中可以为同一个库元件的原理图符号设置别名。例如，有些库元件的功能、封装和引脚形式完全相同，但由于产自不同的厂家，其元件型号并不完全一致。对于这样的库元件，没有必要再单独创建一个原理图符号，只需要为已经创建的其中一个库元件的原理图符号添加一个或多个别名就可以了。其中各按钮的功能如下。

☑ "追加"按钮：为选定元件添加一个别名。

☑ "删除"按钮：删除选定的别名。

☑ "编辑"按钮：编辑选定的别名。

3．"Pins（引脚）"列表框

在"元件"列表框中选定一个元件，在"Pins（引脚）"列表框中会列出该元件的所有引脚信息，包括引脚的编号、名称和类型。其中各按钮的功能如下。

☑ "追加"按钮：为选定元件添加一个引脚。

☑ "删除"按钮：删除选定的引脚。

☑ "编辑"按钮：编辑选定引脚的属性。

4．"模型"列表框

在"元件"列表框中选定一个元件，在"模型"列表框中会列出该元件的其他模型信息，包括 PCB 封装、信号完整性分析模型和 VHDL 模型等。在这里，由于只需要显示库元件的原理图符号，相应的库文件是原理图文件，所以该列表框一般不需要设置。其中各按钮的功能如下。

☑ "追加"按钮：为选定的元件添加其他模型。

☑ "删除"按钮：删除选定的模型。

☑ "编辑"按钮：编辑选定模型的属性。

10.1.2 工具栏

对于原理图元件库文件编辑环境中的菜单栏及工具栏，由于功能和使用方法与原理图编辑环境中基本一致，在此不再赘述。本章主要对"实用"工具栏中的原理图符号绘制工具、IEEE符号工具及"模式"工具栏进行简要介绍，具体的操作将在后面的章节中进行介绍。

1. 原理图符号绘制工具

单击"实用"工具栏中的 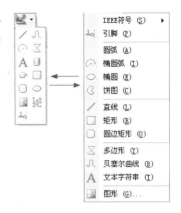 按钮，弹出相应的原理图符号绘制工具，如图 10-3 所示。其中各按钮的功能与"放置"菜单中的各命令具有对应关系。

其中各按钮的功能说明如下。

- ☑ ／：用于绘制直线。
- ☑ ∿：用于绘制贝塞尔曲线。
- ☑ ⌒：用于绘制椭圆弧线。
- ☑ ⊠：用于绘制多边形。
- ☑ Ａ：用于添加说明文字。
- ☑ ▯：用于在当前库文件中添加一个元件。
- ☑ ▷：用于在当前元件中添加一个元件子功能单元。
- ☑ □：用于绘制矩形。
- ☑ ▢：用于绘制圆边矩形。
- ☑ ◯：用于绘制椭圆形。
- ☑ ◔：用于绘制扇形。
- ☑ 🖼：用于插入图片。
- ☑ ▦：用于设置阵列对象。
- ☑ ⅃ₒ：用于放置引脚。

图 10-3　原理图符号绘制工具

这些按钮与原理图编辑器中的按钮十分相似，这里不再赘述。

2. IEEE 符号工具

单击"实用"工具栏中的 ▯ 按钮，弹出相应的 IEEE 符号工具，如图 10-4 所示，是符合 IEEE 标准的一些图形符号。其中各按钮的功能与"放置"菜单中"IEEE 符号"命令的子菜单中的各命令具有对应关系。

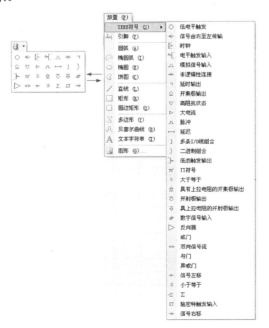

图 10-4　IEEE 符号工具

其中各按钮的功能说明如下。

☑ ○：用于放置点状符号，表示低电平触发电路。

☑ ⇐：用于放置左向信号流符号。

☑ ⊳：用于放置时钟符号。

☑ ⊣：用于放置电平输入有效符号。

☑ ⊓：用于放置模拟信号输入符号。

☑ ⋇：用于放置无逻辑连接符号。

☑ ⌐：用于放置延迟输出符号。

☑ ⊻：用于放置集电极开路符号。

☑ ▽：用于放置高阻符号。

☑ ▷：用于放置大电流输出符号。

☑ ⊓：用于放置脉冲符号。

☑ ⊢：用于放置延迟符号。

☑]：用于放置分组线符号。

☑ }：用于放置二进制分组线符号。

☑ ⊩：用于放置低电平有效输出符号。

☑ π：用于放置 π 符号。

☑ ≥：用于放置大于等于符号。

☑ ⊻：用于放置集电极开路正偏符号。

☑ ◇：用于放置发射极开路符号。

☑ ⊽：用于放置发射极开路正偏符号。

☑ #：用于放置数字信号输入符号。

☑ ▷：用于放置反向器符号。

☑ ⋑：用于放置或门符号。

☑ ◁▷：用于放置输入、输出符号。

☑ ▷：用于放置与门符号。

☑ ⋑：用于放置异或门符号。

☑ ⇽：用于放置左移符号。

☑ ≤：用于放置小于等于符号。

☑ Σ：用于放置求和符号。

☑ ⊓：用于放置施密特触发输入特性符号。

☑ ⇾：用于放置右移符号。

☑ ◇：用于放置开路输出符号。

☑ ▷：用于放置右向信号传输符号。

☑ ◁▷：用于放置双向信号传输符号。

3. "模式"工具栏

"模式"工具栏用于控制当前元件的显示模式，如图 10-5 所示。

☑ "模式"按钮：单击该按钮，可以为当前元件选择一种显示模式，系统默认为"Normal（正常）"。

模式 ▾ ✚ ━ ◄ ►

图 10-5 "模式"工具栏

☑ ✚：单击该按钮，可以为当前元件添加一种显示模式。

☑ ━：单击该按钮，可以删除元件的当前显示模式。

- ☑ : 单击该按钮,可以切换到前一种显示模式。
- ☑ : 单击该按钮,可以切换到后一种显示模式。

10.1.3 设置元件库编辑器工作区参数

在原理图元件库文件的编辑环境中,选择菜单栏中的"工具"→"文档选项"命令,系统将弹出图 10-6 所示的"库编辑器工作区"对话框,在该对话框中可以根据需要设置相应的参数。

该对话框与原理图编辑环境中的"文档选项"对话框内容相似,所以这里只介绍其中个别选项的含义,对于其他选项,用户可以参考前面章节介绍的关于原理图编辑环境的"文档选项"对话框的设置方法。

☑ "显示边界"复选框:用于设置是否显示库元件的隐藏引脚。若勾选该复选框,则元件的隐藏引脚将被显示出来。隐藏引脚被显示出来,并没有改变引脚的隐藏属性。要改变其隐藏属性,只能通过引脚属性对话框来完成。

☑ "使用自定义尺寸"选项组:用于用户自定义图纸的大小。勾选其中的复选框后,可以在下面的 X、Y 文本框中分别输入自定义图纸的高度和宽度。

☑ "库描述"文本框:用于输入原理图元件库文件的说明。用户应该根据自己创建的库文件,在该文本框中输入必要的说明,可以为系统进行元件库查找提供相应的帮助。

图 10-6 "库编辑器工作区"对话框

10.1.4 课堂练习——绘制 USB 微控制器芯片

绘制图 10-7 所示的美国 Cygnal 公司的一款 USB 微控制器芯片 C8051F320 的原理图符号。

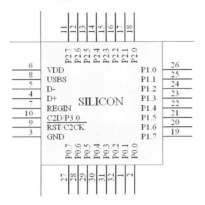

图 10-7 库元件 C8051F320 的原理图符号

课堂练习——绘制
USB 微控制器芯片

操作提示

（1）打开原理图元件库文件编辑器，创建一个新的原理图元件库文件，命名为"NewLib. SchLib"，为新建的库文件原理图符号命名"C8051F320"。

（2）利用矩形作为库元件的原理图符号外形。

（3）利用"放置引脚"按钮，放置引脚。

（4）对创建的库元件进行特性描述，并且设置其他属性参数。

（5）利用"放置文本字符串"按钮，输入"SILICON"。

10.2 创建 PCB 元件库及元件封装

10.2.1 封装概述

电子元件种类繁多，其封装形式也是多种多样。所谓封装是指安装半导体集成电路芯片用的外壳，它不仅起着安放、固定、密封、保护芯片和增强导热性能的作用，还是沟通芯片内部世界与外部电路的桥梁。

芯片的封装在 PCB 上通常表现为一组焊盘、丝印层上的边框及芯片的说明文字。焊盘是封装中最重要的组成部分，用于连接芯片的引脚，并通过 PCB 上的导线连接到 PCB 上的其他焊盘，进一步连接焊盘所对应的芯片引脚，实现电路功能。在封装中，每个焊盘都有唯一的标号，以区别封装中的其他焊盘。丝印层上的边框和说明文字主要起指示作用，指明焊盘组所对应的芯片，方便 PCB 的焊接。焊盘的形状和排列是封装的关键组成部分，确保焊盘的形状和排列正确才能正确地建立一个封装。对于安装有特殊要求的封装，边框也需要绝对正确。

Protel DXP 2004 提供了强大的封装绘制功能，能够绘制各种各样的新型封装。考虑到芯片引脚的排列通常是有规则的，多种芯片可能有同一种封装形式，Protel DXP 2004 提供了封装库管理功能，绘制好的封装可以方便地保存和引用。

10.2.2 PCB 库编辑器

PCB 库编辑器的设置和 PCB 编辑器基本相同，只是菜单栏中少了"设计"和"自动布线"命令。工具栏中也少了相应的工具按钮。另外，在这两个编辑器中，可用的控制面板也有所不同。在 PCB 库编辑器中独有的"PCB Library（PCB 元件库）"面板，提供了对封装库内元件封装统一编辑、管理的界面。

（1）在"Project"（项目）面板的 PCB 库文件管理夹中出现了所需要的 PCB 库文件，双击该文件即可进入 PCB 库编辑器，如图 10-8 所示。

（2）"PCB Library（PCB 元件库）"面板如图 10-9 所示，分为"屏蔽""元件""元件图元"和"缩略图显示框"4 个区域。

（3）"屏蔽"区域对该库文件内的所有元件封装进行查询，并根据屏蔽框中的内容将符合条件的元件封装列出。

（4）"元件封装列表"列出该库文件中所有符合屏蔽栏设定条件的元件封装名称，并注明其焊盘数、图元数等基本属性。

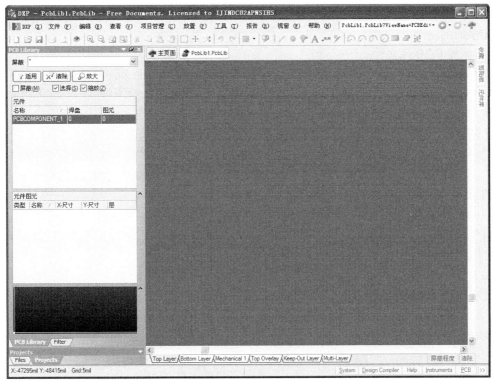

图 10-8　PCB 库编辑器

图 10-9　"PCB Library（PCB 库）"面板

10.2.3　创建 PCB 元件封装

元件封装的参数可以放置在 **PCB** 的任意工作层上，但元件的轮廓只能放置在顶层丝印层上，焊盘只能放在信号层上。当在 PCB 上放置元件时，元件引脚封装的各个部分将分别放置到预先定义的图层上。

1. 创建 PCB 库文件

选择菜单栏中的"文件"→"创建"→"库"→"PCB 库"命令，打开 PCB 库编辑环境，新建一个空白 PCB 库文件"PcbLib1.PcbLib"。

2. 创建新的空元件文档

由于某些电子元件的引脚非常特殊，或者设计人员使用了一个最新的电子元件，用 PCB 元件向导往往无法创建新的元件封装。这时，可以根据该元件的实际参数手动创建引脚封装。手动创建元件引脚封装，需要用直线或曲线来表示元件的外形轮廓，然后添加焊盘来形成引脚连接。

（1）单击元件列表中的元件封装名，工作区将显示该封装，并弹出图 10-10 所示的"PCB 库元件"对话框，在该对话框中可以修改元件封装的名称和高度，高度是供 PCB 3D 显示时使用的。

（2）在元件列表中单击鼠标右键，弹出的右键快捷菜单如图 10-11 所示，通过该菜单可以进行元件库的各种编辑操作。

图 10-10 "PCB 库元件"对话框

图 10-11 右键快捷菜单

3. 利用元件向导创建封装

下面用 PCB 元件向导来创建规则的 PCB 元件封装。由用户在一系列对话框中输入参数，然后根据这些参数自动创建元件封装。

（1）选择菜单栏中的"工具"→"新元件"命令，系统将弹出图 10-12 所示的"元件封装向导"对话框。

（2）单击 下一步> 按钮，进入元件封装模式选择界面。在模式类表中列出了 12 种封装模式，如图 10-13 所示。

图 10-12 "元件封装向导"对话框

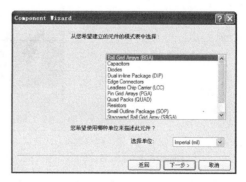

图 10-13 元件封装样式选择界面

在"选择单位"下拉列表框中,包括公制单位"Metric(mm)"与英制单位"Imperial(mil)"。选择不同的封装模式,显示不同的参数设置方法。

10.2.4　课堂练习——创建 PCB 元件封装 TQFP64

用 PCB 元件向导来创建规则的 PCB 元件封装 TQFP64。

课堂练习——创建
PCB 元件封装
TQFP64

操作提示

要创建的封装尺寸信息为:外形轮廓为矩形 10mm×10mm,引脚数为16×4,引脚宽度为 0.22mm,引脚长度为 1mm,引脚间距为 0.5mm,引脚外围轮廓为 12mm×12mm。

10.2.5　设置工作环境

1.设置库选项

选择菜单栏中的"工具"→"库选择项"命令,或者在工作区右击,在弹出的右键快捷菜单中单击"选择项"→"库选择项"命令,系统弹出"PCB 板选择项"对话框。按图 10-14 设置相关参数,单击"确认"按钮,关闭该对话框。

图 10-14　"PCB 板选择项"对话框

2.设置工作区颜色

选择菜单栏中的"工具"→"层次颜色"命令,弹出"板层和颜色"对话框,颜色设置由读者自己把握,这里不再赘述。

3.设置"优先设定"对话框

选择菜单栏中的"工具"→"优先设定"命令,或者在工作区右击,在弹出的右键快捷菜单中单击"选项"→"优先设定"命令,系统将弹出图 10-15 所示的"优先设定"对话框,使用默认设置即可。单击"确认"按钮,关闭该对话框。

4.放置焊盘

在"Top-Layer(顶层)",选择菜单栏中的"放置"→"焊盘"命令,光标箭头上悬浮一个十字光标和一个焊盘,单击确定焊盘的位置。按照同样的方法放置另外两个焊盘。

双击焊盘进入焊盘属性设置对话框,设置焊盘属性,如图 10-16 所示。

5.绘制元件的轮廓线

所谓元件轮廓线,就是该元件封装在电路板上占用的空间尺寸。轮廓线的形状和大小取决于实际元件的形状和大小，通常需要测量实际元件。

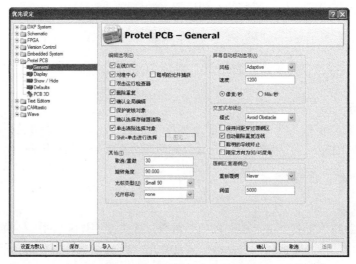

图 10-15 "优先设定"对话框

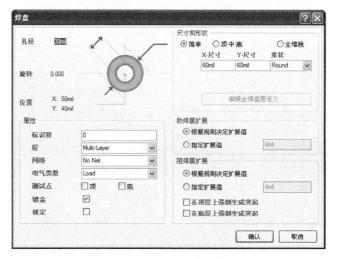

图 10-16 设置焊盘属性

具体绘图工具主要使用"PCB 库放置"工具栏中的命令，如图 10-17 所示。同时对应"放置"菜单栏中的命令，如图 10-18 所示。根据绘图工具绘制封装外形，绘制过程与原理图符号绘制类似，这里不再赘述。

图 10-17 "PCB 库放置"工具栏   图 10-18 "放置"菜单

6．设置元件参考点

在"编辑"菜单的"设置参考点"子菜单中有 3 个命令，即"引脚 1""中心"和"位置"，读者可以自己选择合适的元件参考点。

10.2.6　课堂练习——绘制三极管封装符号

绘制图 10-19 所示的 BCY-W3/E4 三极管封装符号。

操作提示

课堂练习——绘制三极管封装符号

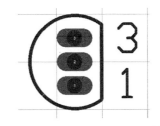
图 10-19　绘制 BCY-W3/E4 三极管封装符号

（1）在适当位置放置焊盘符号并设置焊盘属性。

（2）利用直线与圆弧命令绘制元件外轮廓。

（3）利用字符串命令标注管脚符号

10.3　元件封装检查和元件封装库报表

在"报告"菜单中提供了多种生成元件封装和元件封装库报表的功能，通过报表可以了解某个元件封装的信息，对元件封装进行自动检查，也可以了解整个元件库的信息。此外，为了检查绘制的封装，菜单中提供了测量功能。

1．元件封装中的测量

为了检查元件封装绘制是否正确，在封装设计系统中提供了 PCB 设计中一样的测量功能。对元件封装的测量和在 PCB 上的测量相同，这里不再赘述。

2．元件封装信息报表

在"PCB Library（PCB 元件库）"面板的元件封装列表中选择一个元件，选择菜单栏中的"报告"→"元件"命令，系统将自动生成该元件符号的信息报表，工作窗口中将自动打开生成的报表，以便用户马上查看。图 10-20 所示为查看元件封装信息时的界面。

在图 10-20 中，给出了元件名称、所在的元件库、创建日期和时间，以及元件封装中的各个组成部分的详细信息。

```
Component  : PCBComponent_1
PCB Library : My Package.PcbLib
Date       : 2016-6-16
Time       : 9:57:17
Dimension : 99.999 x 99.999 in


Layer(s)         Pads(s)  Tracks(s)  Fill(s)  Arc(s)  Text(s)
_____
Top Layer          16        0         0        0        0
Top Overlay         0        5         0        2        0
_____
        Total      16        5         0        2        0
```

图 10-20　查看元件封装信息时的界面

3．元件封装错误信息报表

Protel DXP 2004 提供了元件封装错误的自动检测功能。选择菜单栏中的"报告"→"元件规则检查"命令，系统将弹出图 10-21 所示的"元件规则检查"对话框，在该对话框中可以设置元件符号错误的检测规则。

各选项的功能如下。

（1）"复制"选项组

☑"焊盘"复选框：用于检查元件封装中是否有重名的焊盘。

☑"图元"复选框：用于检查元件封装中是否有重名的边框。

☑"封装"复选框：用于检查元件封装库中是否有重名的封装。

（2）"约束"选项组

☑"缺少焊盘名"复选框：用于检查元件封装中是否缺少焊盘名称。

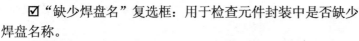

图 10-21 "元件规则检查"对话框

☑"被镜像元件"复选框：用于检查元件封装库中是否有镜像的元件封装。

☑"偏移元件参考"复选框：用于检查元件封装中元件参考点是否偏离元件实体。

☑"短路的铜"复选框：用于检查元件封装中是否存在导线短路。

☑"未连接铜"复选框：用于检查元件封装中是否存在未连接铜箔。

☑"检查全部元件"复选框：用于确定是否检查元件封装库中的所有封装。

保持默认设置，单击"确认"按钮，系统自动生成元件符号错误信息报表。

4．元件封装库信息报表

选择菜单栏中的"报告"→"库报告"命令，系统将生成元件封装库信息报表，如图 10-22 所示。在该报表中，列出了封装库所有的封装名称和对它们的命名。

图 10-22 元件封装库信息报表

课堂案例——三端稳压电源调整器封装库

10.4 课堂案例——三端稳压电源调整器封装库

系统自带的库文件包含大多数的元件芯片，满足大部分的电路图设计应用，即使名称略有不同，也可利用相同外形的元件进行替代。但少数情况下，在一个项目的电路原理图中，所用到的元件由于性能、类型等诸多特性，可能无法在库文件中找到类似的元件。

因此，在系统提供的若干个集成库文件外，也需要用户自己建立的原理图元件库文件。以满足用户的要求。

1．设置工作环境

（1）选择菜单栏中的"文件"→"创建"→"库"→"PCB 库"命令，新建一个空白 PCB 元件库文件"PcbLib1.PcbLib"，进入 PCB 库编辑环境。

（2）选择菜单栏中的"文件"→"保存"命令，保存该 PCB 库文件名称"报警器.PcbLib"。单击打开"PCB Library（PCB 库）"面板，系统自动添加默认部件"PCBComponent_1"。

双击部件名称"PCBComponent_1"，弹出"PCB 库元件"对话框，在"名称"栏输入"VR3"，如图 10-23 所示。单击"确认"按钮，完成部件名称修改。

图 10-23 "PCB 库元件"对话框

2．绘制元件外形

选择菜单栏中的"放置"→"直线"命令或单击"PCB 库放置"工具栏中的 ✎（放置直线）按钮，放置芯片外形，结果如图 10-24 所示。

继续利用"直线"命令在上步绘制的闭合轮廓内部绘制适当间距的闭合图形，结果如图 10-25 所示。

图 10-24 芯片外轮廓 1

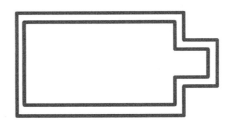

图 10-25 芯片外轮廓 2

3．焊盘放置

选择菜单栏中的"放置"→"焊盘"命令或单击"PCB 库放置"工具栏中的 ◉（放置焊盘）按钮，在闭合区域内部放置焊盘，依次在适合位置单击鼠标左键，放置 3 个焊盘，如图 10-26 所示。完成放置后，单击鼠标右键，或按<Esc>键退出操作。

双击放置的焊盘点，弹出"焊盘"对话框，在"尺寸和外形"选项组下选择"简单的"类型，设置"外形"为"Octagonal"，如图 10-27 所示。

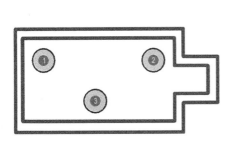

图 10-26 放置焊盘

图 10-27 "焊盘"对话框

单击"确认"按钮，完成设置。同样的方法设置其余焊盘，设置结果如图 10-28 所示。

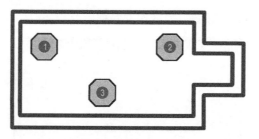

图 10-28　焊盘设置结果

10.5　课后习题

1．简述如何使用绘图工具栏中的各种绘图工具。

2．简述绘制元器件原理图符号的基本步骤。

3．对比封装元件的手动绘制与原理图符号的手动绘制有何不同？

4．简述生成各种库文件输出报表的方法。

5．绘制图 10-29 所示的音乐集成芯片。

6．绘制图 10-30 所示的 LCD 元件。

习题 5　习题 6

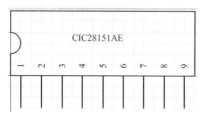

图 10-29　绘制完成的芯片符号

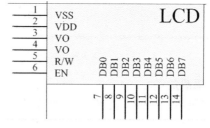

图 10-30　LCD 元件

7．绘制图 10-31 所示的串行接口元件。

8．绘制 28 管脚 PLCC 封装 ATF750C-10JC 元件。

9．创建一个原理图库文件，绘制变压器原理图符号，并生成各种库文件输出报表，如图 10-32 所示。

习题 7　习题 8　习题 9

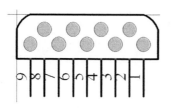

图 10-31　串行接口元件

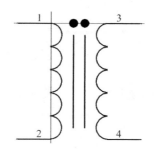

图 10-32　完成绘制的变压器符号

内容指南

U 盘是应用广泛的便携式存储器件，其原理简单、所用芯片数量少、价格便宜、使用方便，可以直接插入计算机的 USB 接口。

本实例针对网上公布的一种 U 盘电路，介绍其电路原理图和 PCB 图的绘制过程。首先制作元件 K9F080UOB、IC1114 和电源芯片 AT1201，给出元件编辑制作和添加封装的详细过程。然后利用制作的元件，设计制作一个 U 盘电路，绘制 U 盘的电路原理图。

本章将根据原理图手工绘制印制电路板图。

知识重点

　📖　编辑元件

　📖　设计原理图

　📖　电路板设计

U 盘电路设计实例

11.1　电路分析

U 盘电路的原理图如图 11-1 所示，其中包括两个主要的芯片，即 Flash 存储器 K9F080UOB 和 USB 桥接芯片 IC1114。

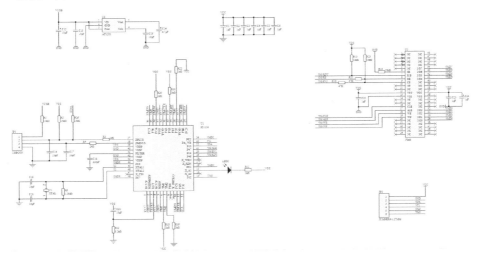

图 11-1　U 盘电路的原理图

11.2 创建项目文件

（1）选择菜单栏中的"文件"→"创建"→"项目"→"PCB 项目"命令，新建一个项目文件。

（2）选择菜单栏中的"文件"→"另存项目为"命令，将新建的项目文件保存在路径文件夹中，并命名为"USB.PRJPCB"。

（3）选择菜单栏中的"文件"→"创建"→"原理图"命令，新建一个原理图文件。

（4）选择菜单栏中的"文件"→"另存为"命令，将新建的原理图文件保存为"USB.SCHDOC"，"Projects（项目）"面板如图 11-2 所示。

图 11-2 "Projects"（项目）面板

11.3 编辑元件

下面制作 Flash 存储器 K9F080U0B、USB 桥接芯片 IC1114 和电源芯片 AT1201。

11.3.1 制作 K9F080UOB 元件

1. 设置工作环境

（1）选择菜单栏中的"文件"→"创建"→"库"→"原理图库"命令，新建元件库文件，名称为"Schlib1.SchLib"。

（2）选择菜单栏中的"工具"→"新元件"命令，或单击"实用"工具栏中的 （创建新元件）按钮，弹出"New Component Name（新元件名称）"对话框。将名称改为"Flash"，如图 11-3 所示。单击"确认"按钮，进入库元件编辑器界面。

图 11-3 "New Component Name（新元件名称）"对话框

2. 绘制芯片外形

（1）选择菜单栏中的"放置"→"矩形"命令，放完矩形，随后会出现一个新的矩形虚框，可以连续放置。右击或者按<Esc>键退出该操作。

（2）选择菜单栏中的"放置"→"引脚"命令放置引脚。

K9F080UOB 一共有 48 个引脚，在"SCH Library（SCH 元件库）"面板的"Pin（引脚）"选项栏中，单击"追加"按钮，添加引脚。

在放置引脚的过程中，按<Tab>键会弹出图 11-4 所示的对话框。在该对话框中可以设置引脚标识符的起始编号及显示文字等，放置的引脚如图 11-5 所示。

由于元件引脚较多，分别修改很麻烦，可以在引脚编辑器中修改引脚的属性，这样比较方便直观。

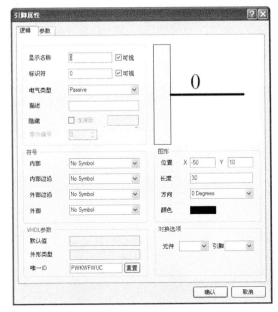

图 11-4　设置引脚属性

图 11-5　放置引脚

3. 设置元件属性

（1）在"SCH Library（SCH 元件库）"面板中，选定刚刚创建的 Flash 元件，单击"元件"选项组下的"编辑"按钮，弹出图 11-6 所示的"Library Component Properties（库元件属性）"对话框，在 Default Designator（默认标识符）栏输入元件标识符前缀 U?，在"注释"栏输入元件名称"Flash"。

图 11-6　"Library Component Properties（库元件属性）"对话框

单击左下角"编辑引脚"按钮，弹出"元件引脚编辑器"对话框。在该对话框中，可以同时修改元件引脚的各种属性，包括标识符、名称和类型等。

（2）修改后的"元件引脚编辑器"对话框如图 11-7 所示。修改引脚属性后的元件如图 11-8 所示。

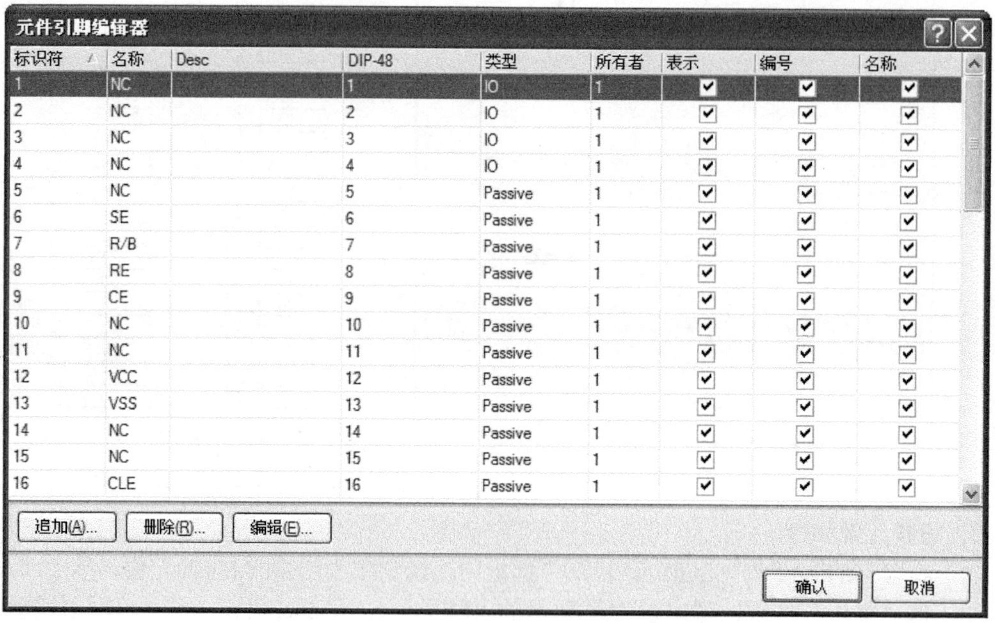

标识符	名称	Desc	DIP-48	类型	所有者	表示	编号	名称
1	NC		1	IO	1	✔	✔	✔
2	NC		2	IO	1	✔	✔	✔
3	NC		3	IO	1	✔	✔	✔
4	NC		4	IO	1	✔	✔	✔
5	NC		5	Passive	1	✔	✔	✔
6	SE		6	Passive	1	✔	✔	✔
7	R/B		7	Passive	1	✔	✔	✔
8	RE		8	Passive	1	✔	✔	✔
9	CE		9	Passive	1	✔	✔	✔
10	NC		10	Passive	1	✔	✔	✔
11	NC		11	Passive	1	✔	✔	✔
12	VCC		12	Passive	1	✔	✔	✔
13	VSS		13	Passive	1	✔	✔	✔
14	NC		14	Passive	1	✔	✔	✔
15	NC		15	Passive	1	✔	✔	✔
16	CLE		16	Passive	1	✔	✔	✔

追加(A)... 删除(R)... 编辑(E)...   确认   取消

图 11-7 修改后的"Component Pin Editor"对话框

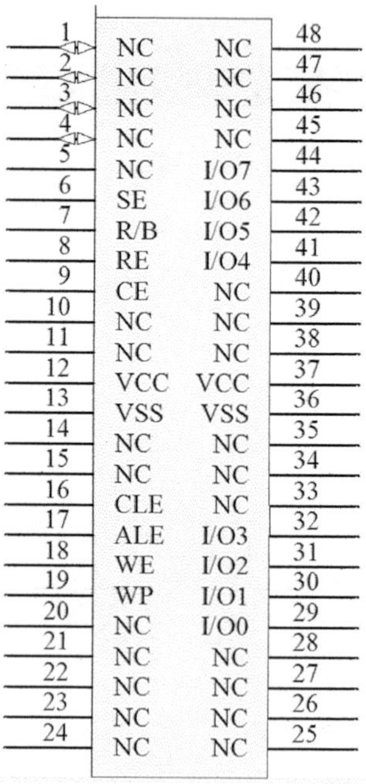

图 11-8 修改引脚属性后的元件

4. 添加 PCB 封装

（1）单击"SCH Library（SCH 元件库）"面板"Model（模型）"选项栏中的"追加"按钮，

系统将弹出图 11-9 所示的"加新的模型"对话框，选择"Footprint"为 Flash 添加封装。此时选择的封装为 DIP-48，"PCB 模型"对话框如图 11-10 所示。

图 11-9　"加新的模型"对话框　　　　　　　　图 11-10　"PCB 模型"对话框

（2）单击"浏览"按钮，系统将弹出图 11-11 所示的"库浏览"对话框。

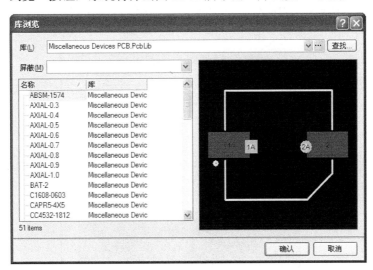

图 11-11　"库浏览"对话框

（3）单击"查找"按钮，在弹出的"元件库查找"对话框中输入 DIP 或者查询字符串，然后单击左下角的"查找"按钮开始查找，如图 11-12 所示。一段漫长的等待之后，会跳出搜寻结果页面，如果感觉已经搜索得差不多了，单击"Stop（停止）"按钮，停止搜索。在搜索出来的封装类型中选择 DIP-48，如图 11-13 所示。

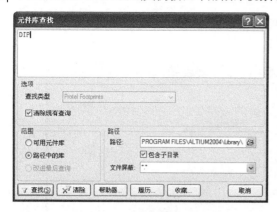

图 11-12 "元件库查找"对话框

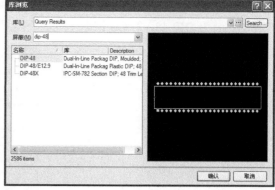

图 11-13 在搜索结果中选择 DIP-48

（4）单击"确认"按钮，关闭该对话框，系统将弹出图 11-14 所示的"Confirm（确认）"对话框，提示是否加载所需的 PcbLib 库，单击"是"按钮，可以完成元件库的加载。

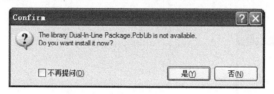

图 11-14 "Confirm（确认）"对话框

（5）单击"是（Y）"按钮，把选定的封装库装入以后，会在"PCB 模型"对话框中看到被选定的封装的示意图，如图 11-15 所示。

（6）单击"确认"按钮，关闭该对话框。然后单击"保存"按钮，保存库元件。在"SCH Library（SCH 元件库）"面板中，单击"元件"选项栏中的"放置"按钮，将其放置到原理图中。

图 11-15 "PCB 模型"对话框

11.3.2 制作 IC1114 元件

IC1114 是 ICSI IC11XX 系列带有 USB 接口的微控制器之一，主要用于 Flash Disk 的控制，具有以下特点。

☑ 采用 8 位高速单片机实现，每 4 个时钟周期为一个机器周期。

☑ 工作频率 12MHz。

☑ 兼容 Intel MCS-51 系列单片机的指令集。

☑ 内嵌 32KB Flash 程序空间，并且可通过 USB、PCMCIA、I^2C 在线编程（ISP）。

☑ 内建 256B 固定地址、4608B 浮动地址的数据 RAM 和额外 1KB CPU 数据 RAM 空间。

☑ 多种节电模式。

☑ 3 个可编程 16 位的定时器/计数器和看门狗定时器。

☑ 满足全速 USB1.1 标准的 USB 口，速度可达 12Mbit/s，一个设备地址和 4 个端点。

☑ 内建 ICSI 的 in-house 双向并口，在主从设备之间实现快速的数据传送。

☑ 主/从 I^2C、UART 和 RS-232 接口供外部通信。

☑ 有 Compact Flash 卡和 IDE 总线接口。Compact Flash 符合 Rev 1.4 "True IDE Mode" 标准，和大多数硬盘及 IBM 的 micro 设备兼容。

☑ 支持标准的 PC Card ATA 和 IDE host 接口。

☑ Smart Memia 卡和 NAND 型 Flash 芯片接口，兼容 Rev.1.1 的 Smart Media 卡特性标准和 ID 号标准。

☑ 内建硬件 ECC（Error Correction Code）检查，用于 Smart Media 卡或 NAND 型 Flash。

☑ 3.0～3.6V 工作电压。

☑ 7mm×7mm×1.4mm 48LQFP 封装。

下面制作 IC1114 元件，其操作步骤如下。

1. 设置工作环境

打开库元件设计文档"Schlib1.SchLib"，单击"实用"工具栏中的 <u>皿</u>（新元件）按钮，或在"SCH Library（SCH 元件库）"面板中，单击"元件"选项栏中的"追加"按钮，系统将弹出"New Components Name（新元件名称）"对话框，输入"IC1114"，如图 11-16 所示。

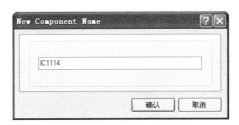

图 11-16 "New Components Name（新元件名称）"对话框

2. 绘制元件外形

（1）选择菜单栏中的"放置"→"矩形"命令，绘制元件边框，元件边框为正方形，如图 11-17 所示。

（2）选择菜单栏中的"放置"→"引脚"命令，或者在"SCH Library（SCH 元件库）"面板中，单击"引脚"选项栏中的"追加"按钮，添加引脚。

在放置引脚的过程中，按<Tab>键会弹出引脚属性对话框，在该对话框中可以设置引脚的起始编号以及显示文字等。IC1114 共有 48 个引脚，引脚放置完毕后的元件如图 11-18 所示。

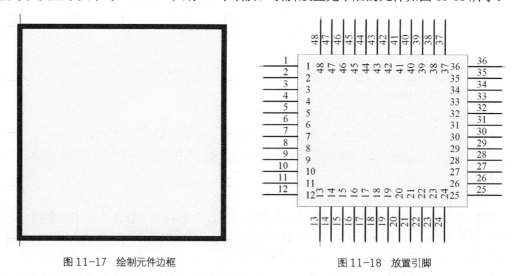

图 11-17　绘制元件边框　　　　　　　　　　　图 11-18　放置引脚

3. 编辑元件属性

（1）在"SCH Library（SCH 元件库）"面板的"元件"选项栏中，选中 IC1114，单击"编辑"按钮，系统将弹出"Library Component Properties（库元件属性）"对话框。

（2）在 Default Designator（默认标识符）栏输入元件标识符前缀 U?，在"注释"栏输入元件名称"IC1114"。

单击其中的"编辑引脚"按钮，修改引脚属性。修改好的 IC1114 元件如图 11-19 所示。

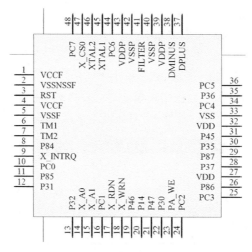

图 11-19　修改后的 IC1114 元件

在制作引脚较多的元件时，可以使用复制和粘贴的方法来提高工作效率。粘贴过程中，应注意引脚的方向，可按<Space>键来进行旋转。

4. 添加 PCB 封装

（1）在"SCH Library（SCH 元件库）"面板中，单击"Model（模型）"选项栏中的"追加"按钮，系统将弹出"加新的模型"对话框，选择"Footprint"为 IC1114 添加封装。此处，选择

的封装为 SQFP7X7-48，单击"浏览（B）"和"Find（查找）"按钮查找该封装，添加完成后的
"PCB Model（PCB 模型）"对话框如图 11-20 所示。

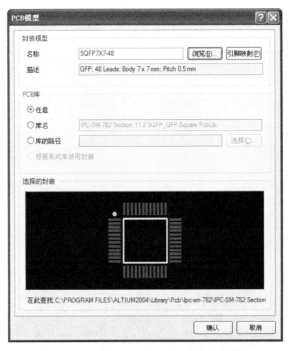

图 11-20   添加完成后的"PCB 模型"对话框

（2）单击"确认"按钮，关闭对话框，完成封装的添加。

（3）单击"保存"按钮，保存库元件。单击"放置"按钮，将其放置到原理图中。

11.3.3   制作 AT1201 元件

电源芯片 AT1201 为 U 盘提供标准工作电压。其操作步骤如下。

1. 设置工作环境

打开库元件设计文档"Schlib1.SchLib"，单击"实用"工具栏中的 <u></u>（新元件）按钮，或
在"SCH Library（SCH 元件库）"面板中，单击"元件"选项栏中的"追加"按钮，系统将弹
出"New Components Name（新元件名称）"对话框，输入元件名称"AT1201"。

2. 绘制元件外形

（1）选择菜单栏中的"放置"→"矩形"命令，绘制元件边框。

（2）选择菜单栏中的"放置"→"引脚"命令，或者在"SCH Library（SCH 元件库）"面
板中，单击"引脚"选项栏中的"追加"按钮，添加引脚。
在放置引脚的过程中，按<Tab>键会弹出"引脚属性"对话
框，在该对话框中可以设置引脚的起始号码以及显示文字
等。AT1201 共有 5 个引脚，制作好的 AT1201 元件如图 11-21
所示。

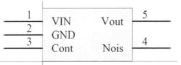

图 11-21   制作好的 AT1201 元件

3. 编辑元件属性

（1）在"SCH Library（SCH 元件库）"面板的"元件"选项栏中，选中 AT1201，单击"编
辑"按钮，系统将弹出"Library Component Properties（库元件属性）"对话框。

（2）在 Default Designator（默认标识符）栏输入元件标识符前缀 U?，在"注释"栏输入元件名称"AT1201"。

4．添加 PCB 封装

在"SCH Library"（SCH 元件库）面板中，单击"Model（模型）"选项组中的"追加"按钮，弹出添加模型窗口，选择"Footprint"为 AT1201 添加封装。此处，选择的封装为 SO-G5/X.5，"PCB Model（PCB 模型）"对话框设置如图 11-22 所示。

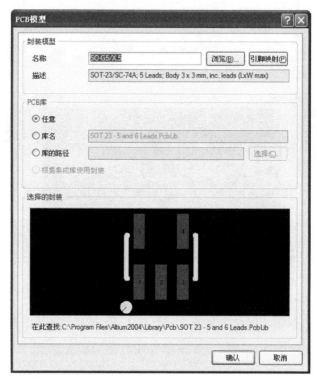

图 11-22　"PCB 模型"对话框

11.4　设计原理图

为了更清晰地说明原理图的绘制过程，我们采用模块法绘制电路原理图。

11.4.1　U 盘接口电路模块设计

打开"USB.SchDoc"文件，选择"元件库"面板，在自建库中选择 IC1114 元件，将其放置在原理图中。

（1）在"Miscellaneous Devices.IntLib"库中选择电容元件、电阻元件、晶体振荡器、发光二极管 LED，在"Miscellaneous Connectors.IntLib"库中选择连接器 Header4 等放入原理图中。接着对元件进行属性设置，然后进行布局。电路组成元件的布局如图 11-23 所示。

（2）单击"配线"工具栏中的 ≈|（放置导线）按钮，将元件连接起来。单击"配线"工具栏中的 █（放置网络标签）按钮，在信号线上标注电气网络标号。连线后的电路原理图如图 11-24 所示。

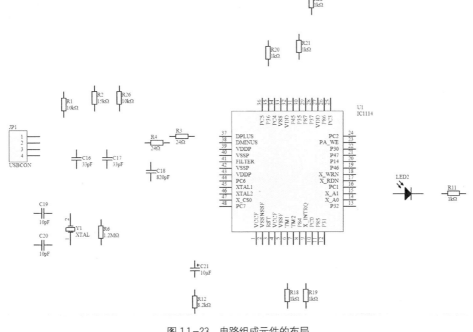

图 11-23 电路组成元件的布局

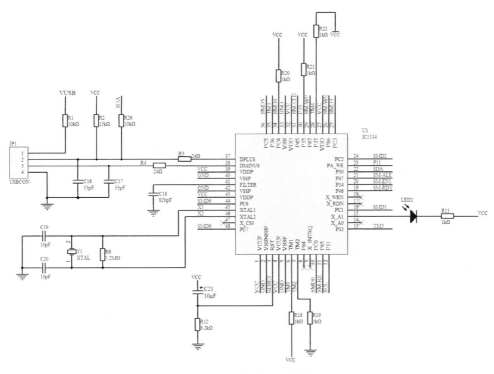

图 11-24 连线后的电路原理图

11.4.2 滤波电容电路模块设计

（1）在"Miscellaneous Devices.IntLib"库中选择一个电容，修改为1μF，放置到原理图中。

（2）选中该电容，单击"原理图标准"工具栏中的 （复制）按钮，选好放置元件的位置，然后选择菜单栏中的"编辑"→"粘贴队列"命令，弹出"设定粘贴队列"对话框。在文本框中设置粘贴个数为 5、水平间距为 30、垂直间距为 0，如图 11-25 所示，单击"确认"按钮关闭对话框。

（3）选择粘贴的起点为第一个电容右侧 30 的地方，单击完成 5 个电容的放置。

（4）单击"配线"工具栏中的 ≈（放置导线）按钮，执行连线操作，接上电源和地，完成滤波电容电路模块的绘制，如图 11-26 所示。

图 11-25 "设定粘贴队列"对话框

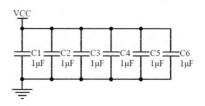

图 11-26 绘制完成的滤波电容电路模块

11.4.3 Flash 电路模块设计

（1）选择"元件库"面板，在自建库中选择 Flash 元件，然后单击"放置"按钮，将其放置在原理图中。

（2）放置好电容元件、电阻元件，并对元件进行属性设置，然后进行布局。

（3）单击"配线"工具栏中的 ≈（放置导线）按钮，进行连线。单击"配线"工具栏中的 Net1（放置网络标签）按钮，标注电气网络标签。至此，Flash 电路模块设计完成，其电路原理图如图 11-27 所示。

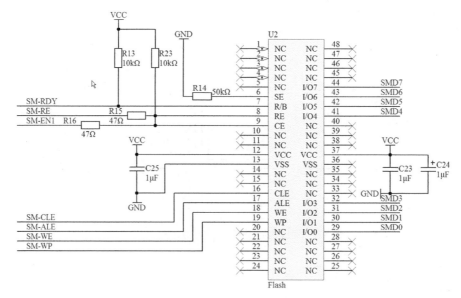

图 11-27 设计完成的 Flash 电路模块的电路原理图

11.4.4　供电模块设计

选择"元件库"面板，在自建库中选择电源芯片 AT1201，在"Miscellaneous Devices.IntLib"库中选择电容，放置到原理图中，然后单击"配线"工具栏中的 ≈| （放置导线）按钮，进行连线。连线后的供电模块如图 11-28 所示。

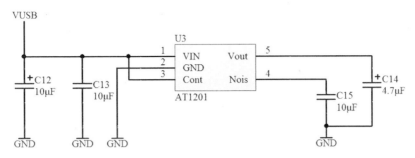

图 11-28　连线后的供电模块

11.4.5　连接器及开关设计

（1）在"Miscellaneous Connectors.IntLib"库中选择连接器 Header6，并完成其电路连接，如图 11-29 所示。

（2）单击"配线"工具栏中的 ⌐ （放置元件）按钮，在"Miscellaneous Devices.IntLib"库中选择 SW-SPDT 开关元件，完成开关设计，如图 11-30 所示。

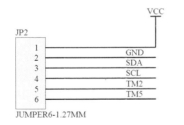

图 11-29　连接器 Header6 的连接电路　　　　图 11-30　完成 SW-SPDT 开关元件的设计

11.5　电路板设计

电路板的设计是电路板设计的最终目的，原理图的设计最终是为电路板的设计服务的。

11.5.1　创建 PCB 文件

（1）在"Project（项目）"面板中的任意位置右击，在弹出的右键快捷菜单中单击"追加新文件到项目"→"PCB（PCB 文件）"命令，新建一个 PCB 文档，重新保存为"USBDISK.PcbDoc"。

（2）选择菜单栏中的"设计"→"PCB 板形状"→"重定义 PCB 板形状"命令，重新定义 PCB 的尺寸。

11.5.2　编辑元件封装

虽然前面已经为自己制作的元件指定了 PCB 封装形式，但对于一些特殊的元件，还可以自已定义封装形式，这会给设计带来更大的灵活性。下面以 IC1114 为例制作 PCB 封装形式，其操作步骤如下。

（1）选择菜单栏中的"文件"→"创建"→"库"→"PCB 库"命令，建立一个新的封装文件，命名为"IC 1113.PcbLib"。

（2）选择菜单栏中的"工具"→"新元件"命令，系统将弹出图 11-31 所示的"元件封装向导"对话框。

图 11-31　"元件封装向导"对话框

（3）单击 下一步> 按钮，在弹出的选择封装类型界面中选择用户需要的封装类型 Quad Packs（QUAD）封装，如图 11-32 所示，然后单击 下一步> 按钮。接下来的几步均采用系统默认设置。

（4）在系统弹出图 11-33 所示的对话框中设置，每条边的引脚数为 12。单击 下一步> 按钮，在系统弹出的命名封装界面中为元件命名，如图 11-34 所示。最后单击 Finish 按钮，完成 IC1114 封装形式的设计。结果显示在布局区域，如图 11-35 所示。

图 11-32　选择封装类型界面

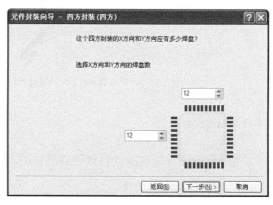

图 11-33　设置引脚数

（5）返回 PCB 编辑环境，选择菜单栏中的"设计"→"追加/删除库文件"命令，在弹出的对话框中单击"安装"按钮，将设计的库文件添加到项目库中，如图 11-36 所示。单击"关闭"按钮，关闭该对话框。

（6）返回原理图编辑环境，双击 IC1114 元件，系统将弹出"元件属性"对话框。在该对话框的右下编辑区域，选择属性 Footprint，按步骤把绘制的 IC1114 封装形式导入。其步骤与连接系统自带的封装形式的导入步骤相同，具体见前面的介绍，在此不再赘述。

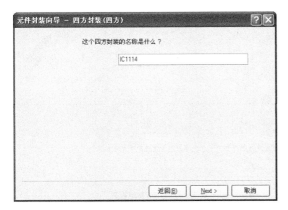

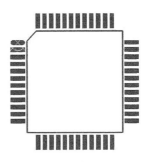

图 11-34　命名封装界面　　　　　　　　　图 11-35　设计完成的 IC，114 元件封装

图 11-36　将用户设计的库文件添加到项目库中

11.5.3　绘制 PCB

对于一些特殊情况，如缺少电路原理图时，绘制 PCB 需要全部依靠手工完成。由于元件比较少，这里将采用手动方式完成 PCB 的绘制，其操作步骤如下。

（1）在 PCB 编辑环境中，选择菜单栏中的"放置"→"元件"命令，或单击"配线"工具栏中 （放置元件）按钮，系统将弹出"放置元件"对话框。在"放置类型"选项组中单击"封装"单选钮，如图 11-37 所示；然后单击 按钮，在系统弹出的"库浏览"对话框中查找封装库，类似于在原理图中查找元件的方法。

（2）查找到所需元件封装后，单击"确认"按钮，在"放置元件"对话框中会显示查找结果。单击"确认"按钮，把元件封装放入到 PCB 中。放置元件封装后的 PCB 图如图 11-38 所示。

图 11-37　"放置元件"对话框

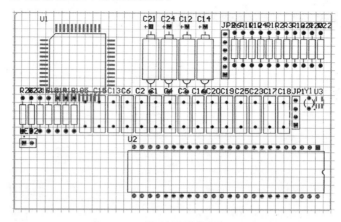

图 11-38　放置元件封装后的 PCB 图

（3）根据 PCB 的结构，手动调整元件封装的放置位置。手动布局后的 PCB 如图 11-39 所示。

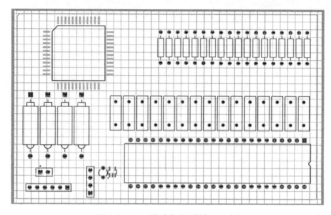

图 11-39　手动布局后的 PCB 板

（4）单击"配线"工具栏中的 按钮，根据原理图手动完成 PCB 导线连接。在连接导线前，需要设置好布线规则，一旦出现错误，系统会提示出错信息。手动布线后的 PCB 如图 11-40 所示。至此，U 盘的 PCB 就绘制完成了。

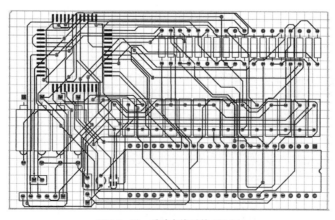

图 11-40　手动布线后的 PCB 板

第12章 电动车报警电路设计实例

内容指南

本章通过详细介绍电动车报警电路的设计流程，让读者系统地了解从原理图设计到 PCB 设计的过程，掌握一些常用技巧。

通过本章学习，读者能够了解如何修改元件的引脚，如何直接修改元件库中的封装，如何从原理图转换到 PCB 设计。

知识重点

📖 创建项目文件

📖 原理图设计

📖 电路板设计

电动车报警电路
设计实例

12.1 电路分析

电动车以电瓶作为能源，遵循低功耗、低电流的守候方式，电路原理图如图 12-1 所示，该电路为 36V 电源单项控制关断，在不需开启时断电，以免浪费电能。

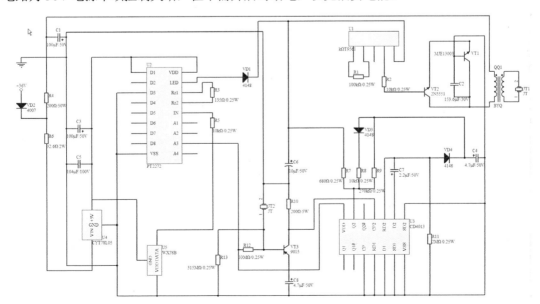

图 12-1 电动车报警电路

12.2 创建项目文件

（1）在 Protel DXP 2004 主界面中，选择菜单栏中的"文件"→"创建"→"项目"→"PCB 项目"命令，创建项目文件。单击鼠标右键选择"另存项目为"菜单命令将新建的项目文件保存为"电动车报警电路.PrjPCB"。

（2）选择菜单栏中的"文件"→"创建"→"原理图"命令，新建原理图文件。单击鼠标右键选择"另存为"菜单命令，将新建的原理图文件保存为"电动车报警电路.SchDoc"。

（3）选择菜单栏中的"设计"→"文档选项"命令，系统将弹出图 12-2 所示的"文档选项"对话框，对图纸参数进行设置。我们将图纸的尺寸及标准风格设置为"A4"，放置方向设置为"Landscape（水平）"，其绘制他选项均采用系统默认设置。单击"确认"按钮，退出对话框。

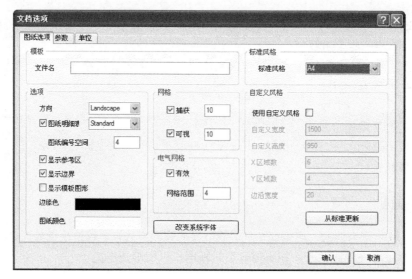

图 12-2 "文档选项"对话框

12.3 原理图设计

完成项目文件与原理图文件的创建后，才可以进行原理图的设计工作。

12.3.1 输入元件

1. 加载元件库

选择菜单栏中的"设计"→"追加/删除库"命令，打开"可用元件库"对话框，然后在其中加载需要的元件库。本例中需要加载的元件库如图 12-3 所示。

2. 放置元件

（1）单击打开"报警器.SchLib"元件库，在"SCH Library（SCH 库）"面板上侧"元件"栏中找到 CD4013 芯片，如图 12-4 所示。

（2）单击"放置"按钮，在原理图绘制环境中显示浮动的芯片符号，在适当位置单击鼠标左键放置元件，完成放置。

图 12-4　"SCH Library（SCH 库）"面板

图 12-3　加载需要的元件库

（3）同样的方法，在"报警器.SchLib"元件库中选择芯片 CYT78L05、KT9561、PT2272，单击"放置"按钮，在原理图中放置元件，结果如图 12-5 所示。

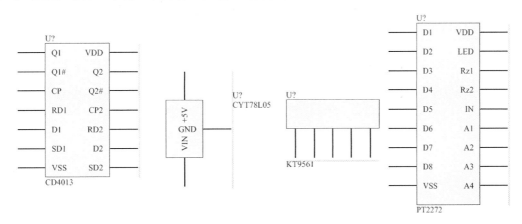

图 12-5　元件放置

（4）单击打开右侧"库"面板，在"Miscellaneous Devices.IntLib"元件库找到找到电阻、电容、二极管、三极管等元件，放置在原理图中，如图 12-6 所示。

（5）由于 WXJSB 在系统中找不到其元件库，创建原理图库又过于烦琐，因此，选择类似的元件 Volt Reg，并对其进行编辑修改。

（6）单击打开右侧"库"面板，在"Miscellaneous Devices.IntLib"元件库找到元件 Volt Reg，放置在原理图中。双击 Volt Reg，弹出元件属性编辑对话框，在"标识符"栏输入"U？"，在"注释"栏中输入"WXJSB"，如图 12-7 所示。单击左下角"编辑引脚"按钮，弹出"元件管脚编辑器"对话框，如图 12-8 所示。依次按照要求修改引脚"名称"栏，依次为"Vdd""GND"和"DATA"，修改结果如图 12-9 所示。

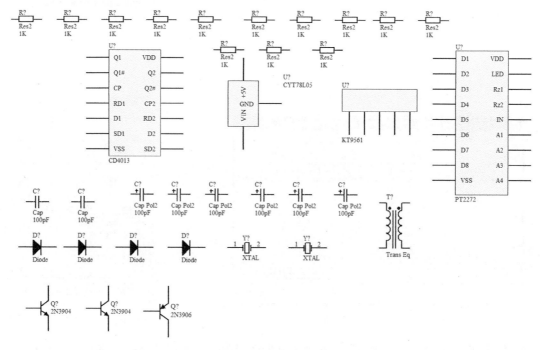

图 12-6　完成放置元件

图 12-7　元件属性编辑对话框

（7）单击"确认"按钮，完成修改，退出对话框，编辑好的元件符号如图 12-10 所示，将编辑好的元件 WXJSB 放入原理图中。

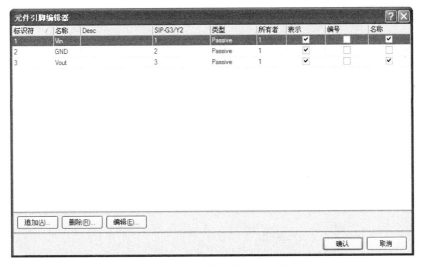

图 12-8　"元件管脚编辑器"对话框修改前

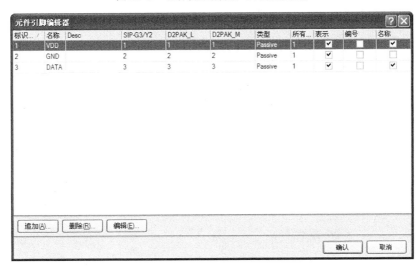

图 12-9　"元件管脚编辑器"对话框修改后

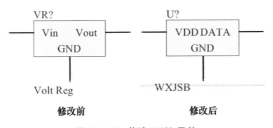

图 12-10　修改 WXJSB 元件

12.3.2　线路连接

1．元件布局和布线

（1）放置元件后进行布局，将全部元器件合理地布置到原理图上，结果如图 12-11 所示。
（2）单击"配线"工具栏中的 ≋（放置线）按钮，按照设计要求连接电路原理图中的元件。

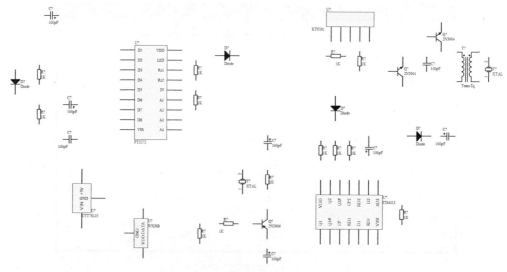

图 12-11　布局结果

2．放置电源和接地符号

（1）单击"配线"工具栏中的 ^{VCC} （VCC 电源符号）按钮，放置电源，本例共需要 1 个电源。

（2）单击"配线"工具栏中的 ⏚（GND 接地符号）按钮，放置接地符号，本例共需要 1 个接地，结果如图 12-12 所示。

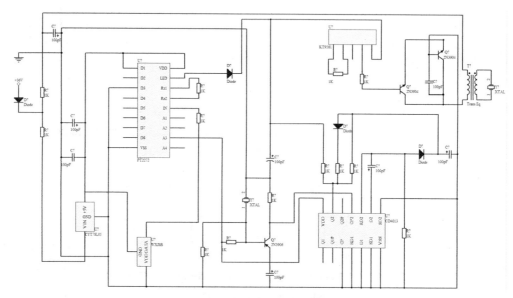

图 12-12　连线结果

3．元件属性清单

（1）选择菜单栏中的"工具"→"注释"命令，系统将弹出图 12-13 所示"注解"对话框。在该对话框中，可以对元件进行重新编号。

（2）单击"更新变化表"按钮，重新编号，系统将弹出图 12-14 所示的"Information"（信息）对话框，提示用户相对前一次状态和相对初始状态发生的改变。

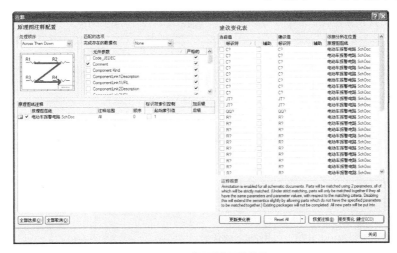

图 12-13 重置后的元件编号

（3）单击"OK"按钮，在"建议变化"中查看重新编号后的变化，如图 12-15 所示。

图 12-14 "Information（信息）"对话框

图 12-15 "建议变化表"选项组

（4）单击"接受更改"按钮，弹出"工程变化订单（ECO）"对话框，在"受影响对象"栏中显示元件编号更改。

（5）单击"执行变化"按钮，在弹出的"工程变化订单（ECO）"对话框中更新修改，如图 12-16 所示。

图 12-16 "工程变化订单（ECO）"对话框

（6）单击"关闭"按钮，退出对话框，在原理图中显示修改结果，如图 12-17 所示。

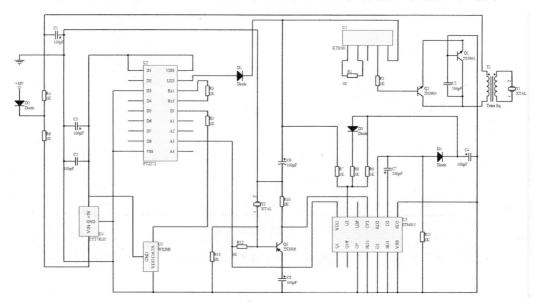

图 12-17　元件编号结果

完成元件编号设置后，依次对元件其余属性进行设置，包括元件的注释和封装形式等，本例电路图的元件编辑结果如图 12-18 所示。

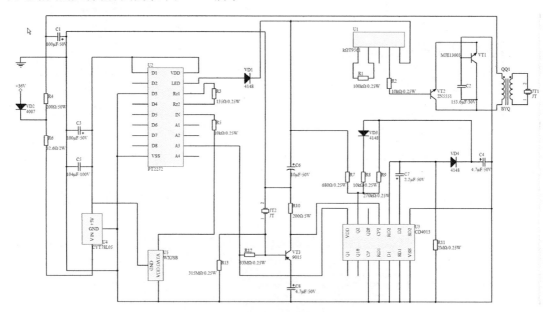

图 12-18　原理图绘制结果

12.3.3　原理图的编译输出

绘制完原理图后，要对原理图编译，以及对原理图进行查错、修改。

1. 编译参数设置

（1）选择菜单栏中的"项目管理"→"项目管理选项"命令，弹出工程属性对话框，如图

12-19 所示。在"Error Reporting"（错误报告）选项卡的 Violation Type Description 列表中罗列了网络构成、原理图层次、设计错误类型等报告信息。

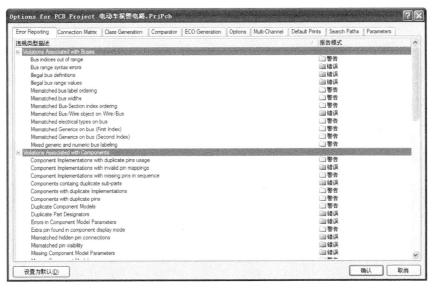

图 12-19　工程属性对话框

（2）单击 Connection Matrix 选项，显示"Connection Matrix"（连接检测）选项卡。矩阵的上部和右边所对应的元件引脚或端口等交叉点为元素，单击颜色元素，可以设置错误报告类型。

（3）单击 Comparator 选项，显示"Comparator"（比较）选项卡。在"Comparison Type Description"（比较类型描述）列表中设置元件连接、网络连接和参数连接的差别比较类型。本例选用默认参数。

2. 编译工程

（1）选择菜单栏中的"项目管理"→"Compile PCB Project 电动车报警电路.PrjPCB"（编译 PCB 工程电动车报警电路.PrjCB）命令，对工程进行编译，弹出图 12-20 所示的工程编译信息提示框。

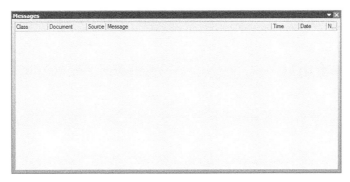

图 12-20　"Message（信息）"面板

（2）检查无误，原理图绘制正确，关闭信息面板，进行其余操作。

★ **知识链接——工程编译命令**

在使用工程编译命令时，如果发现错误，用户要查看错误报告，根据错误报告信息进行原理图的修改，然后重新编译，直到正确为止。

3. 生成检查报告

（1）选择菜单栏中的"报告"→"Simple BOM（简单元件清单报表）"命令，系统同时产生"电动车报警电路.BOM"和"电动车报警电路.CSV"两个文件，并加入到项目中，如图 12-21 所示。

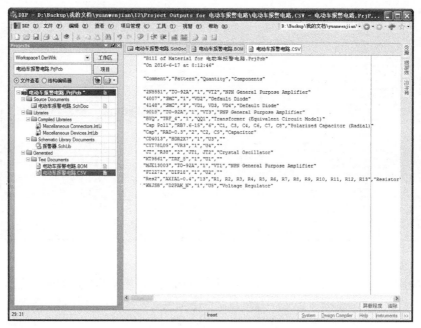

图 12-21　简易元件报表

（2）打开电路原理图文件"电动车报警电路.SCHDOC"，选择菜单栏中的"报告"→"Bill of Materials"（材料清单）命令，系统弹出元器件报表对话框，如图 12-22 所示。

图 12-22　元器件报表对话框

（3）单击 菜单中"建立报告"命令，打开"报告预览"对话框，如图 12-23 所示。

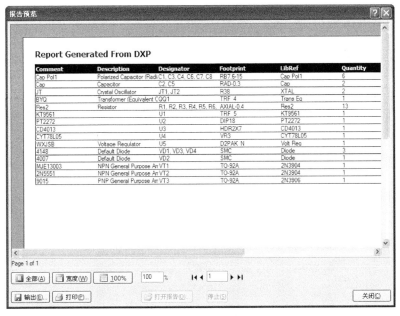

图 12-23　元件报表预览

（4）单击"打印"按钮，则可以将该报表进行打印输出。单击"关闭"按钮，关闭对话框。

（5）单击元件报表对话框中的"输出"按钮，系统弹出保存元件报表对话框，选择文件路径，单击"保存"按钮，弹出要保存 Excel 文件，如图 12-24 所示。

图 12-24　由 Excel 生成元器件报表

关闭保存的 Excel 文件，返回元件报表对话框，单击"确认"按钮，完成设置，退出对话框。

12.4　电路板设计

在完成电动车报警电路的原理图设计基础上，完成电路板设计规划，实现元件的布局和布线。

12.4.1 工作环境设置

1. 创建印制电路板文件

（1）选择菜单栏中的"文件"→"创建"→"PCB 文件（印制电路板文件）"命令，新建一个 PCB 文件。

（2）选择菜单栏中的"文件"→"另存为"命令，将新建的 PCB 文件保存为"电动车报警电路.PcbDoc"，如图 12-25 所示。

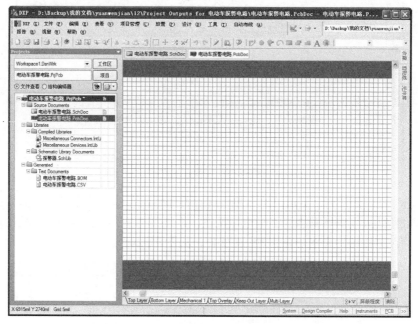

图 12-25 新建 PCB 文件

2. 设置电路板工作环境

（1）设置板参数。选择菜单栏中的"设计"→"PCB 板选择项"命令，弹出"PCB 板选择项"对话框，选择默认设置，如图 12-26 所示。

图 12-26 "PCB 板选择项"对话框

（2）单击"确认"按钮，退出对话框，完成设置。

3．绘制物理边框

单击编辑区下方"Mechanical 1（机械层）"标签，选择菜单栏中的"放置"→"直线"命令，绘制的线组成了一个封闭的边框时，即可结束边框的绘制。单击鼠标右键或者按<Esc>键即可退出该操作，完成物理边界绘制。

4．绘制电气边框

单击编辑区下方"Keep-Out-Layer（禁止布线层）"标签，选择菜单栏中的"放置"→"禁止布线区"→"导线"命令，在物理边界内部绘制适当大小的矩形，作为电气边界（绘制方法同物理边界）。

5．定义电路板形状

选择菜单栏中的"设计"→"PCB 板形状"→"重定义 PCB 板形状"命令，显示浮动十字标记，沿最外侧物理边界绘制封闭矩形，最后单击鼠标右键，修剪边界外侧电路板，显示电路板边界重定义，结果如图 12-27 所示。

图 12-27　定义电路板形状

12.4.2　布置电路板

1．导入封装

（1）在 PCB 编辑环境中，选择菜单栏中的"设计"→"Import Changes From 电动车报警电路.PrjPcb"（从电动车报警电路.PrjPcb 输入改变）命令，弹出"工程变化订单（ECO）"对话框，如图 12-28 所示。

图 12-28　显示更改

（2）单击"使变化生效"按钮，封装模型通过检测无误后，如图 12-29 所示；单击"执行变化"按钮，完成封装添加，如图 12-30 所示。单击"关闭"按钮，现在板边界处将元件的封装载入到 PCB 文件中，如图 12-31 所示。

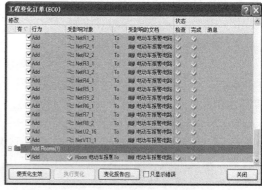

图 12-29 生效更改   图 12-30 执行更改

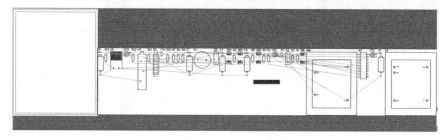

图 12-31 导入封装模型

（3）由于封装元件过多，与板边界不相符，根据元件重新定义板形状、物理边界及电气边界，过程不再赘述，修改结果如图 12-32 所示。

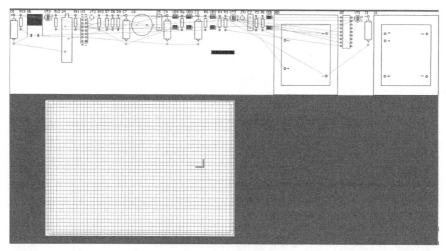

图 12-32 重新定义边界

2. 元件布局显示

（1）将元件放置到边界内部并对元件进行手动布局，效果如图 12-33 所示。

（2）选择菜单栏中的"查看"→"显示三维 PCB 版"命令，系统生成该 PCB 的 3D 效果图，加入到该项目生成的"PCB 3D Views"文件夹中并自动打开"电动车报警电路.PcbDoc"。
PCB 生成的 3D 效果图如图 12-34 所示。

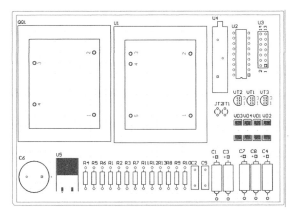

图 12-33　元件布局结果

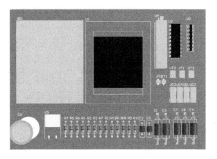

图 12-34　3D 模型显示

12.4.3　电路板后续操作

1．元件布线

（1）在 PCB 编辑环境中，选择菜单栏中的"自动布线"→"全部对象"命令，打开"Situs
布线策略"对话框，在其中选择"Default Muti Layer Board"（默认的多层板）布线策略，如
图 12-35 所示。

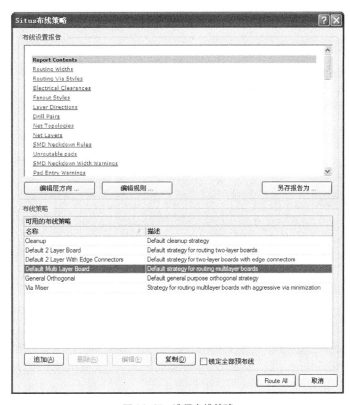

图 12-35　选择布线策略

（2）单击 Route All 按钮，开始布线，同时弹出"Message（信息）"对话框，如图 12-36 所示。完成布线后，最后得到的布线结果如图 12-37 所示。

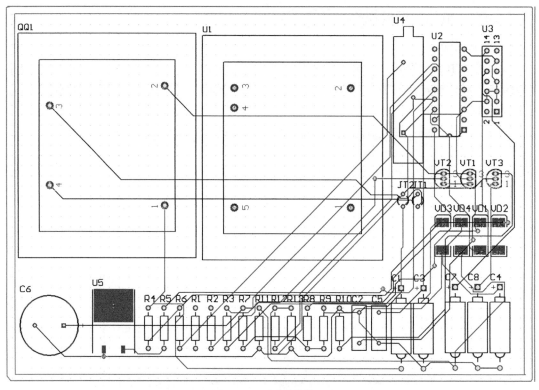

图 12-36　元件布线信息

图 12-37　元件布线结果

★ 知识链接——PCB 布线的原则

（1）输入/输出端用的导线应尽量避免相邻平行，最好增加线间地线，以免发生反馈耦合。

（2）印制电路板导线的最小宽度主要由导线和绝缘基板间的粘附强度和流过它们的电流值决定。当在铜箔厚度为 0.05mm、宽度为 1～15mm 时通过 2A 的电流，温度不会高于 3℃，因此，导线宽度为 1.5mm 即可满足要求。对于集成电路，尤其是数字电路，通常选择 0.02～0.3mm 的导线宽度。当然，只要允许，还是尽可能用宽线，尤其是电源线和地线。导线的最小间距主要由最坏情况时的线间绝缘电阻和击穿电压决定。对于集成电路，尤其是数字电路，只要工艺允许，可使间距小至 5～8mm。

（3）印制导线拐弯处一般取圆弧形，而直角或者夹角在高频电路中会影响电气性能。此外，尽量避免使用大面积铜箔，否则长时间受热时，易发生铜箔膨胀和脱落现象。必须用大面积铜箔时，最好用栅格状。

2．添加覆铜

选择菜单栏中的"放置"→"覆铜"命令，弹出"覆铜"对话框，"层"设置为"Top Layer"，执行顶层放置覆铜命令，选择"影化线填充（导线/弧）"，设置"影化线填充模式"为 45°，勾选"删除死铜"复选框，如图 12-38 所示。单击 确认 按钮，在电路板中设置覆铜区域，结果如图 12-39 所示。

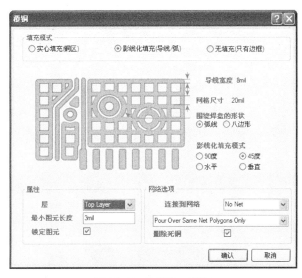

图 12-38　"覆铜"对话框

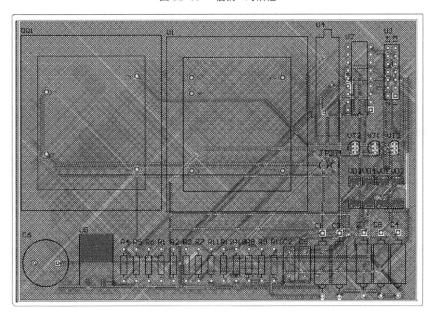

图 12-39　顶层覆铜结果

同样的方法，执行底层覆铜，结果如图 12-40 所示。

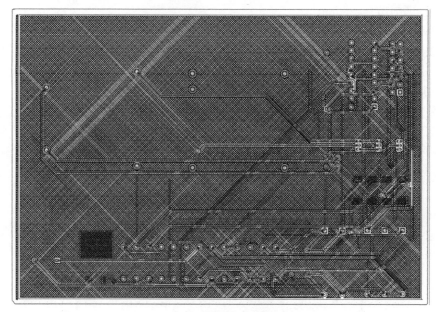

图 12-40　底层覆铜结果

3. 补泪滴

选择菜单栏中的"工具"→"泪滴焊盘"命令，系统弹出"泪滴选项"对话框，勾选"强迫点泪滴"复选框，如图 12-41 所示。执行补泪滴命令，单击"确认"按钮，对电路中线路进行补泪滴操作，结果如图 12-42 所示。

图 12-41　"泪滴选项"对话框

(a) 补泪滴前

(b) 补泪滴后

图 12-42　补泪滴操作

4. 生成元器件引脚网络报表

选择菜单栏中的"报告"→"项目报告"→"Report Single Pin Nets（引脚网络报表）"命令，系统同时产生"电动车报警电路.REP"文件，并加入到项目中，如图 12-43 所示。

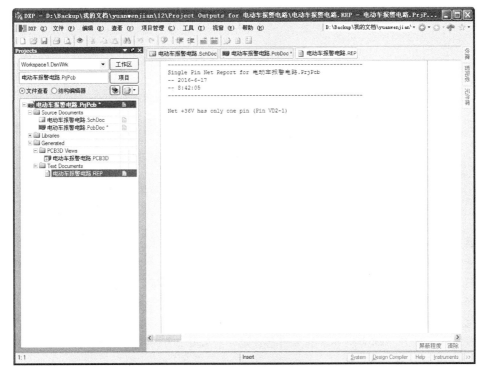

图 12-43　引脚网络报表

第13章 大功率开关电源电路设计实例

内容指南

随着电子技术、计算机技术、自动化技术的飞速发展，电子电路设计师要绘制的电路原理图越来越复杂。本章主要介绍大功率开关电源电路的原理图与 PCB 的设计。

大功率开关电源就是通过电路控制开关管进行高速地导通与截止，将直流电转化为高频率的交流电，并将交流电提供给变压器进行变压，从而产生所需要的一组或多组电压。

通过本章的学习，读者能够了解如何创建元件封装库，如何直接修改元件库中的封装，以及如何进行 PCB 设计。

知识重点

📖 创建元件库
📖 原理图设计
📖 电路板设计

大功率开关电源
电路设计实例

13.1 电路分析

大功率开关电源将直流电转化为高频交流电的原因是高频交流在变压器变压电路中的效率要比 50Hz 高很多。所以开关变压器可以做得很小，而且工作时温度不是很高，成本很低。

开关电源大体可以分为隔离和非隔离两种，隔离型的必定有开关变压器，而非隔离型的未必一定有。

这里介绍一个 1200W 的大功率开关电源电路，电路的原理图如图 13-1 所示。电源是采用 PM4020A 开关电源驱动模块设计的，设计时候应该考虑 PM4020A 驱动模块应和四个分离式半导体 IRFP460 尽量靠近。

13.2 创建项目文件

（1）选择菜单栏中的"文件"→"创建"→"项目"→"PCB 项目"命令，新建一个项目文件。

（2）单击鼠标右键选择"另存项目为"命令，将新建的项目文件保存为"大功率开关电源电路.PRJPCB"。

（3）选择菜单栏中的"文件"→"创建"→"原理图"命令，新建一个原理图文件。

（4）选择菜单栏中的"文件"→"另存为"命令，然后单击鼠标右键选择"保存为"菜单命令将新建的原理图文件保存为"大功率开关电源电路.SCHDOC"。

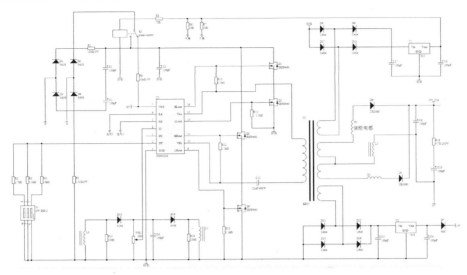

图 13-1　大功率开关电源电路的原理图

13.3　创建元件库

下面制作开关电源驱动模块 PM4020A 及可变电阻 RP。

13.3.1　创建 PM4020A 元件

1. 设置工作环境

选择菜单栏中的"文件"→"创建"→"库"→"原理图库"命令，新建元件库文件，名称为"Schlib1.SchLib"。然后单击鼠标右键选择"保存为"菜单命令将新建的原理图库文件保存为"Switch.SchLib"，如图 13-2 所示。

图 13-2　新建原理图库文件

切换到"SCH Library（SCH库）"面板，在"器件"选项组下自动加载"Component_1"。选择菜单栏中的"工具"→"重新命名元件"命令，弹出"Rename Component（元件重命名）"对话框。将名称改为"PM4020A"，如图13-3所示。单击"确认"按钮，进入库元件编辑器界面。

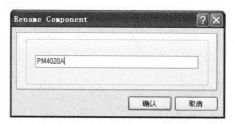

图13-3 "Rename Component（元件重命名）"对话框

2. 绘制元件外轮廓

（1）选择菜单栏中的"放置"→"矩形"命令，放置适当大小的矩形，随后会出现一个新的矩形虚框，可以连续放置。本例只需放置一个矩形，因此单击鼠标右键或者按<Esc>键退出该操作。

（2）选择菜单栏中的"放置"→"引脚"命令放置引脚。PM4020A一共有13个显示引脚，在"SCH Library（SCH元件库）"面板的"Pins（引脚）"选项栏中，单击"追加"按钮，添加引脚。

在放置引脚的过程中，按<Tab>键会弹出图13-4所示的对话框。在该对话框中可以设置引脚标识符的起始编号及显示文字等。设置好的引脚，如图13-5所示。

图13-4 设置引脚属性

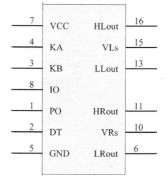

图13-5 设置好的引脚

由于元件引脚较多，分别修改很麻烦，可以在引脚编辑器中修改引脚的属性，这样比较方便直观。

3. 元件属性编辑

（1）在"SCH Library（SCH 元件库）"面板中，单击右下角的"编辑"按钮，弹出"Library Component Properties（库元件属性）"对话框。在该对话框中，可以同时修改元件引脚的各种属性，结果如图 13-6 所示。

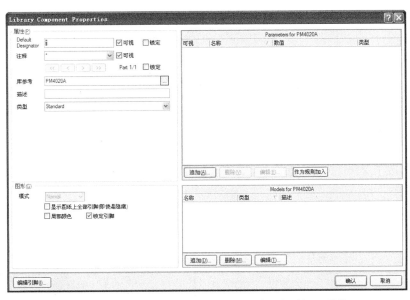

图 13-6　"Library Component Properties（库元件属性）"对话框

（2）单击"Library Component Properties（库元件属性）"对话框中的"Model（模型）"选项栏中的"追加"按钮，系统将弹出图 13-7 所示的"加新的模型"对话框，选择"Footprint"为 PM4020A 添加封装。此时选择的封装为 DIP-13，"PCB 模型"对话框如图 13-8 所示。

图 13-7　"加新模型"对话框 　　　　　　　　　图 13-8　"PCB 模型"对话框

（3）单击"浏览"按钮，系统将弹出图 13-9 所示的"库浏览"对话框。

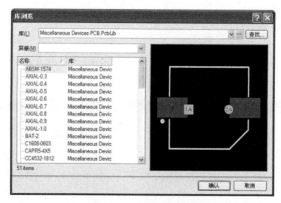

图 13-9　"库浏览"对话框

（4）单击"查找"按钮，在弹出的"元件库查找"对话框中输入 DIP 或者查询字符串，然后单击左下角的"查找"按钮开始查找，如图 13-10 所示。搜索出来的封装类型中选择 DIP-13，如图 13-11 所示。

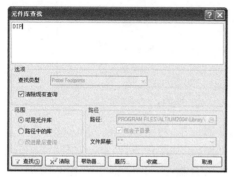

图 13-10　"元件库查找"对话框

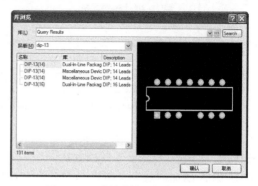

图 13-11　在搜索结果中选择 DIP-13

（5）单击"确认"按钮，关闭该对话框，在"PCB 模型"对话框中看到被选定的封装的模型图，如图 13-12 所示。

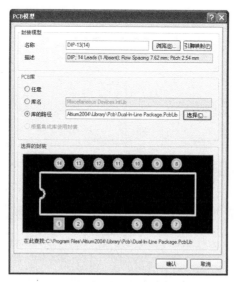

图 13-12　"PCB 模型"对话框

（6）单击"确认"按钮，返回库元件属性编辑对话框，如图 13-13 所示。单击"确认"按钮，关闭该对话框。然后单击"保存"按钮，保存库元件。库文件绘制结果如图 13-14 所示。在"SCH Library（SCH 元件库）"面板中，单击"元件"选项栏中的"放置"按钮，将其放置到原理图中。

图 13-13　"Library Component Properties（库元件属性）"对话框　　　　图 13-14　库文件绘制结果

13.3.2　创建可变电阻

1．管理元件库

在左侧"SCH Library（SCH 库）"面板中"元件"选项组下单击"追加"按钮，打开"New Component Name"（新元件命名）对话框，在该对话框中将元件重命名为 RP，如图 13-15 所示。然后单击 确认 按钮，退出对话框，结果显示在图 13-16 所示的"SCH Library（SCH 库）"面板中。

图 13-15　新元件命名　　　　　　图 13-16　"SCH Library（SCH 库）"面板

2．绘制原理图符号

（1）选择菜单栏中的"放置"→"矩形"命令，或者单击"实用"工具栏的 □（放置矩形）

按钮，这时鼠标变成十字形状。在图纸上绘制一个图 13-17 所示的矩形。

（2）双击所绘制的矩形打开"矩形"对话框，如图 13-18 所示。在该对话框中，设置所画矩形的参数，包括矩形的右上角点坐标（10，4）、左下角点坐标（-10，-4）、板的宽度 Small、填充色和边缘色，如图 13-19 所示。矩形修改结果如图 13-20 所示。

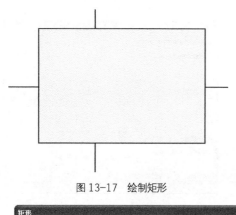

图 13-17　绘制矩形

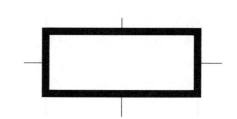

图 13-18　"长方形"对话框

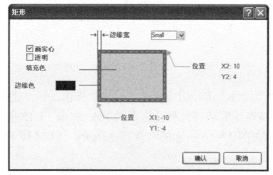

图 13-19　设置结果

图 13-20　修改后的矩形

（3）选择菜单栏中的"放置"→"多边形"命令，或者单击"实用"工具栏的 ⊠（放置多边形）按钮按<Tab>键，弹出"多边形"对话框，如图 13-21 所示，绘制三角形箭头。

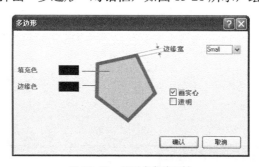

图 13-21　设置多段线属性

（4）选择菜单栏中的"放置"→"直线"命令，或者单击"实用"工具栏的 ╱（放置直线）按钮，这时鼠标变成十字形状。按<Tab>键，弹出"折线"对话框，如图 13-22 所示。在图纸上绘制一个如图 13-23 所示的带箭头竖直线。

3. 绘制引线

选择菜单栏中的"放置"→"引脚"命令，或单击原理图符号绘制工具栏中的"放置引脚"

按钮 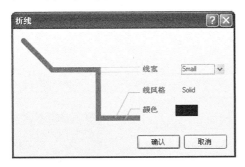，绘制 2 个引脚，如图 13-24 所示。

图 13-22 设置线属性

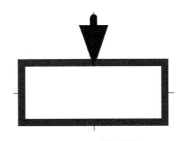

图 13-23 绘制直线

双击所放置的引脚，打开"引脚属性"对话框，如图 13-25 所示。在该对话框中，取消选中"显示名称"和"标识符"文本框后面的"可视"复选框，表示隐藏引脚编号。在"长度"文本框中输入 15，修改引脚长度。同样的方法，修改另一侧水平管脚长度为 15，竖直管脚长度为 10。

图 13-24 绘制直线和引脚

图 13-25 设置引脚属性

4．添加封装

（1）单击"SCH Library（SCH 库）"面板"模型"选项栏中的"追加"按钮，系统将弹出图 13-26 所示的"PCB 模型"对话框。单击"浏览"按钮，在弹出的"库浏览"对话框中选择封装 VR4，如图 13-27 所示。单击"确认"按钮，添加完成后的"PCB 模型"对话框如图 13-28 所示。

（2）单击"确认"按钮，返回库属性设置对话框，完成基本参数的设置，如图 13-29 所示。

（3）单击"确认"按钮，关闭对话框，完成可变电阻的设计。

图 13-26 "PCB 模型"对话框

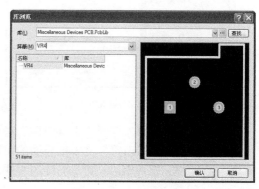

图 13-27 "库浏览"对话框

图 13-28 添加完成后的"PCB 模型"对话框

图 13-29 属性设置对话框

13.3.3 制作变压器元件

1. 管理元件库

在"SCH Library（SCH 库）"面板中"元件"选项组下单击"追加"按钮，打开"New Component Name"（新元件命名）对话框，在该对话框中将元件命名为"NE55"，如图 13-30 所示。然后单击 确认 按钮，退出对话框。

图 13-30 新元件命名

2. 绘制原理图符号

（1）在图纸上绘制变压器元件的线圈部分。选择菜单栏中的"放置"→"椭圆弧"命令，或者单击"实用"工具栏的 ⌒（放置椭圆弧）按钮，这时鼠标变成十字形状。在图纸上绘制图 13-31 所示的弧线。

（2）双击所绘制的弧线打开"椭圆弧"对话框，如图 13-32 所示。在该对话框中，设置所画圆弧的参数，包括弧线的圆心坐标、弧线的长度盒宽度、椭圆弧的起始角度和终止角度等属性。

（3）因为变压器的左右线圈由 14 个圆弧组成，所以还需要另外 13 个类似的弧线。可以用复制、粘贴的方法放置其他的 7 个弧线，再将它们一一排列好，对于右侧的弧线，只需要在选中后按住鼠标左键，然后按<X>键左右翻转再进行排列即可，结果如图 13-33 所示。

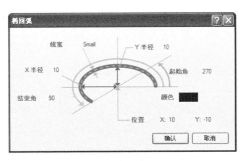

图 13-31　绘制弧线　　　　　　图 13-32　"椭圆弧"对话框　　　　　图 13-33　放置其他的圆弧

（4）绘制变压器中间的直线。选择菜单栏中的"放置"→"直线"命令，或者单击"实用"工具栏的 ╱（放置直线）按钮，这时鼠标变成十字形状。在线圈中间绘制两条直线，如图 13-34 所示。然后双击绘制好的直线打开"折线"对话框，如图 13-35 所示，再在该对话框中将直线的宽度设置为 Medium。

（5）绘制线圈上的引脚。选择菜单栏中的"放置"→"引脚"命令，或者单击"实用"工具栏中的"放置引脚"按钮 ᴵᵈ，绘制 10 个引脚，如图 13-36 所示。双击所放置的引脚，打开"引脚属性"对话框，如图 13-37 所示。在该对话框中，取消选中"标识符"文本框后面的"可视"复选框，表示隐藏引脚编号。

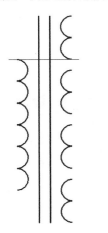

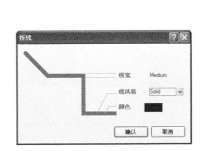

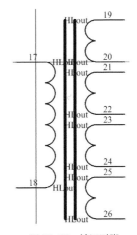

图 13-34　绘制线圈中的直线　　　　图 13-35　设置直线属性　　　　　图 13-36　放置引脚

这样，变压器元件符号就创建完成了，如图 13-38 所示。

图 13-37　设置引脚属性

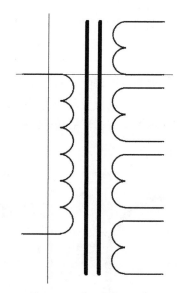

图 13-38　变压器原理图符号

3．添加封装

（1）单击"模型"选项栏中的"追加"按钮，系统弹出"加新模型"对话框，选择要添加的模型"Footprint"，单击"确认"按钮，弹出"PCB 模型"对话框。

（2）单击"浏览"按钮，弹出"浏览库"对话框中，单击"发现"按钮，在弹出的"搜索库"对话框中选择封装元件关键字"DIP"，以方便搜索。

（3）单击"查找"按钮，在"库浏览"中显示搜索结果。完成搜索后，选择要添加的封装DIP-10，如图 13-39 所示。单击"确认"按钮，添加完成后的"PCB 模型"对话框，如图 13-40所示。

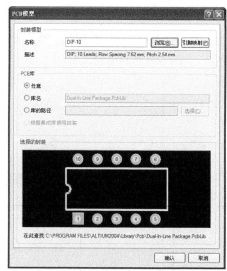

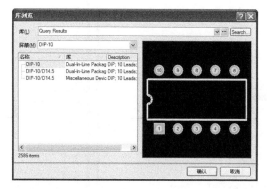

图 13-39　"库浏览"对话框

图 13-40　添加完成后的"PCB 模型"对话框

4．属性编辑

单击面板"元件"选项组下的"编辑"按钮，弹出库元件属性编辑对话框，设置库元件"Default Designator（默认标识符）"为"N?"，"注释"为"NE55"，如图 13-41 所示。

单击"确认"按钮，完成属性编辑，单击"放置"按钮，将库元件放置到原理图中。

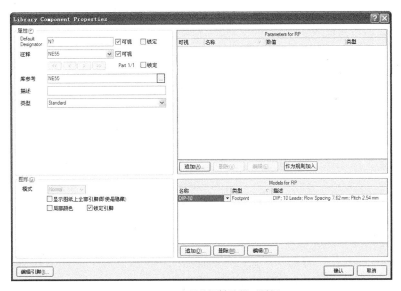

图 13-41　库元件属性编辑对话框

13.4　原理图设计

完成设计所需的元件绘制后，需要进入原理图编辑环境，对原理图进行设计操作。

13.4.1　设置图纸环境

1．设置图纸参数

选择菜单栏中的"设计"→"文档选项"命令，打开"文档选项"对话框，然后在其中设置原理图绘制时的工作环境，设置"标准风格"为"A3"，如图 13-42 所示。

图 13-42　设置原理图绘制环境

2．加载元件库

选择菜单栏中的"设计"→"添加/移除库"命令，打开"可用元件库"对话框，然后在其中加载需要的元件库，如图 13-43 所示。

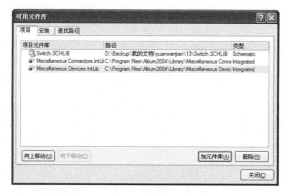

图 13-43　加载需要的元件库

13.4.2　输入元件

1．查找元件

对于不知道所属元件库的元件，我们无法使用上步中加载元件库的方法加载元件。可采用查找命令，在系统元件库目录下搜索所需元件所在的元件库。

打开"元件库"面板，单击"查找"命令，弹出"元件库查找"对话框，输入要查找元件的关键字"IRFP460"，如图 13-44 所示。单击"查找"按钮，在"元件库"面板中显示搜索结果，如图 13-45 所示。

完成搜索后，在面板中选中"IRFP460"元件，单击"Place IRFP460"（放置 IRFP460）按钮，将搜索到的元件放置到原理图对应位置。

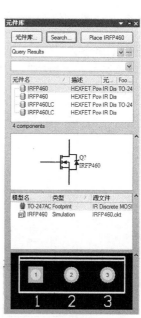

图 13-44　"元件库查找"对话框　　　　　　　　图 13-45　"元件库"面板

2．放置元件

打开"元件库"面板，在其中浏览电路需要的元件，然后将其放置在图纸上，如图 13-46 所示。

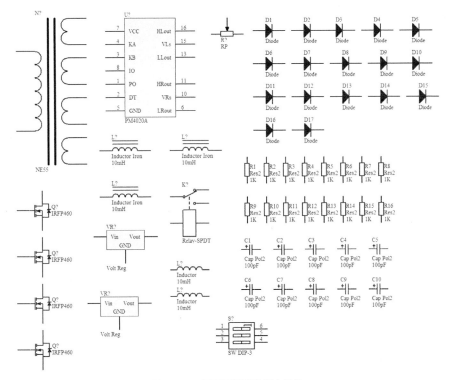

图 13-46　原理图需要的所有元件

在放置多个连续编号的元件时，可在放置之前按<Tab>键，在弹出的"元件属性"对话框中设置默认标识符，在图 13-46 中第一个电阻元件设置标识符为"R1"，完成第一个元件放置后，鼠标上继续显示浮动的电阻符号，标识符递增为"R2"，在适当的位置单击放置，同样的方法设置其余元件。

3．元件布局

按照电路中元件的大概位置摆放元件。用拖动的方法来改变元件的位置，如果需要改变元件的方向，则可以按<Space>键或<X><Y>键。布局的结果如图 13-47 所示。

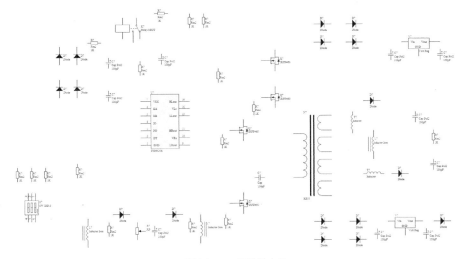

图 13-47　元件的布局

4．元件布线

选择菜单栏中的"放置"→"导线"命令，或单击"配线"工具栏中的 〜（放置导线）按钮，鼠标光标变成十字形，移动光标到图纸中，靠近元件管脚时，会出现一个米字形的电气捕捉标记，单击确定导线的起点，移动鼠标到在导线的终点处，单击确定可以确定导线的终点。

在绘制完一条导线之后，系统仍然会处于绘制导线的工作状态，可以继续绘制其他的导线，完成整个原理图布线后的效果如图 13-48 所示。

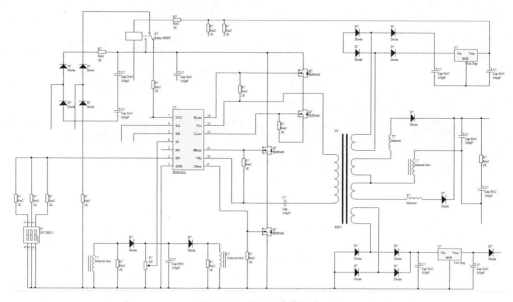

图 13-48　原理图布线完成

5．放置电源符号和接地符号

选择菜单栏中的"放置"→"电源端口"命令或单击"配线"工具栏中的 ⏚（放置 GND端口）按钮，移动光标到需要的位置单击鼠标左键放置接地符号，如图 13-49 所示。

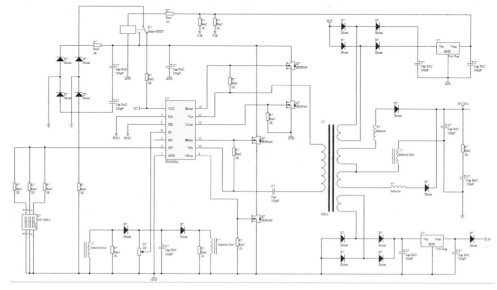

图 13-49　放置接地符号

在放置过程中，按<Tab>键，在弹出的对话框中根据电路设计需要设置对应网络名。

6. 编辑元件属性

（1）双击一个二极管元件，打开"元件属性"对话框，在"标识符"文本框中输入元件的编号，并选中其后的"可视"复选框，在"注释"栏中输入"6A08"，如图 13-50 所示。

图 13-50　设置二极管元件的属性

（2）重复上面的操作，编辑所有元件的编号、参数值等属性，完成这一步的原理图如图 13-51 所示。

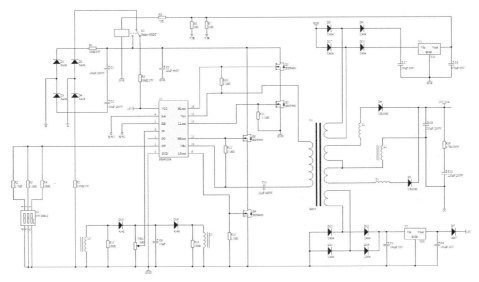

图 13-51　设置元件的属性

元件属性还可在放置过程中进行设置，或利用"注释"命令，快速简洁地设置元件标识符，具体方法读者可自行进行练习，这里不再赘述。

7. 放置网络标签

选择菜单栏中的"放置"→"文本字符串"命令，或单击"实用"工具栏 下拉列表中的 **A**（放置文本字符串）按钮，显示浮动的文本图标，按<Tab>按钮，弹出"标注"对话框，在"属性"选项组下"文本"栏中输入"储能电感"，如图 13-52 所示。单击 确认 按钮，退出对话框。最终得到图 13-53 所示的原理图。

图 13-52　设置网络标签名称

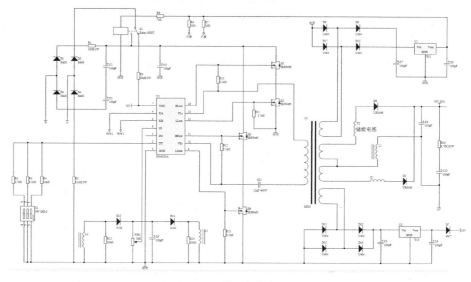

图 13-53　绘制完成的原理图

绘制完原理图后，要对原理图编译，以及对原理图进行查错、修改。

13.5　原理图的编译

1. 编译工程

（1）选择菜单栏中的"项目管理"→"Compile PCB Project 大功率开关电源电路.PrjPCB"

（编译 PCB 工程大功率开关电源电路.PrjPCB）命令，对工程进行编译，系统弹出图 13-54 所示的工程编译信息提示框。

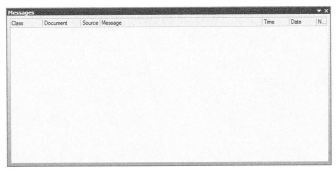

图 13-54　"Messages（信息）"对话框

（2）查看错误报告，检查无误，可直接进行后期操作。

　　　　　如检查有错误，根据错误报告信息进行原理图的修改，然后重新编译，直到正确为止。

2. 编译工程

（1）选择菜单栏中的"设计"→"设计项目的网络表"→"Protel（生成原理图网络表）"命令。

（2）系统自动生成了当前工程的网络表文件"大功率开关电源电路.NET"，并存放在当前工程下的"Generated \Netlist Files"文件夹中。双击打开该工程网络表文件"大功率开关电源电路.NET"，结果如图 13-55 所示。

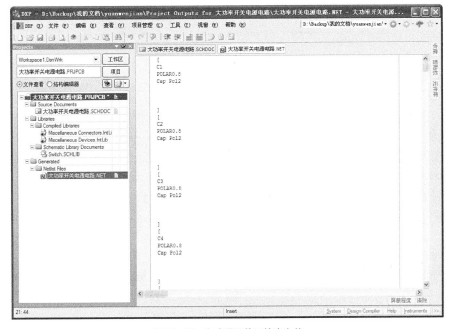

图 13-55　生成项目的网络表文件

13.6 电路板设计

大功率电源大至由主功率电路、PWM 控制电路、单片机控制电路、辅助电源四大部分组成。电路板的设计才是实现电路功能的关键，本节详细介绍电路板通过原理图的电路信息，完成实际电路板的模拟设计。

13.6.1 创建 PCB 文件

（1）选择菜单栏中的"文件"→"创建"→"PCB 文件（印制电路板文件）"命令，创建一个 PCB 文件。

（2）选择菜单栏中的"文件"→"另存为"命令，将新建 PCB 文件保存为"大功率开关电源电路.PcbDoc"。

（3）选择菜单栏中的"设计"→"PCB 板选择项"命令，打开"PCB 板选择项"对话框，如图 13-56 所示。

图 13-56 "PCB 板选择项"对话框

13.6.2 设计电路板参数

设置 PCB 层参数，这里我们设计的是双面板，采用系统默认即可。

1. 绘制 PCB 的物理边界

（1）选择菜单栏中的"设计"→"PCB 板形状"→"重定义 PCB 板形状"命令，重新设定 PCB 形状。

单击编辑区左下方的板层标签的"Mechanical1（机械层 1）"标签，将其设置为当前层。

（2）选择菜单栏中的"放置"→"直线"命令，光标变成十字形，沿 PCB 边绘制一个矩形闭合区域，即可设定 PCB 的物理边界。

2. 绘制 PCB 的电气边界

（1）指向编辑区下方工作层标签栏的"KeepOut Layer（禁止布线层）"标签，单击切换到禁止布线层。

（2）选择菜单栏中的"放置"→"禁止布线区"→"导线"命令，光标变成十字形，在 PCB 图上物理边界内部绘制出一个封闭的矩形，设定电气边界。设置完成的 PCB 图如图 13-57 所示。

图 13-57　完成边界设置的 PCB 图

13.6.3　导入封装

（1）打开原理图文件，选择菜单栏中的"设计"→"Update PCB Document 话筒放大电路.PcbDoc（更新大功率开关电源电路）"命令，系统弹出"工程变化订单（ECO）"对话框，如图 13-58 所示。

（2）单击对话框中的 [使变化生效] 按钮，显示元件封装更新信息，如图 13-59 所示。

图 13-58　"工程变化订单（ECO）"对话框

图 13-59　检查封装转换

（3）单击 [执行变化] 按钮，检查所有改变是否正确，若所有的项目后面都出现两个 ✅ 标志，则项目转换成功，将元件封装添加到 PCB 文件中，如图 13-60 所示。

图 13-60　添加元件封装

（4）完成添加后，单击 [关闭] 按钮，关闭对话框。此时，在 PCB 图纸上已经有了元器件的封装，如图 13-61 所示。

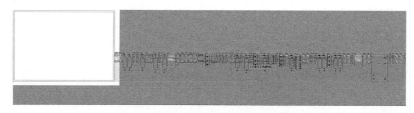

图 13-61　添加元器件封装的 PCB 图

13.6.4　电路板设计

1. 元件布局

将边界外部封装模型拖动到电气边界内部，并对其进行布局操作，进行手工调整。调整后的 PCB 图如图 13-62 所示。

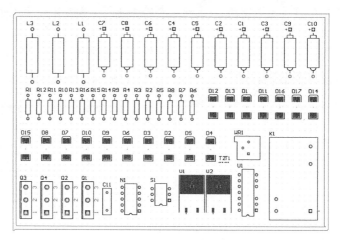

图 13-62　手工调整后的结果

选择菜单栏中的"查看"→"显示三维 PCB 板"命令，系统生成该 PCB 板的 3D 效果图，加入到该项目生成的"PCB 3D Views"文件夹中，如图 13-63 所示。

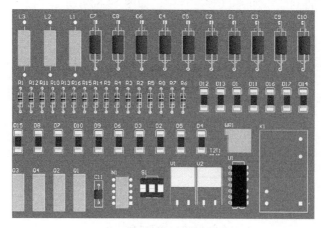

图 13-63　PCB 板 3D 效果图

2. 布线

（1）选择菜单栏中的"自动布线"→"全部对象"命令，弹出"Situs 布线策略"对话框，在"布线策略"中选择"Default 2 Layer With Edge Connectors（带边界连接器的双面板默认布线策略）"，如图 13-64 所示。

（2）单击 Route All 按钮，系统开始自动布线，并同时出现一个"Message（信息）"布线信息对话框，布线完成后，布线结果如图 13-65 所示。

图 13-64　"Situs 布线策略"对话框

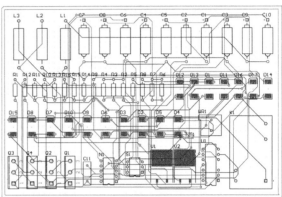

图 13-65　自动布线结果

3. 建立覆铜

（1）选择菜单栏中的"放置"→"覆铜"命令，对完成布线的电路建立覆铜，在覆铜属性设置对话框中，选择"影线化填充导线/弧"，45°填充模式，选择"Top Layer（顶层）"，选中"删除死铜"复选框，其设置如图 13-66 所示。

图 13-66　设置参数

（2）设置完成后，单击 确认 按钮，光标变成十字形。用光标沿 PCB 的电气边界线，绘制出一个封闭的矩形，系统将在矩形框中自动建立覆铜，如图 13-67 所示。

采用同样的方式，为 PCB 的"Bottom Layer"（底层）建立覆铜。覆铜后的 PCB 板如图 13-68 所示。

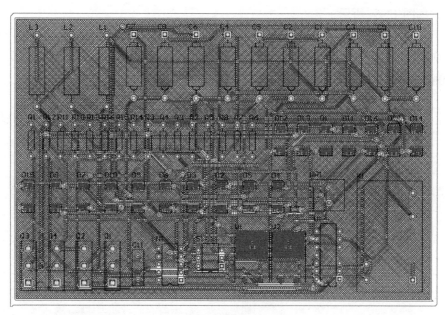

图 13-67　顶层覆铜后的 PCB

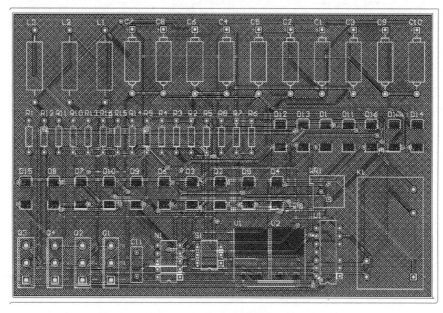

图 13-68　底层覆铜后的 PCB 板

第14章 汉字显示屏电路设计实例

内容指南

相较于分模块设计的简化方法，层次电路的设计方法更为精细，同时也开拓了一个新的领域，它属于原理图设计，但又与原理图设计平行，有着自主的设计分析方法，从基本原理图设计中剥离开来，又和基本原理图设计有着千丝万缕的关系。层次电路的电路板设计与一般原理图设计的电路板设计又有着什么样的不同？本章将为读者进行详细地解答。

知识重点

- 📖 电路分析
- 📖 创建项目文件
- 📖 原理图设计
- 📖 输出元件清单
- 📖 设计电路板
- 📖 项目层次结构组织文件

汉字显示屏电路
设计实例

14.1 电路分析

本章采用的实例是汉字显示屏电路。汉字显示屏电路广泛应用于汽车报站器、广告屏等。包括中央处理器电路、驱动电路、解码电路、供电电路、显示屏电路和负载电路 6 个电路模块。

14.2 创建项目文件

（1）选择菜单栏中的"文件"→"创建"→"项目"→"PCB 项目（印制电路板文件）"命令，新建一个项目文件。

（2）选择菜单栏中的"文件"→"另存项目为"命令，将新建的项目文件另存在目录文件夹中，并命名为"汉字显示屏电路.PrjPCB"。

（3）在"汉字显示屏电路.PrjPCB"项目文件中，选择菜单栏中的"文件"→"创建"→"原理图"命令，新建一个原理图文件。

（4）选择菜单栏中的"文件"→"另存为"命令，将新建的原理图文件另存在目录文件夹中，并命名为"Top.SchDoc"。

14.3 原理图设计

由于该电路规模较大，因此采用层次化设计。本节先详细介绍基于自上而下设计方法的设计过程，然后再简单介绍自下而上设计方法的应用。

14.3.1 绘制层次结构原理图的顶层电路图

1. 放置图纸符号

（1）单击"配线"工具栏中的 ■（放置图纸符号）按钮，或选择菜单栏中的"放置"→"图纸符号"命令，此时光标将变为十字形状，并带有一个原理图符号标志，单击完成原理图符号的放置。

（2）双击需要设置属性的原理图符号或在绘制状态时按<Tab>键，系统将弹出图 14-1 所示的"图纸符号"对话框，在该对话框中进行属性设置。

（3）双击原理图符号中的文字标注，系统将弹出的"图纸符号标识符"对话框，如图 14-2 所示，进行文字标注。

（4）重复上述操作，完成其余 5 个原理图符号的绘制。完成属性和文字标注设置的层次原理图顶层电路图如图 14-3 所示。

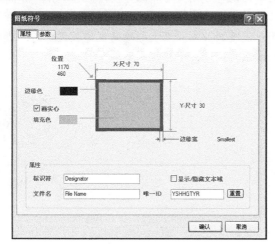

图 14-1 "方块符号"对话框

图 14-2 "图纸符号"对话框

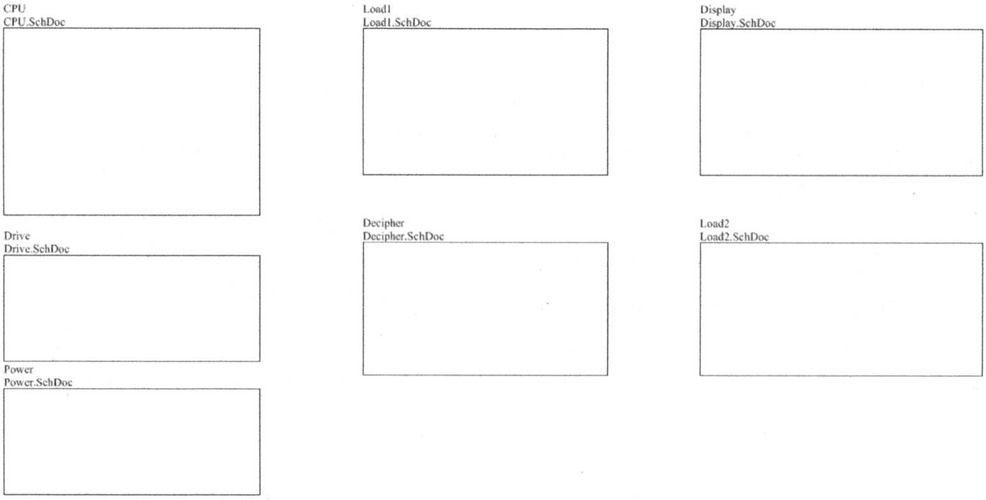

图 14-3 完成属性和文字标注设置的层次原理图顶层电路图

2．放置图纸入口

（1）单击"配线"工具栏中的 ▣ （放置原理图端口）按钮或选择菜单栏中的"放置"→"添加图纸入口"命令，放置图纸入口。

（2）双击图纸入口或在放置入口命令状态时按<Tab>键，系统将弹出图 14-4 所示的"图纸入口"对话框，在该对话框中可以进行方向属性的设置。完成端口放置后的层次原理图顶层电路图如图 14-5 所示。

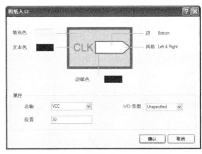

图 14-4　"方块入口"对话框

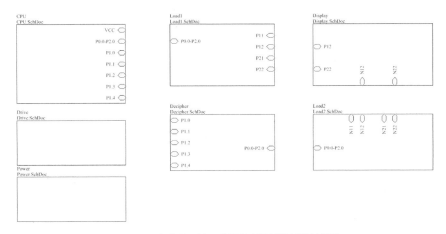

图 14-5　完成端口放置后的层次原理图顶层电路图

3．连接电路

（1）单击"配线"工具栏中的 ≈ （放置导线）或者 ► （放置总线）按钮，放置导线，完成连线操作。

（2） ≈ （放置导线）按钮用于放置导线， ► （放置总线）按钮用于放置总线。完成连线后的层次原理图顶层电路图如图 14-6 所示。

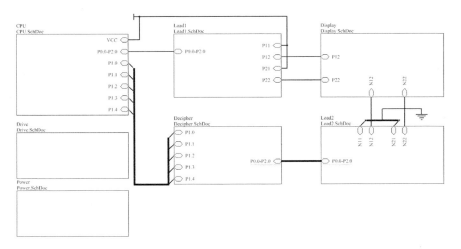

图 14-6　完成连线后的层次原理图顶层电路图

（3）为方便后期操作，常用的插接件杂项库（Miscellaneous Connectors.IntLib）与常用电气元件杂项库（Miscellaneous Devices.IntLib）需要提前装入，如图 14-7 所示。

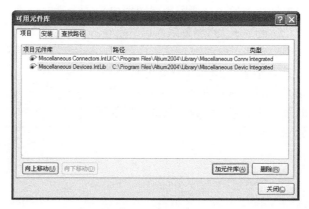

图 14-7　加载元件库

14.3.2　绘制层次结构原理图子图

下面逐个绘制电路模块的原理图子图，并建立原理图顶层电路图和子图之间的关系。

1．中央处理器电路模块设计

在顶层电路图工作界面中，选择菜单栏中的"设计"→"根据符号创建图纸"命令，此时光标将变为十字形状。将十字光标移至原理图符号"CPU"内部，单击鼠标左键，系统自动生成文件名为"CPU.SchDoc"的原理图文件，且原理图中已经布置好了与原理图符号相对应的 I/O 端口，如图 14-8 所示。

下面接着在生成的 CPU.SchDoc 原理图中进行子图的设计。

（1）放置元件。该电路模板中用到的元件有 89C51、XTAL 和一些阻容元件。将通用元件库"Miscellaneous Device.IntLib"中的阻容元件放到原理图中。

（2）编辑元件 89C51。在元件库"Miscellaneous Connectors.IntLib"中选择有 40 个引脚的"Header 20X2"元件，如图 14-9 所示。编辑元件的方法可参考以前章节的相关内容，这里不再赘述。编辑好的 89C51 元件分别如图 14-10 所示。完成元件放置后的 CPU 原理图如图 14-11 所示。

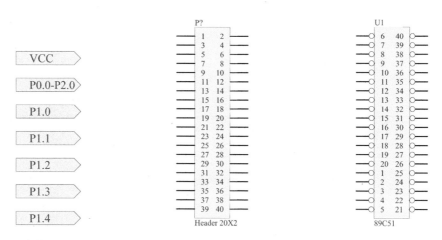

图 14-8　生成的 CPU.SchDoc 文件　　图 14-9　编辑前的 Header 20X2 元件　　图 14-10　编辑好的 89C51 元件

（3）元件布局。先分别对元件的属性进行设置，再对元件进行布局。

单击"配线"工具栏中的 ≈（放置导线）按钮，执行连线操作。完成连线后的 CPU 子模块电路图如图 14-12 所示。

单击"原理图标准"工具栏中的 🖫（保存）按钮，保存 CPU 子原理图文件。

2．负载电路 1 模块设计

在顶层电路图工作界面中，选择菜单栏中的"设计"→"根据符号创建图纸"命令，此时光标变成十字形状。将十字光标移至原理图符号"Load1"内部，单击鼠标左键，系统自动生成文件名为"Load1.SchDoc"的原理图文件，如图 14-13 所示。

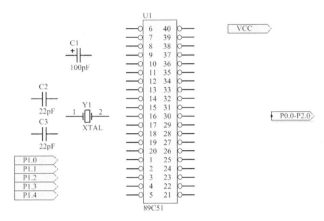

图 14-11　完成元件放置后的 CPU 原理图

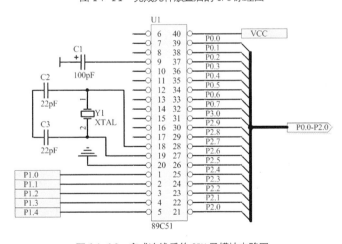

图 14-12　完成连线后的 CPU 子模块电路图

图 14-13　生成的 Load1.SchDoc 文件

下面接着在生成的 **Load1.SchDoc** 原理图中绘制负载电路 1。

（1）放置元件。该电路模块中用到的元件有 2N5551 和一些阻容元件。将通用元件库

"Miscellaneous Devices.IntLib"中的阻容元件放到原理图中，将"FSC Discrete BJT.IntLib"元件库中的 2N5551 放到原理图中，如图 14-14 所示。

（2）设置各元件属性，然后合理布局，最后进行连线操作。完成连线后的负载子原理图如图 14-15 所示。单击"原理图标准"工具栏中的"保存"▣按钮，保存原理图文件。

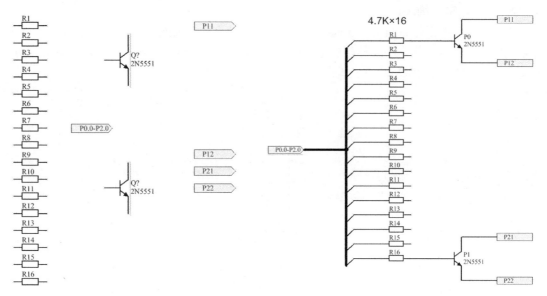

图 14-14 完成元件放置后的负载电路子原理图   图 14-15 完成连线后的负载电路子原理图

3．显示屏电路模块设计

在顶层电路图的工作界面中，选择菜单栏中的"设计"→"根据符号创建图纸"命令，此时光标变成十字形状。将十字光标移至原理图符号"Display"内部，单击鼠标左键，自动生成文件名为"Display.SchDoc"的原理图文件，如图 14-16 所示。

下面接着在生成的 Display.SchDoc 原理图中绘制接口电路。

（1）编辑元件 LED256。选择元件库"Miscellaneous Connectors.IntLib"中有 32 个引脚的"Header16X2"元件进行编辑，编辑好的元件如图 14-17 所示。

（2）设置各元件属性，然后合理布局，最后进行连线操作。完成连线后的显示屏子原理图如图 14-18 所示。单击"原理图标准"工具栏中的▣（保存）按钮，保存原理图文件。

图 14-16 生成的 Display.SchDoc 文件   图 14-17 编辑好的 LED256 元件

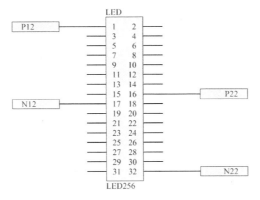

图 14-18 完成连线后的显示屏电路模块原理图

4．负载电路 2 模块设计

在顶层电路图工作界面中，选择菜单栏中的"设计"→"根据符号创建图纸"命令，此时光标变成十字形状。将十字光标移至原理图符号"Load2"内部，单击鼠标左键，系统自动生成文件名为"Load2.SchDoc"的原理图文件，如图 14-19 所示。

图 14-19 生成的 Load2.SchDoc 文件

下面接着在生成的 Load2.SchDoc 原理图中绘制负载电路 2。

（1）放置元件。该电路模块中用到的元件有 2N5551 和一些阻容元件，元件库中没元2N5551，因此用 2N5401 代替。将通用元件库"Miscellaneous Devices.IntLib"中的阻容元件放到原理图中，将"FSC Discrete BJT.IntLib"元件库中的 2N5401 放到原理图中。

（2）设置各元件属性，然后合理布局，最后进行连线操作。完成连线后的负载子原理图如图 14-20 所示。单击"原理图标准"工具栏中的 ■（保存）按钮，保存原理图文件。

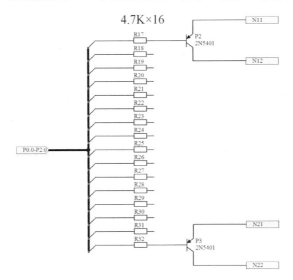

图 14-20 完成连线后的负载电路 2 子原理图

5. 解码电路模块设计

在顶层电路图的工作界面中，选择菜单栏中的"设计"→"根据符号创建图纸"命令，此时光标变成十字形状。将十字光标移至原理图符号"Decipher"内部，单击鼠标左键，系统自动生成文件名为"Decipher.SchDoc"的原理图文件，如图 14-21 所示。

图 14-21　生成的 Decipher.SchDoc 文件

下面接着在生成的 Decipher.SchDoc 原理图中绘制解码电路。

（1）放置元件。将"FSC Logic Decoder Demux.IntLib"元件库中的 DM74LS154N 放到原理图中，如图 14-22 所示。

（2）放置好元件后，对元件标识符进行设置，然后进行合理布局。布局结束后，进行连线操作。完成连线后的解码电路原理图如图 14-23 所示。

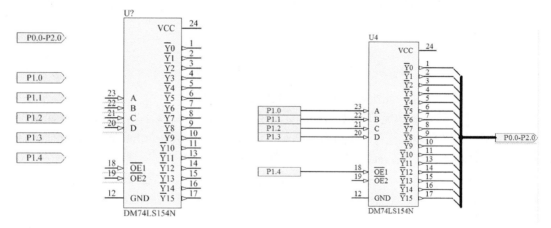

图 14-22　放置元件　　　　　　　　　　图 14-23　完成连线后的解码电路原理图

单击"原理图标准"工具栏中的 ■（保存）按钮，保存原理图文件。

6. 驱动电路模块设计

在顶层原理图的工作界面中，选择菜单栏中的"设计"→"根据符号创建图纸"命令，此时光标变成十字形状。将十字光标移至原理图符号"Drive"内部，单击鼠标左键，系统自动生成文件名为"Drive.SchDoc"的原理图文件。

下面接着在生成的 Drive.SchDoc 原理图中绘制驱动电路。

（1）放置元件。在元件库"Miscellaneous Connectors.IntLib"中将该电路模块中用到的元件的元件 Header9 放到原理图中。

（2）选择菜单栏中的"放置"→"文本字符串"命令，或者单击"实用"工具栏中的 Ⓐ（放置文本字符串）按钮，在元件左侧标注"4.7K*8"。

（3）选择菜单栏中的"放置"→"电源端口"命令，或单击"配线"工具栏中的 ⊽ 按钮，在引脚 9 出放置电源符号。

（4）选择菜单栏中的"放置"→"网络标签"命令，或单击"配线"工具栏中的 <u>Net</u>（放置网络标签）按钮，移动光标到需要放置网络标签的导线上，设置输入所需参数，完成连线后的驱动电路原理图如图 14-24 所示。

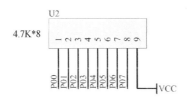

图 14-24　完成连线后的驱动电路原理图

单击"原理图标准"工具栏中的 🖫（保存）按钮，保存原理图文件。

7．电源电路模块设计

在顶层原理图的工作界面中，选择菜单栏中的"设计"→"根据符号创建图纸"命令，此时光标变成十字形状。将十字光标移至原理图符号"Power"内部，单击鼠标左键，则系统自动生成文件名为"Power.SchDoc"的原理图文件。

下面接着在生成的 Power.SchDoc 原理图中绘制电源电路。

（1）放置元件。该电路模块中用到的元件有 LM7805 和一些阻容元件。在元件库"Miscellaneous Devices.IntLib"中选择极性电容元件 Cap Pol2、无线电罗盘元件 RCA 放到原理图中。

（2）编辑三端稳压器元件。编辑好的 LM7805 元件如图 14-25 所示。

完成元件放置后的电源子原理图如图 14-26 所示。

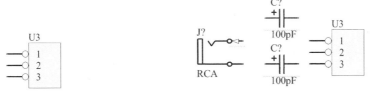

图 14-25　修改后的三端稳压元件　　　　图 14-26　电源模块原理图中的放置

（3）设置各元件属性，然后合理布局，最后进行连线操作。完成连线后的电源子原理图如图 14-27 所示。

单击"原理图标准"工具栏中的 🖫（保存）按钮，保存原理图文件。

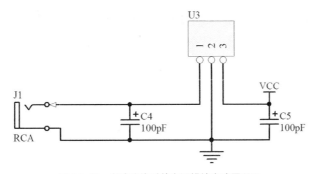

图 14-27　完成连线后的电源模块电路原理图

自上而下的绘制好的原理图文件如图 14-28 所示。

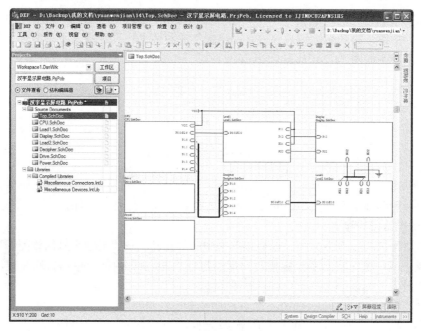

图 14-28 绘制完成的项目文件

14.3.3 自下而上的层次结构原理图设计方法

自下而上的设计方法是利用子原理图产生顶层电路原理图，因此首先需要绘制好子原理图。

（1）在新建项目文件中，绘制好本电路中的各个子原理图，并且将各子原理图之间的连接用 I/O 端口绘制出来。

（2）在新建项目中，新建一个名为"汉字显示屏电路.SchDoc"的原理图文件。

（3）在"汉字显示屏电路.SchDoc"工作界面中，选择菜单栏中的"设计"→"根据图纸创建图纸符号"命令，系统将弹出图 14-29 所示的"Choose Document to Place（选择放置文档）"对话框。

（4）选中该对话框中的任意一子原理图，然后单击"确认"按钮，系统将在"汉字显示屏电路.SchDoc"原理图中生成该子原理图所对应的子原理图符号。执行上述操作后，在"汉字显示屏电路.SchDoc"原理图中生成随光标移动的子原理图符号，如图 14-30 所示。

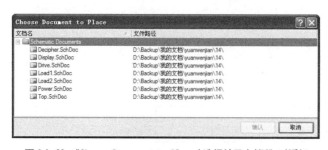
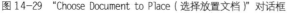

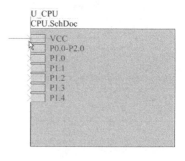

图 14-29 "Choose Document to Place（选择放置文档）"对话框   图 14-30 生成随光标移动的子原理图符号

（5）在原理图空白处单击鼠标左键，将原理图符号放置在原理图中。采用同样的方法放置其他模块的原理图符号。生成原理图符号后的顶层原理图如图 14-31 所示。

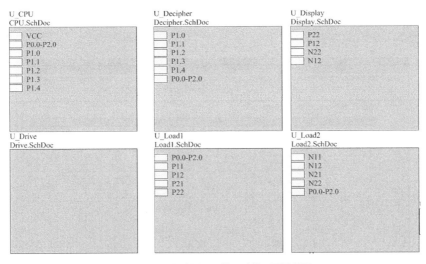

图 14-31　生成原理图符号后的顶层原理图

（6）分别对各个原理图符号和 I/O 端口进行属性修改和位置调整，然后将原理图符号之间具有电气连接关系的端口用导线或总线连接起来，就得到图 14-6 所示的层次原理图的顶层电路图。

14.4　输出元件清单

对于电路设计而言，网络报表是电路原理图的精髓，是原理图和 PCB 连接的桥梁。它是电路板自动布线的灵魂，也是电路原理图设计软件与印制电路板设计软件之间的接口。

14.4.1　元件材料报表

（1）在该项目任意一张原理图中，选择菜单栏中的"报告"→"Bill of Material（元件清单）"命令，系统将弹出图 14-32 所示的对话框来显示元件清单列表。

图 14-32　显示元件清单列表

（2）单击"菜单"按钮，在弹出的"菜单"菜单中单击"建立报告"命令，系统将弹出报表预览对话框，如图14-33所示。

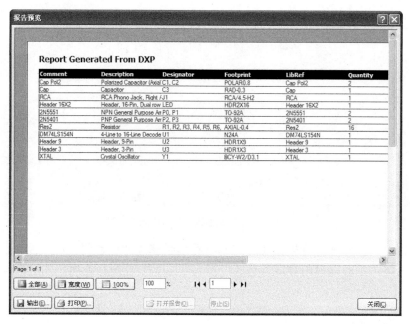

图14-33　元件报表预览

（3）单击 输出(E) 按钮，可以将该报表进行保存，默认文件名为"汉字显示屏电路.xls"，是一个Excel文件。

（4）单击 打印(P) 按钮，则可以将该报表进行打印输出。

（5）单击 打开报告(O) 按钮，保存元件报表。它是一个Excel文件，自动打开该文件，如图14-34所示。

（6）关闭表格文件，返回元件报表对话框，单击 确认(O) 按钮，完成设置退出对话框。

由于显示的是整个项目文件元件报表，因此在任意一个原理图文件编辑环境下执行菜单命令，结果都是相同的。

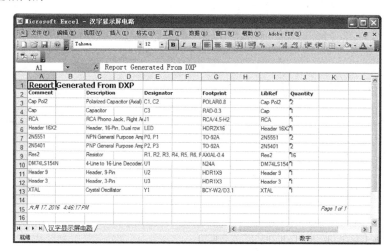

图14-34　由Excel生成元件报表

上述步骤生成的是电路总的元件报表，也可以分门别类地生成每张电路原理图的元件清单报表。

14.4.2 元件分类材料报表

在该项目任意一张原理图中，选择菜单栏中的"报告"→"Component Cross Reference（分类生成电路元件清单报表）"命令，系统将弹出图 14-35 所示的对话框来显示元件分类清单列表。在该对话框中，元件的相关信息都是按子原理图分组显示的。

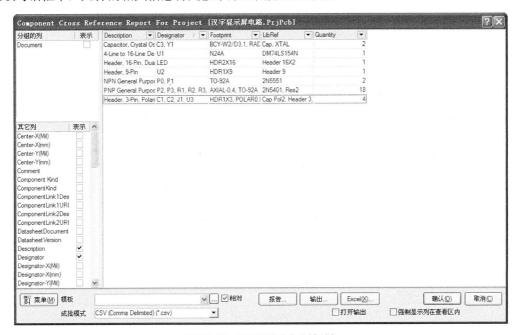

图 14-35　显示元件分类清单列表

14.4.3 元件网络报表

对于"汉字显示屏电路.PrjPcb"项目中，有 8 个电路图文件，此时生成不同的原理图文件的网络报表。

选择菜单栏中的"设计"→"文档的网络表"→"Protel（生成原理图网络表）"命令，系统弹出网络报表格式选择菜单。针对不同的原理图，可以创建不同网络报表格式。

将"CPU.SchDoc"原理图文件置为当前。系统自动生成当前原理图文件的网络报表文件，并存放在当前"Projects（项目）"面板中的 Generated 文件夹中，单击 Generated 文件夹前面的+，双击打开网络报表文件，生成的网络报表文件与原理图文件同名，如图 14-36 所示。

原理图对应的网络报表文件显示单个原理图的管脚信息等。

返回"CPU.SchDoc"原理图编辑环境，选择菜单栏中的"设计"→"设计项目的网络表"→"Protel（生成原理图网络表）"命令，系统自动生成当前项目的网络表文件，并存放在当前"Projects（面板）"面板中的 Generated 文件夹中，如图 14-37 所示。

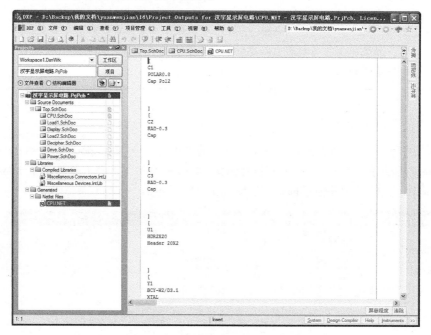

图 14-36　单个原理图文件的网络报表

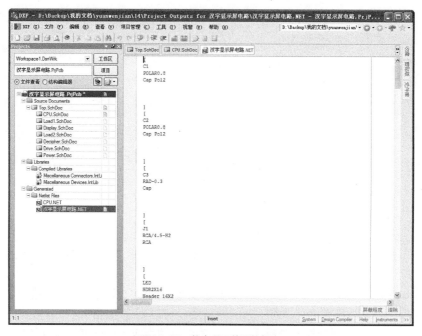

图 14-37　整个项目的网络报表

14.4.4　元件简单元件清单报表

与前面设置的元件报表不同，简单元件清单报表不需设置参数，直接生成原理图报表文件。

进入"CPU.SchDoc"原理图编辑环境，选择菜单栏中的 "报告"→"Simple BOM（简单元件清单报表）"命令，系统同时产生"CPU.BOM"和"CPU.CSV"两个文件，并加入到项目中，如图 14-38 所示。

图 14-38 简单元件报表

14.5 设计电路板

在一个项目中，不管是独立电路图，还是层次结构电路图，在设计 PCB 时系统都会将所有电路图的数据转移到一块电路板里，所以没用到的电路图必须删除。

14.5.1 印制电路板设计初步操作

根据层次结构电路图设计电路板时，还要从新建印制电路板文件开始。

（1）在 "Files"（文件）工作面板中的 "根据模板新建文件" 栏中，单击 "PCB Board Wizard（PCB 板向导）" 按钮，弹出 "PCB 板向导" 对话框，再在其中单击 下一步(N) 按钮，进入到单位选取步骤，选择 Imperial 单位模式，如图 14-39 所示。

（2）单击 下一步(N) 按钮，进入到电路板类型选择步骤，在这一步选择自定义电路板，即 Custom 类型。

（3）单击 下一步(N) 按钮进入到下一步骤，对电路板的一些详细参数做一些设定，如图 14-40 所示。

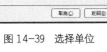

图 14-39 选择单位

图 14-40 设置电路板参数

再次单击 下一步(N) 按钮，进入到电路板层选择步骤，在这一步中，将信号层数目都设置为 2，内电层的数目都设置为 4，如图 14-41 所示。

（4）单击 下一步(N) 按钮，进入到孔样式设置步骤，在这一步选择通孔，如图 14-42 所示。继续单击 下一步(N) 按钮进入到元件安装样式设置步骤，在这一步选择元件表贴安装，如图 14-43 所示。

图 14-41　设置电路板的工作层

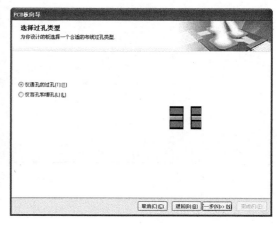

图 14-42　设置通孔样式

（5）单击 下一步(N) 按钮，进入到导线和焊盘设置步骤，在这一步选择默认设置。继续单击 下一步(N) 按钮，进入结束步骤，单击 完成(F) 按钮，完成 PCB 文件的创建，得到图 14-44 所示的 PCB 模型。

图 14-43　设置元件安装样式

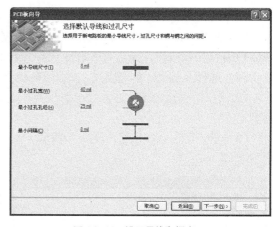

图 14-44　设置导线和焊盘

（6）单击"PCB 标准"工具栏中的 （保存）按钮，指定所要保存的文件名为"汉字显示屏电路板.PcbDoc"，单击 （保存）按钮，关闭该对话框，如图 14-45 所示。

（7）选择菜单栏中的"设计"→"Import Changes From 电子汉字显示屏电路.PrjPCB"命令，系统将弹出图 14-46 所示的"工程变化订单（ECO）"对话框。

（8）单击"执行变化"按钮，执行更改操作，如图 14-47 所示，然后单击"关闭"按钮，关闭该对话框。加载元件到电路板后，如图 14-48 所示。

（9）选择菜单栏中的"工具"→"放置元件"→"自动布局"命令，系统将弹出图 14-49 所示的"自动布局"对话框，单击"确认"按钮，开始自动布局，结果如图 14-50 所示。

图 14-45 得到的 PCB 模型

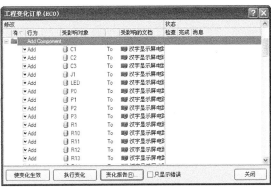

图 14-46 "工程变化订单"对话框

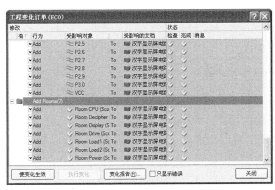

图 14-47 更新结果

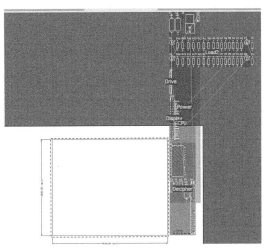

图 14-48 加载元件到电路板

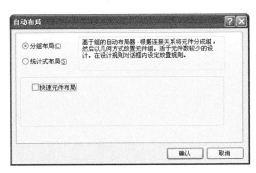

图 14-49 "自动布局"对话框

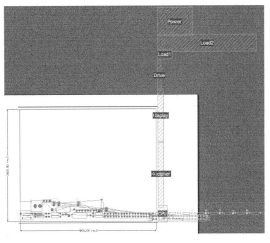

图 14-50 自动布局结果

（10）按<Delete>键，删除零件 ROOM 区域。

（11）自动布局结果不理想，需要手动布置零件，这样电路板设计就初步完成了，如图 14-51 所示。

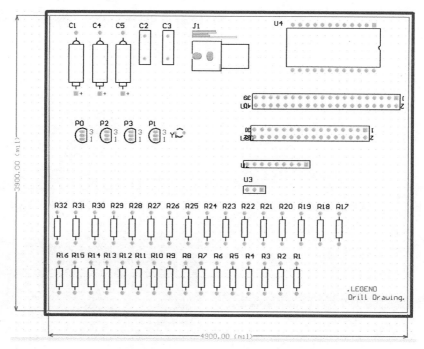

图14-51　零件在放置区域内的排列

14.5.2　布线设置

在布线之前，必须进行相关的设置。本电路采用双面板布线，而程序默认即为双面板布线，所以不必设置布线板层。尽管如此，也要将整块电路板的走线宽度设置为最细的 10mil，最宽线宽及自动布线都采用 16mil。另外，电源线（VCC 与 GND）采用最细的 10mil，最宽线宽及自动布线的线宽都采用 20mil。

（1）选择菜单栏中的"设计"→"对象类"命令，系统将弹出图 14-52 所示的"对象类资源管理器"对话框。

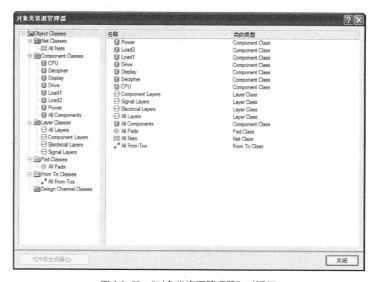

图14-52　"对象类资源管理器"对话框

（2）右击"Net Classes（网络类）"选项，在弹出的右键快捷菜单中单击"追加类"命令，在该选项中将新增一项分类（New Class）。

（3）选择该分类，单击鼠标右键，在弹出的右键快捷菜单中单击"重命名类"命令，将其名称改为"Power"，右侧将显示其属性，如图 14-53 所示。

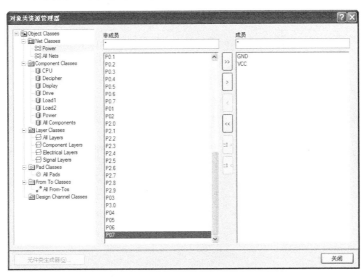

图 14-53　显示属性

（4）在左侧的"非成员"列表框中选择 GND 选项，单击 按钮将它加入到右侧的"成员"列表框中；同样，在左侧的列表框中选择 VCC 选项，单击 按钮将它加入到右侧的列表框中，最后单击"关闭"按钮，关闭该对话框。

（5）选择菜单栏中的"设计"→"规则"命令，系统弹出的"PCB 规则和约束编辑器"对话框如图 14-54 所示。单击"Routing（路径）"→"Width（宽度）"→"Width（宽度）"选项，设计线宽规则。

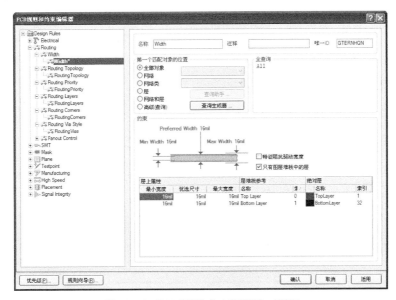

图 14-54　"PCB 规则和约束编辑器"对话框

（6）将"Max Width（最大宽度）"与"Preferred Width（首选宽度）"选项都设置为16mil。新增一项线宽的设计规则，右击"Width（宽度）"选项，在弹出的右键快捷菜单中单击"新规则"命令，即可产生Width_1选项。选择该选项，如图14-55所示。

图14-55 Width_1选项

（7）在"名称"文本框中，将该设计规则的名称改为"电源线线宽"，选择"网络类"单选钮，然后在字段里指定适用对象为Power网络分类；将"Max Width（最大宽度）"与"Preferred Size（首选大小）"选项都设置为20mil，如图14-56所示。单击"确认"按钮，关闭该对话框。

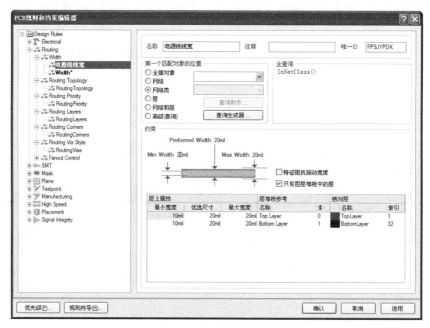

图14-56 新增电源线线宽设计规则

（8）选择菜单栏中的"自动布线"→"全部对象"命令，系统将弹出图 14-57 所示的"Situs 位置策略（布线位置策略）"对话框。

图 14-57 "Situs 布线策略"对话框

（9）保持程序预置状态，单击"Route All（布线所有）"按钮，进行全局性的自动布线。布线完成后如图 14-58 所示。

（10）只需要很短的时间就可以完成布线，关闭"Message（信息）"面板。

电路板布线完成后，单击"PCB 标准"工具栏中的"保存" 📁按钮，保存文件。

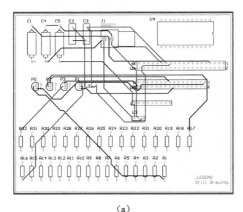

（a）

（b）

图 14-58 完成自动布线

14.6 项目层次结构组织文件

项目层次结构组织文件可以帮助读者理解各原理图的层次关系和连接关系。下面是电子游戏机项目层次结构组织文件的生成过程。

（1）打开项目中的任意一个原理图文件，选择菜单栏中的"报告"→"项目报告"→"Report Project Hierarchy（项目层次结构报表）"命令，然后打开"Projects（项目）"面板，可以看到系统已经生成一个"层次原理图.REP"报表文件。

（2）打开"层次原理图.REP"文件，如图14-59所示。在报表中，原理图文件名越靠左，该原理图层次就越高。

```
------------------------------------------------------------
Design Hierarchy Report for .PrjPcb
-- 2016-6-18
-- 8:20:02
------------------------------------------------------------

Top              SCH        (Top.SchDoc)
CPU              SCH        (CPU.SchDoc)
Decipher         SCH        (Decipher.SchDoc)
Display          SCH        (Display.SchDoc)
Drive            SCH        (Drive.SchDoc)
Load1            SCH        (Load1.SchDoc)
Load2            SCH        (Load2.SchDoc)
Power            SCH        (Power.SchDoc)
```

图14-59 "层次原理图.REP"文件

第15章 课程设计

内容指南

前面的章节对 Protel DXP 2004 的基础知识和工程应用案例进行了详细的讲解,本章将为读者准备 4 个课程设计案例,提供简单的操作提示,放手让读者进行独立绘制,以锻炼读者的独立思考能力,同时检测读者的学习成果。

知识重点

📖 设计要求
📖 设计目的
📖 设计思路

单片机系统 PCB 的
布局设计

15.1 单片机系统 PCB 的布局设计

1. 设计要求

完成图 15-1 所示单片机系统的原理图设计及网络表生成,然后完成电路板外形尺寸设定,实现元件的自动布局及手动调整。

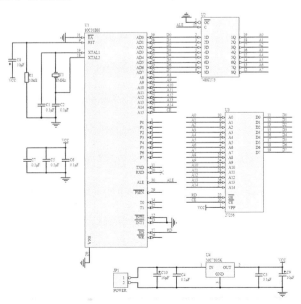

图 15-1 单片机系统电路原理图

2．设计目的

通过原理图的设计实现电路的功能，再通过正确的电路图来进行电路板设计，完成对实际电路板的模拟操作，减少电路板的设计损耗，降低成本，实现电路设计软件操作的最终目的。

3．操作提示

（1）新建项目并创建原理图文件。

（2）设计完成如图 15-1 所示的原理图。

（3）生成该电路原理图的网络表。

（4）新建一个 PCB 文件。

（5）规划电路板边界。

（6）加载网络表与元件。

（7）元件布局结果如图 15-2 所示。

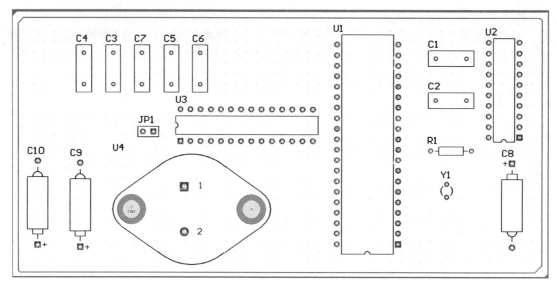

图 15-2　手动调整元件布局后的 PCB 布局

（8）调整禁止布线层和机械层边界。

（9）查看 PCB 效果图，系统将生成当前 PCB 的 3D 效果图，加入到该项目中并自动打开。

（10）网络密度分析。

15.2　话筒放大电路设计

话筒放大电路设计

1．设计要求

完成图 15-3 所示的话筒放大电路的电路板外形尺寸手动绘制，实现元件的布局和布线，还将学习 PCB 文件报表创建。

2．设计目的

学习如何完成原理图到电路板的对应连接，由于本例电路复杂，元件繁多，要求读者根据电路板设计需求，练习封装元件的排列、布局。除了考虑布局整齐外，更多的是需要考虑复杂的电路连接关系。

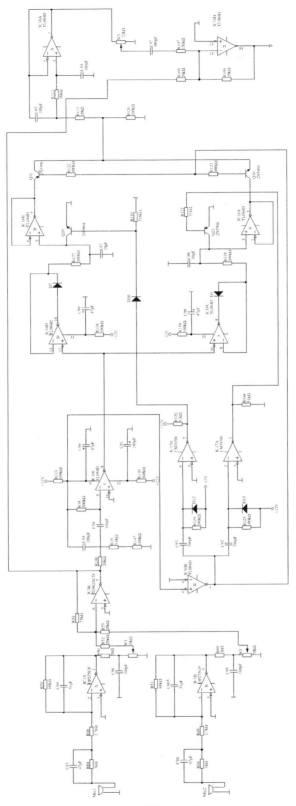

图 15-3　话筒放大电路

3. 操作提示

（1）创建 PCB 文件，设置 PCB 层参数，双面板采用系统默认。

（2）绘制 PCB 的物理边界和电气边界。

（3）打开原理图文件，将元件封装添加到 PCB 文件中。

（4）将边界外部封装模型拖动到电气边界内部，并对其进行布局操作，进行手工调整。调整后的 PCB 图如图 15-4 所示。

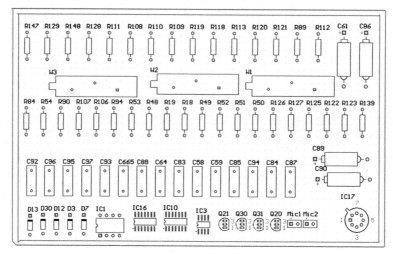

图 15-4　手工调整后结果

（5）系统生成该 PCB 的 3D 效果图。

（6）设置布线策略，选择"Default 2 Layer With Edge Connectors（带边界连接器的双面板默认布线策略）"，设置布线规则。

（7）执行自动布线，布线结果如图 15-5 所示。

（8）建立覆铜，选择影线化填充，45°填充模式，选择"Top Layer（顶层）"，取消选中"删除死铜"复选框。

（9）生成预览报表并打印输出。

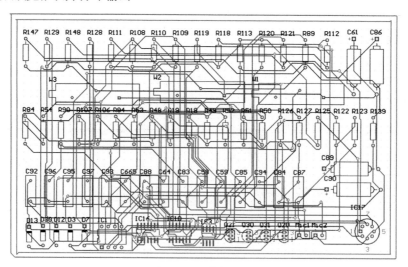

图 15-5　自动布线结果

15.3　单片机实验板设计

单片机实验板设计

1．设计要求

单片机实验板是学习单片机必备的工具之一，本节介绍一个实验板电路以供读者自行制作，如图 15-6 所示。

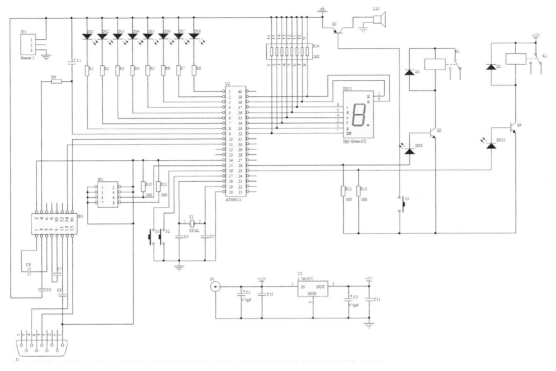

图 15-6　单片机实验板电路

2．设计目的

单片机的功能就是利用程序控制单片机引脚端的高低电压值，并以引脚端的电压值来控制外围设备的工作状态。本例设计的实验板是通过单片机串行端口控制各个外设，用它可以完成包括串口通信、跑马灯实验、单片机音乐播放、LED 显示以及继电器控制等实验。

3．操作提示

（1）新建项目文件与原理图文件。

（2）在原理图文件中装入元件库：常用插接件杂项库（Miscellaneous Connectors.IntLib），常用电气元件杂项库（Miscellaneous Devices.IntLib）。

（3）编辑元件。

（4）根据原理图大小，合理地将放置的元件摆放好。

（5）采用分块的方法完成手工布线。

（6）PCB 准备设计。

（7）完成板框绘制后，即可将原理图数据转移到这个电路板编辑区中。

（8）零件布置。

（9）添加电源线（VCC 及 GND）网络分类。

（10）进行全面性的自动布线。

15.4 基于通用串行数据总线 USB 的数据采集系统层次设计

基于通用串行数据总线 USB 的数据采集系统层次设计

1. 设计要求

本实例采用层次电路的设计方法，将实际的总体电路按照电路模块的划分原则划分为 4 个电路模块，即 CPU 模块和三路传感器模块 Sensor1、Sensor2、Sensor3，然后先绘制出层次原理图中的顶层原理图，再分别绘制出每一电路模块的具体原理图。

2. 设计目的

对于一个功能明确、结构清晰的电路系统来说，采用层次电路设计方法，使用自上而下的设计流程，能够清晰地表达出设计者的设计理念。但在有些情况下，特别是在电路的模块化设计过程中，不同电路模块的不同组合，会形成功能完全不同的电路系统。用户可以根据自己的具体设计需要，选择若干个已有的电路模块，组合产生一个符合设计要求的完整电路系统。此时，该电路系统可以使用自下而上的层次电路设计流程来完成。

3. 操作提示

（1）利用自上而下的层次原理图设计

① 创建项目文件"USB 采集系统.PrjPCB"与顶层电路"Mother.SchDoc"。

② 使用导线或总线把连接原理图符号上的相应电路端口，完成顶层原理图的绘制，如图 15-7 所示。

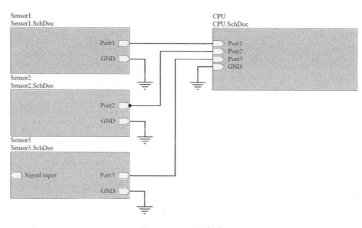

图 15-7 顶层电路

③ 建立子原理图，系统自动生成一个原理图与相应的原理图符号所代表的子原理图文件名一致。

④ 使用普通电路原理图的绘制方法，放置各种所需的元件并进行电气连接，如图 15-8 所示。

⑤ 使用同样的方法，用顶层原理图中的另外 3 个原理图符号"U-Sensor1""U-Sensor2"和"U-Sensor3"建立与其相对应的 3 个子原理图"Sensor1.SchDoc""Sensor2.SchDoc"和"Sensor3.SchDoc"，并且分别绘制出来。

（2）自下而上的层次原理图设计

① 新建的工程文件。

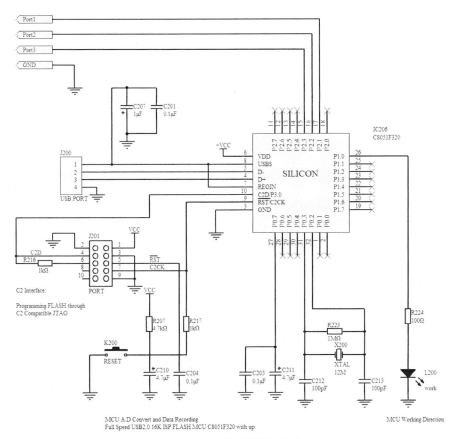

图 15-8 子原理图 "CPU.SchDoc"

② 新建原理图文件作为子原理图 "Cpu.SchDoc""Sensor1.SchDoc""Sensor2.SchDoc" 和 "Sensor3.SchDoc"。

③ 绘制各个子原理图。根据每一模块的具体功能要求，绘制电路原理图。

④ 放置各子原理图中的输入、输出端口。放置输入、输出电路端口的 3 个子原理图 "Sensor1.SchDoc""Sensor2.SchDoc" 和 "Sensor3.SchDoc"，结果如图 15-9～15-11 所示。

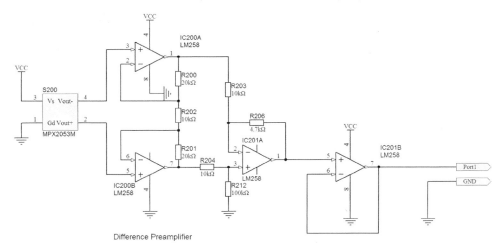

图 15-9 子原理图 "Sensor1.SchDoc"

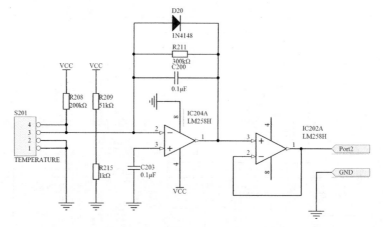

图15-10　子原理图"Sensor2.SchDoc"

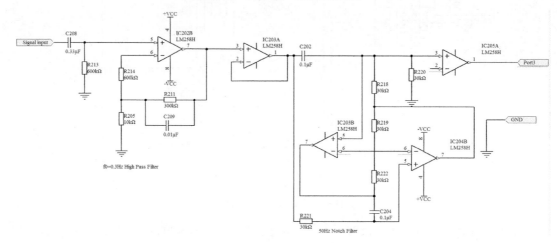

图15-11　子原理图"Sensor3.SchDoc"

⑤ 新建一个顶层原理图。

⑥ 设置原理图符号和电路端口的属性。

⑦ 用导线或总线连接顶层原理图。

Protel DXP 2004 虽然对运行系统的要求有点高，但安装起来却是很简单的。

Protel DXP 2004 安装步骤如下。

（1）将安装光盘装入光驱后，打开该光盘，从中找到并双击 Setup.exe 文件，弹出 Protel DXP 2004 的安装界面，如图 1 所示。

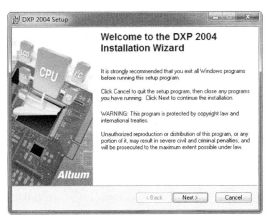

图 1 安装界面

（2）单击"Next（下一步）"按钮，弹出 Protel DXP 2004 的安装协议对话框。选择同意安装"I accept the license agreement"按钮，如图 2 所示。

图 2 安装协议对话框

（3）单击"Next（下一步）"按钮，弹出用户信息设置对话框。在此对话框中，用户可以填写自己的姓名、单位等信息，如图 3 所示。

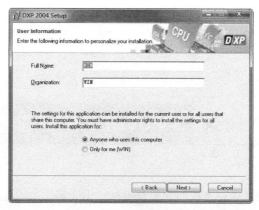

图 3　用户信息设置对话框

（4）单击"Next（下一步）"按钮，进入下一个对话框。在该对话框中，用户需要选择 Protel DXP 2004 的安装路径。系统默认的安装路径为 C:\Program Files\ Altium 2004\，用户可以通过单击"Browse"按钮来自定义其安装路径，如图 4 所示。

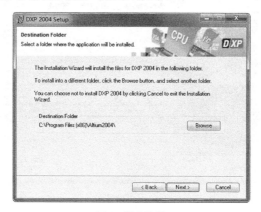

图 4　设置路径

（5）确定好安装路径后，单击"Next（下一步）"按钮弹出确定安装，如图 5 所示。

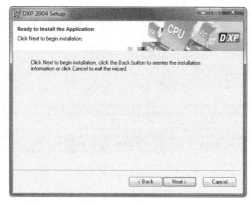

图 5　确认安装对话框

（6）继续单击"Next（下一步）"按钮此时对话框内会显示安装进度，如图6所示。由于系统需要复制大量文件，所以需要等待几分钟。

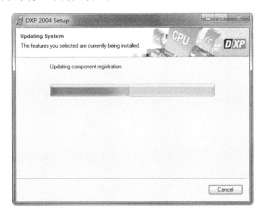

图6 安装进度对话框

（7）安装结束后会出现一个"Finish（完成）"对话框，如图7所示。单击"Finish"按钮即可完成 Protel DXP 2004 的安装工作。

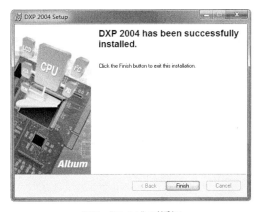

图7 "Finish"对话框

在安装过程中，可以随时单击"Cancel（取消）"按钮来终止安装过程。安装完成以后，在Windows 的"开始"→"所有程序"子菜单中创建一个 Protel DXP 2004 的快捷键。